前言
PREFACE

随着国家“十四五”规划的实施，高端装备制造、能源电力、交通、新能源汽车等行业得到了大力支持，作为典型的中间传导型行业，起重机械的需求将持续旺盛。在制造业产业升级的背景下，工业生产规模不断扩大，生产效率提高，产品生产费用中物料搬运的占比逐渐增加。因此，各个应用领域对大型和自动化起重机的需求不断提高，对起重机的能耗和可靠性也提出了更高的要求。特别是在当前智能工厂、智能车间等先进制造模式下，具有智能化、网络化、数字化、专业化特点的起重机产品更是成为当前起重机械研发、设计、制造和应用的重要趋势，国家也相应出台了一系列政策来支持绿色智能制造的发展，这些政策为起重机械提供了更多的发展机遇和政策保障。

工业桥式、门式起重机是起重机械中的重要类型。桥式起重机是横架于车间、仓库和料场上空进行物料吊运的起重设备，两端坐落在高大的水泥柱或者金属支架上，形状似桥。桥式起重机的桥架沿铺设在两侧高架上的轨道纵向运行，可以充分利用桥架下面的空间吊运物料，不受地面设备的阻碍，能在有限的三维空间内将重物移至预定位置。桥式起重机是使用范围最广、数量最多的一种起重机械。主要包括通用桥式起重机、电站桥式起重机、防爆桥式起重机、绝缘桥式起重机、冶金桥式起重机、架桥机电动单梁起重机、电动单梁桥式起重机和防爆梁式起重机等。门式起重机是桥架通过两侧支腿支撑在地面轨道上的桥架型起重机，由门架、大车运行机构、起重小车和电气部分等组成。门式起重机包括通用门式起重机、水电站门式起重机、轨道式集装箱门式起重机、万向杠杆复合式门式起重机、岸边集装箱式起重机、造船门式起重机、电动升降门式起重机及装卸桥等。

本书围绕不同领域工业桥式、门式起重机结构设计特点，针对智能起重装备关键技术和要求，从实用、应用角度出发，详细介绍了不同领域起重机产品的性能需求和设计方案，包含性能分析、整体结构设计、关键零部件设计、吊具设计、控制系统设计、制造工艺等相关过程，既可以作为工业桥、门式起重机设计人员和工艺人员的指导用书，也可以作为行业用户选择起重机时的技术参考书，还可以作为高等院校相关专业的教材。

本书由河南科技学院聂福全、杨文莉、聂雨萱所著。本书编写过程中，郭长宇、李广超、张卫东、张瑞侠、姜震、韩钊蓬、潘国英、刘成杰等提供了大力支持与帮助，在此表示衷心的感谢。

由于作者水平所限，书中难免有不妥之处，敬请广大读者批评指正。

著　者

2024 年 5 月

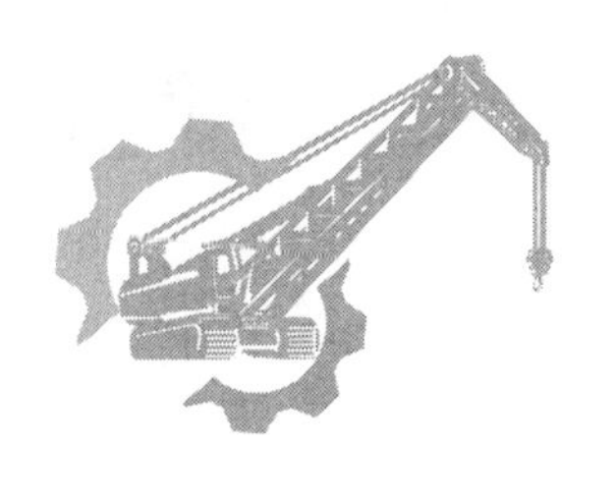

目录
CONTENTS

第 1 章

桥门式起重机结构分类

1.1 桥门式起重机分类

(1) 桥式起重机

桥式起重机使用最为普遍，它架设在建筑物固定跨度支柱的轨道上，用于车间、仓库等处。其在室内或露天做装卸和起重搬运工作。工厂内一般称其为“行车”或“天车”。桥式起重机的分类如图 1-1 所示。

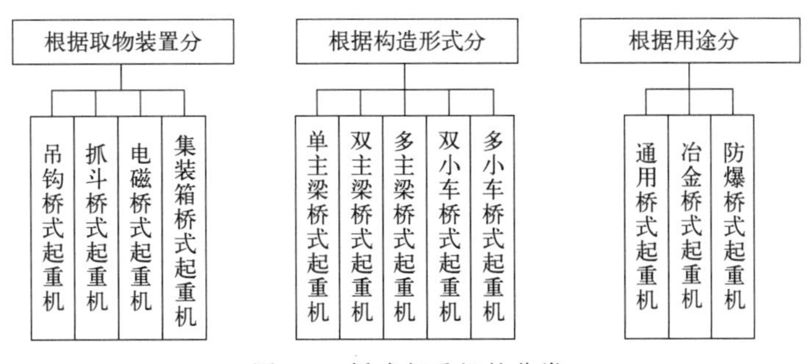

图 1-1 桥式起重机的分类

(2) 门式起重机

门式起重机主要用于室外货场、料场货、散货的装卸作业。它的金属结构像门形框架，承载主梁下安装了两条支脚，可以直接在地面的轨道上行走，主梁两端可以有外伸的悬臂梁。门式起重机的分类如图 1-2 和图 1-3 所示。

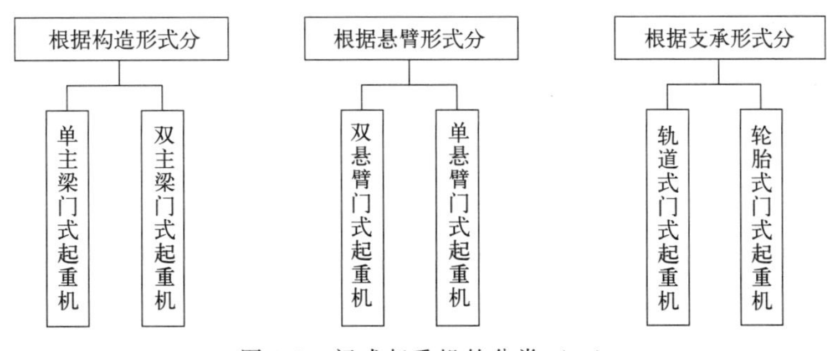

图 1-2 门式起重机的分类（一）

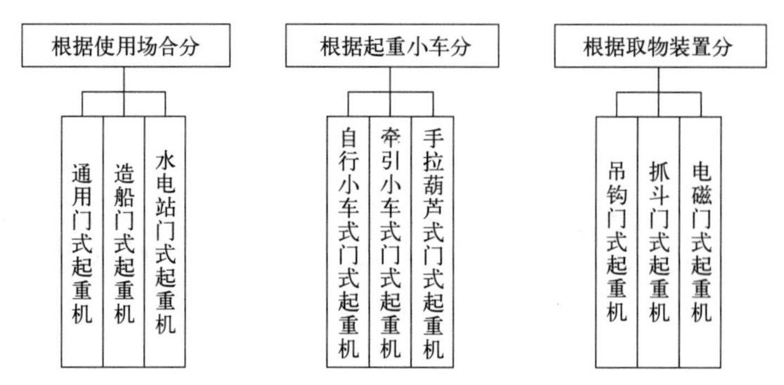

图 1-3　门式起重机的分类（二）

1.2　桥门式起重机特点

（1）桥式起重机的结构特点

① 桥架结构牢固稳定。桥式起重机通过两侧立柱和上方的横梁组成桥架结构，该结构能够提供足够的强度和稳定性，以承载和举升重物，并在作业过程中保持平衡和安全。

② 大吨位、大跨度。桥式起重机通常具有较高的工作负荷和较大的跨度。其可以根据用户需求进行各种规格和尺寸的定制，以满足不同场地和作业条件下的需求。

③ 占地面积相对较小。桥式起重机通过将重物悬挂在横梁下方进行运输和起吊，有效地减小了底部支撑设备的占地面积。这使桥式起重机成为狭小空间和限制条件下的理想选择。

④ 运行灵活性高。桥式起重机具有自由行走和起重装置，可在垂直和水平方向进行多方向的运动。其操作人员通常可以通过遥控或驾驶室内的控制台来实现对起重机的精确操控。

⑤ 安装与维护方便。桥式起重机的结构简洁，易于安装和拆卸。另外，其关键部件和设备的维修和保养也比较方便，有利于降低设备的故障率和延长设备的使用寿命。

总之，桥式起重机具有结构稳定、吨位大、跨度大、操作灵活等特点，广泛应用于工厂、仓库、港口等场所，可满足各种起重作业需求。

（2）门式起重机的结构特点

① 门式设计。门式起重机采用门式结构，即由两侧立柱和顶梁构成一个门形框架。这种结构能够提供更强的稳定性和承载能力，适用于大型货物的运输和起吊。

② 多轴支撑。为了增加起重机的稳定性，在门式起重机中通常会设置多个轴支撑系统，使整个结构更加平衡。

③ 多段伸缩臂。门式起重机通常具备多段伸缩式臂杆，使起重机可以根据具体需求调整臂杆长度，扩大工作范围。

④ 大吨位承载能力。门式起重机一般用于承载大型货物，因此其结构设计时注重提高承载能力。采用坚固的钢材制作，确保具有足够的强度和稳定性。

⑤ 高效率操作。门式起重机的设计还考虑到操作的效率，通常配备电动驱动系统、自动控制器等，以提高起重机的运行速度和工作效率。

⑥ 安全保护装置。为了保证操作人员和周围环境的安全，门式起重机中会加入多种安

全保护装置，如限位器、载荷显示器、防倾覆装置等。

总体来说，门式起重机的结构特点主要体现在稳定性强、承载能力大、工作范围广，以及作业效率高。

1.3　桥门式起重机实例

吊钩桥/门式起重机（图 1-4、图 1-5）：吊钩桥/门式起重机通常由金属结构、大小车运行机构和电气部分组成，有单钩与主、副钩之分，一般副钩的起重量为主钩的 1/5～ 1/3（如起重量 15t/3t），副钩的速度比主钩高。吊钩桥/门式起重机是通用桥/门式起重机中最基本的类型。

图 1-4　吊钩桥式起重机

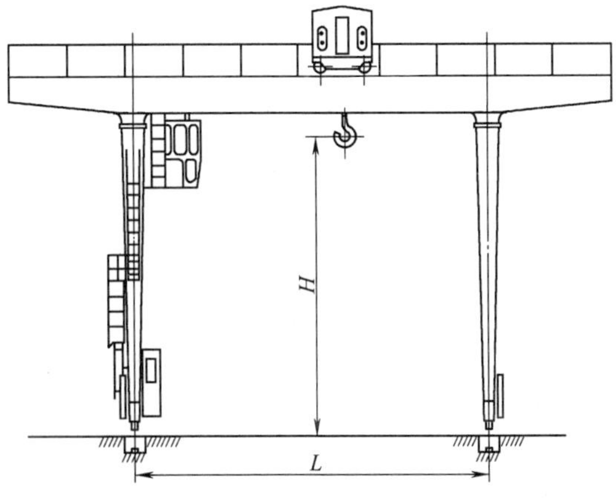

图 1-5　吊钩门式起重机

双主梁桥式起重机（图 1-6）：双主梁桥式起重机的两个主梁平行排列，通过横梁和斜杆支撑连接。这种结构具有承重能力强、刚度高、稳定性好等优点，适用于大型重物起重任务。但是，由于采用了双梁结构，所以重量相对较大，安装和维护难度也较大。

单主梁桥式起重机（图 1-7）：单主梁桥式起重机的主梁是一条 I 形梁，通过轨道上的支架将其固定在跨度上。这种结构具有结构简单、重量轻、易于安装和维护等优点，适用于小

图 1-6　双主梁桥式起重机

型起重任务。但是，由于单梁结构支撑面积小，承载能力有限，常用于轻载的起重工作。

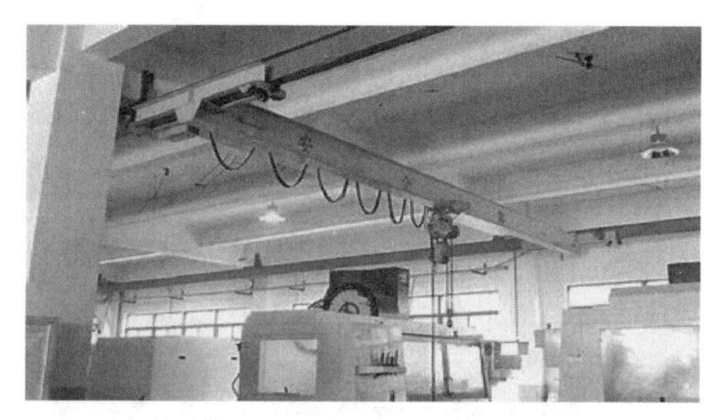

图 1-7　单主梁桥式起重机

不同桥式起重机的桥架结构具有各自的优缺点。一般来说，双主梁桥式起重机具有较大的承载能力和稳定性，适用于大型工程项目；单主梁桥式起重机结构简单、轻便、易于安装和维护，适用于小型起重任务；悬臂桥式起重机可以充分利用空间，适用于悬挑起重任务。

双主梁门式起重机是一款大吨位且常用的起重设备，其梁盒上面装有卷扬机吊重，还配有电动葫芦吊钩。

上包下花门式起重机（图 1-8）是花架结构和包箱结构结合的门式起重机产品，上包下花的意思是上边包箱梁（钢板拼接而成的包箱梁），下边花架腿（角铁焊接而成的花架腿）。还有一种上花下包门式起重机，上花下包的意思是上边花架梁（角铁拼接而成的花架梁），下边包箱腿（钢板焊接而成的包箱腿）。

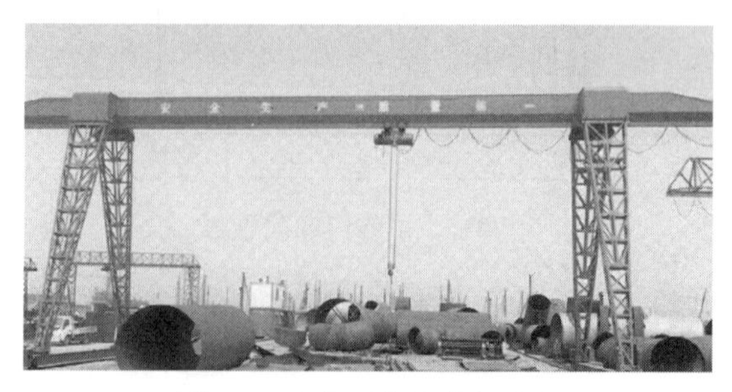

图 1-8　上包下花门式起重机

单主梁吊钩门式起重机（图 1-9）包括电气设备、小车、吊车运行机构、电缆滚筒、平台轨道碰撞头、主梁、梯台、刚性支腿、控制室、下横梁、柔性支腿等部分。安排主梁的上部为刚性悬臂梁和灵活的悬臂梁，起重机运行系统安排在较低的上部横梁上，安排下横梁刚性腿的下部为灵活的腿，小车安排在主波束，安排电缆鼓一端的主波束和刚性腿，行走平台铁路碰撞头主要安排在最后的梁，控制室设置在主梁的下侧。

图 1-9　单主梁吊钩门式起重机

欧式单主梁门式起重机（图 1-10）为常用的、基本的标准起重机，作业等级为 A5（FEM 2m），没有副钩。

欧式双主梁门式起重机（图 1-11）自重轻，结构细巧，能耗较低，在桥架上设置一台小车及起升机构，设置小车可以前后运转、大车运转等机构，实现物料、物体在立体空间的搬运。欧式起重机采用独特的规划理念，具有尺寸小、重量轻、轮压小的特点。与传统起重机比较，吊钩至墙面的极限距离最小，净空高度最低，起重机更能贴近前面作业，起升高度更高，增加了厂房的有效作业空间。

总体来说，门式起重机的结构特点主要体现在稳定性强、承载能力大、工作范围广，以及作业效率高。

图 1-10　欧式单主梁门式起重机

图 1-11　欧式双主梁门式起重机

1.4　桥式和门式起重机区别

桥式起重机与门式起重机除了外形上不同，其作用也不同。具体如下所述。

区别一：

① 桥式起重机是横架于车间、仓库和料场上空进行物料吊运的起重设备。

② 门式起重机是桥式起重机的一种变形，又叫龙门吊，主要用于室外货场、料场货、散货的装卸作业。

区别二：

① 桥式起重机的两端坐落在高大的水泥柱或金属支架上，形状似桥。

② 门式起重机金属结构像门形框架，承载主梁下方安装了两条支脚，可以直接在地面的轨道上行走，主梁两端可以有外伸的悬臂梁。

区别三：

① 桥式起重机的桥架沿铺设在两侧高架上的轨道纵向运行，可以充分利用桥架下面的空间吊运物料，不受地面设备的阻碍。它是使用范围最广、数量最多的一种起重机械。

② 门式起重机具有场地利用率高、作业范围大、适应面广、通用性强等特点，在港口货场得到广泛应用。

1.5 桥式和门式起重机结构设计共同点

① 桥式和门式起重机均采用桥架形式，横跨在工作区域上方，具有较大的跨度，能够覆盖较大的工作范围。同时，桥架结构稳定，能够承受较大的载荷。

② 桥式和门式起重机的支撑立柱通常为垂直布置，通过地面或支撑墙等基础牢固地支撑起来，从而保证其工作的稳定性和安全性。

③ 桥式和门式起重机主要由桥架、起升机械装置、小车、供电系统等组成。其中，桥架是起重机的主要结构部件。门式起重机的梁和腿两侧的连接方式多样，包括箱形梁、焊接梁等。起升机械装置通常使用钢丝绳或链条进行起升操作，小车则负责沿横向进行物品的移动。

④ 桥式和门式起重机具有较强的适应性，可以根据工作环境的不同需求进行自由设置和调整。例如，可以调整起升高度、跨度等参数，以适应不同高度和距离的物品起升。

⑤ 桥式和门式起重机结构简单、控制便捷、操作方便。一般配备有遥控操作系统，可以使操作人员在安全区域进行远程控制，从而降低事故发生风险。

第 2 章

桥式起重机主结构响应谱分析

2.1 概述

本章依托 ANSYS 15.0 软件，采用有限元方法对某核电站 5、6 号机组项目 QT 暂存库数控吊车主体结构进行了模态分析和地震载荷下的反应谱分析，形成了 QD××5t-13.5m 桥式双主梁起重装备系列化产品的数字化模型及计算分析流程说明书。

首先从模态分析和谱分析的基本原理、主要工作步骤、相关注意点方面明确了起重装备地震载荷谱分析的主要工作内容；其次从实体模型建立、有限元建模和网格划分、模态分析求解过程及地震响应谱分析（SPRS）求解过程四大工作步骤，分别介绍了从模型前处理、求解到结果后处理的具体操作过程；再次对计算结果的提取分别以模态分析结果和地震响应谱分析结果的处理予以介绍和展示；最后给出了分析过程中关键步骤的处理方法和相关处理的注意点。由此形成的计算分析流程说明书可以作为起重装备结构抗震性能分析计算的指导性文件，供相关工程师和研究人员参考使用。

2.1.1 模态分析的基本过程

模态分析用于确定结构或机器部件的振动特性，即结构或机器部件的固有频率和振型，它们是承受动态载荷的重要参数。同时，模态分析也可以作为其他动力学分析的起点，如瞬态动力学分析、谐响应分析和谱分析，模态分析是进行谱分析、模态叠加法谐响应分析、瞬态动力学分析所必需的前期分析过程。

典型的无阻尼模态分析的基本方程用于求解典型的特征值问题：

$$[\boldsymbol{K}]\{\boldsymbol{\Phi}_i\}=\omega_i^2[\boldsymbol{M}]\{\boldsymbol{\Phi}_i\}$$

式中 $[\boldsymbol{K}]$——刚度矩阵；

$\{\boldsymbol{\Phi}_i\}$——第 i 阶模态的振型向量；

ω_i——第 i 阶模态的固有频率；

$[\boldsymbol{M}]$——质量矩阵。

模态分析主要包括以下四个步骤：

- 建立模型
- 加载求解

• 扩展模态
• 观察结果

在分析过程中需要注意以下几点：

① 在模态分析中只有线性行为是有效的。如果指定了非线性单元，它们将被认为是线性的。如果分析中包含了接触单元，则系统取其初始状态的刚度值，并且不再改变此刚度值。材料性质可以是线性的、各向同性的或正交各向异性的、恒定的或和温度相关的。在模态分析中必须指定弹性模量 EX（或某种形式的刚度）和密度 DENS（或某种形式的质量），而非线性特性将被忽略。

② ANSYS 提供了 7 种模态提取方法，分别是子空间法、分块 Lanczos 法、PowerDynamics 法、缩减法、非对称法、阻尼法和 QR 阻尼法。阻尼法和 QR 阻尼法允许在结构中存在阻尼。每种方法对应模型的不同复杂程度和对硬件的要求，需要在实际计算中根据情况选择。

③ 模态扩展要求振型文件（Jobname. MODE）、Jobname. EMAT、Jobname. ESAV 及 Jobname. TRI（如果采用缩减法）必须存在。此外，数据库中必须包含与解算模态时所用模型相同的分析模型。

2.1.2 谱分析的基本过程

谱分析是一种将模态分析结果和已知谱联系起来的计算结构响应的分析方法，主要用于确定结构对随机载荷或随时间变化载荷的动力响应。谱分析可分为时间-历程谱分析和频域的谱分析。时间-历程谱分析主要应用瞬态动力学分析，一般而言，计算精确但计算量大、时间久。频域的谱分析可以代替费时的时间-历程谱分析，主要用于确定结构对随机载荷或时间变化载荷（地震、风载、海洋波浪、火箭发动机振动等）的动力响应情况。因此，频域的谱分析主要应用于核电站（建筑和部件）、机载电子设备（飞机/导弹）、宇宙飞船部件、飞机构件、任何承受地震或其他不规则载荷的结构或构件、建筑框架和桥梁等的分析。

谱是谱值和频率的关系曲线，反映了时间-历程载荷的强度和频率之间的关系。响应谱则代表系统对一个时间-历程载荷函数的响应，是一个响应和频率的关系曲线。ANSYS 响应谱分为单点响应谱（SPRS）和多点响应谱（MPRS），前者是指在模型的一个点集（不局限于一个点）定义一条（或一族）响应谱，后者是指在模型的多个点集定义多条响应谱。

单点响应谱分析基本步骤如下：

• 建立模型
• 求得模态解
• 求得谱解
• 扩展模态
• 合并模态
• 观察结果

分析过程中需要注意以下几点：

① 在谱分析中只有线性行为才是有效的。任何非线性单元均作为线性单元处理。如果含有接触单元，那么它们的刚度始终是初始刚度，不再改变；必须定义材料的弹性模量

(EX)(或其他形式的刚度)和密度(DENS)。材料的任何非线性将被忽略，但允许材料特性是线性的、各向同性或各向异性的以及随温度变化或不随温度变化的。

② 所提取的模态数目应足以表征在感兴趣的频率范围内结构所具有的响应；材料相关阻尼必须在模态分析中进行指定，并且必须在施加激励谱的位置添加自由度约束。

③ 如果使用 GUI 交互式方法进行分析，模态分析设置对话框“MODOPT”中的扩展模态选项为 NO 状态，模态计算时将不进行扩展模态，但是可以选择性地扩展模态(参看 MXPAND 命令的 SIGNIF 输入项的用法)；否则，将扩展模态选项置为 YES 状态。

④ 只有扩展模态才能在以后的模态合并过程中进行模态合并操作；如果对谱产生的应力感兴趣，这时必须进行应力计算。在缺省情况下，扩展模态的过程是不包含应力计算的，同时意味着谱分析将不包含应力结果数据。模态分析解将写进结果文件(Jobname. RST)。

⑤ 选择模态合并方法：对于单点响应谱分析，ANSYS 提供了 5 种模态合并方法，即 SRSS(square root of sum of squares)、CQC(complete quadratic combination)、DSUM(double sum)、GRP(grouping)和 NRLSUM(Navam research laboratory sum)。实际的计算中应根据适用条件和标准的要求进行选择。

2.2 结构有限元建模方法与计算流程

在有限元建模与求解阶段，主要工作有：①建立几何模型；②参数设置与单元选择；③划分网格；④结构静力学分析；⑤求得模态解；⑥求得谱解；⑦扩展模态；⑧合并模态。

上述建模及计算，既可以采用 GUI 交互的方式进行，也可以采用命令流(批处理)的方式进行。以下根据实际建模和求解的过程，分别介绍实体模型建模、有限元建模与网格划分、模态分析和地震响应谱分析的主要步骤和关键点。

2.2.1 实体模型的建模

ANSYS 使用的模型可以分为两大类：实体模型与有限元模型。类似于 CAD，实体模型以数学的方式表达结构的几何形状。该类模型中可以填充节点和单元，也可以在模型边界上施加载荷和约束。实体模型并不参与有限元分析，所有施加在实体模型边界上的载荷或约束必须传递到有限元模型上以及节点和单元上进行求解。

2.2.1.1 起重装备主体结构的实体模型

ANSYS 提供了多种创建实体模型的方法。但本章实例使用的模型较为复杂，因此在计算机辅助设计系统中创建实体模型，然后将其导入 ANSYS 中。

(1) 导入实体模型

如图 2-1～图 2-3 所示，在菜单栏选择“Import”命令，导入类型选择“PARA...”，选择文件“QT_Crane_model. X_T”，导入使用 SolidWorks 建立的几何模型。

(2) 显示模型的体特征

上一步导入的模型默认显示为边线方式。为显示结构的体特征模型，可在菜单栏中选择“PlotCtrls”中的“Style”选项，然后选择“Solid Model Facets...”选项，在弹出的对话框中选择“Normal Faceting”选项，如图 2-4～图 2-6 所示。

ANSYS Mechanical Utility Menu (HHD)
File Select List Plot PlotCtrls WorkPlane Parameters Macr
Clear & Start New ...
Change Jobname ...
Change Directory ...
Change Title ...
Resume Jobname.db ...
Resume from ...
Save as Jobname.db
Save as ...
Write DB log file ...
Read Input from ...
Switch Output to
List
File Operations
File Options ...
Import
Export ...
Report Generator ...
Exit ...
IGES ...
CATIA ...
CATIA V5 ...
Creo Parametric ...
NX ...
ACIS ...
PARA ...
WRGRPH
1
AREAS
TYPE NUM

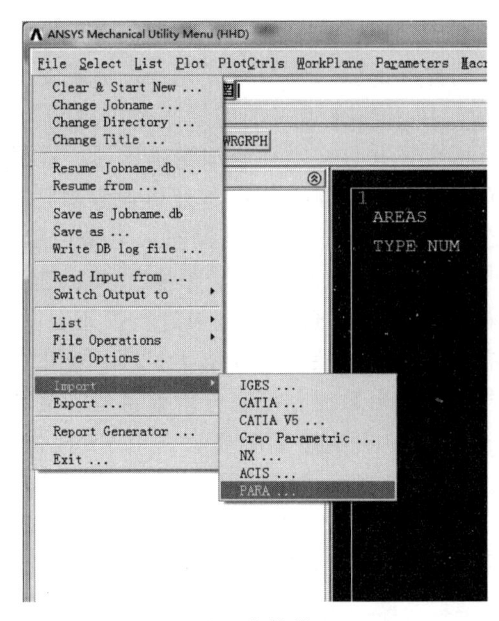

图 2-1　导入实体模型（一）

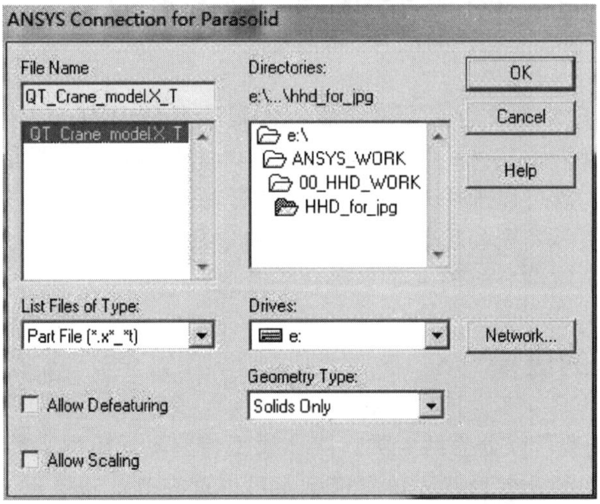

ANSYS Connection for Parasolid
File Name
QT_Crane_model.X_T
QT_Crane_model.X_T
Directories:
e:\...\hhd_for_jpg
e:\
ANSYS_WORK
00_HHD_WORK
HHD_for_jpg
OK
Cancel
Help
List Files of Type:
Part File (*.x*_*t)
Drives:
e:
Network...
Geometry Type:
Solids Only
Allow Defeaturing
Allow Scaling

图 2-2　导入实体模型（二）

AREAS
TYPE NUM
ANSYS
NOV 22 2019
21:50:38

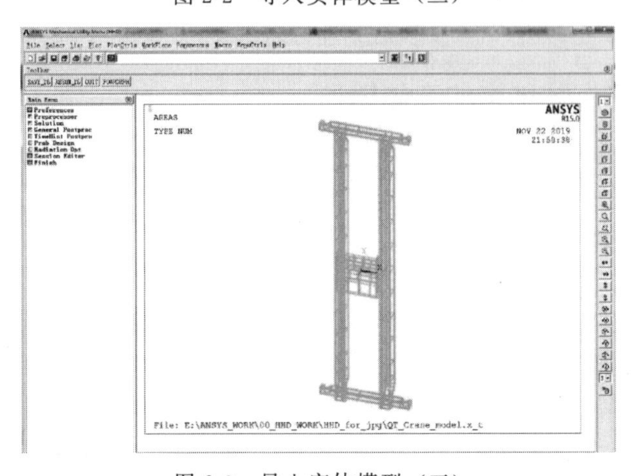

图 2-3　导入实体模型（三）

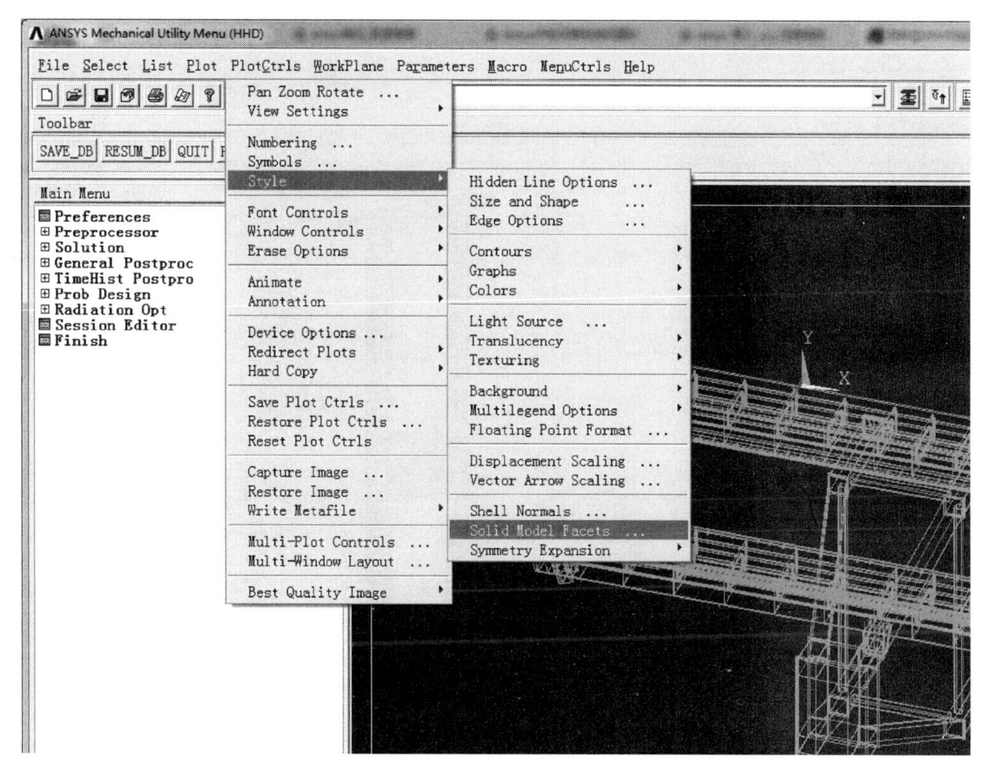

图 2-4　显示模型的体特征（一）

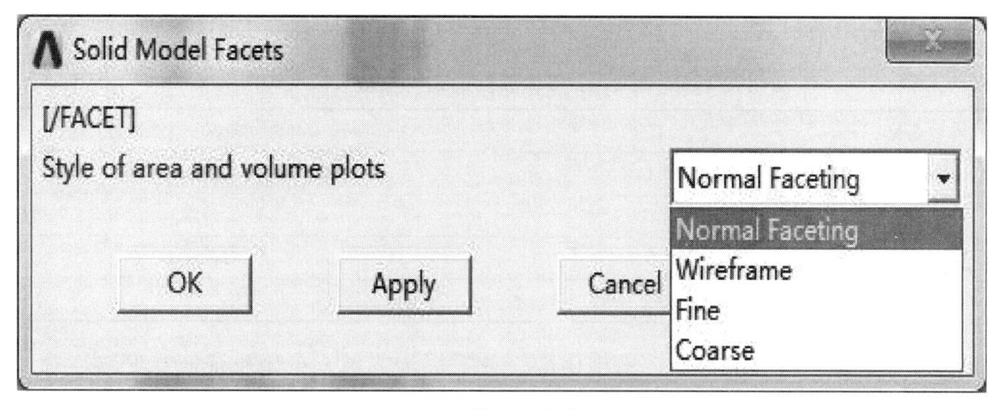

图 2-5　显示模型的体特征（二）

建立的模型以桥架主梁的水平横向为 X 轴，以桥架主梁的水平纵向为 Y 轴，以竖直向上方向为 Z 轴。

2.2.1.2　几何模型分析与处理

实际结构由起重小车与桥架主梁两个结构体组成，起重小车通过 4 个小车轮在主梁轨道上运动，桥架主梁通过端梁的四个大车轮在厂房的基础结构上运动。由于本实例分析的目的是确定起重小车处于桥架不同位置时结构的静力学分析、模态分析和地震响应谱分析的性能，因此在计算时应将起重小车固定于某位置。

在计算开始之前需要分析实体模型的复杂程度，以确定有限元分析的难度和复杂程度。

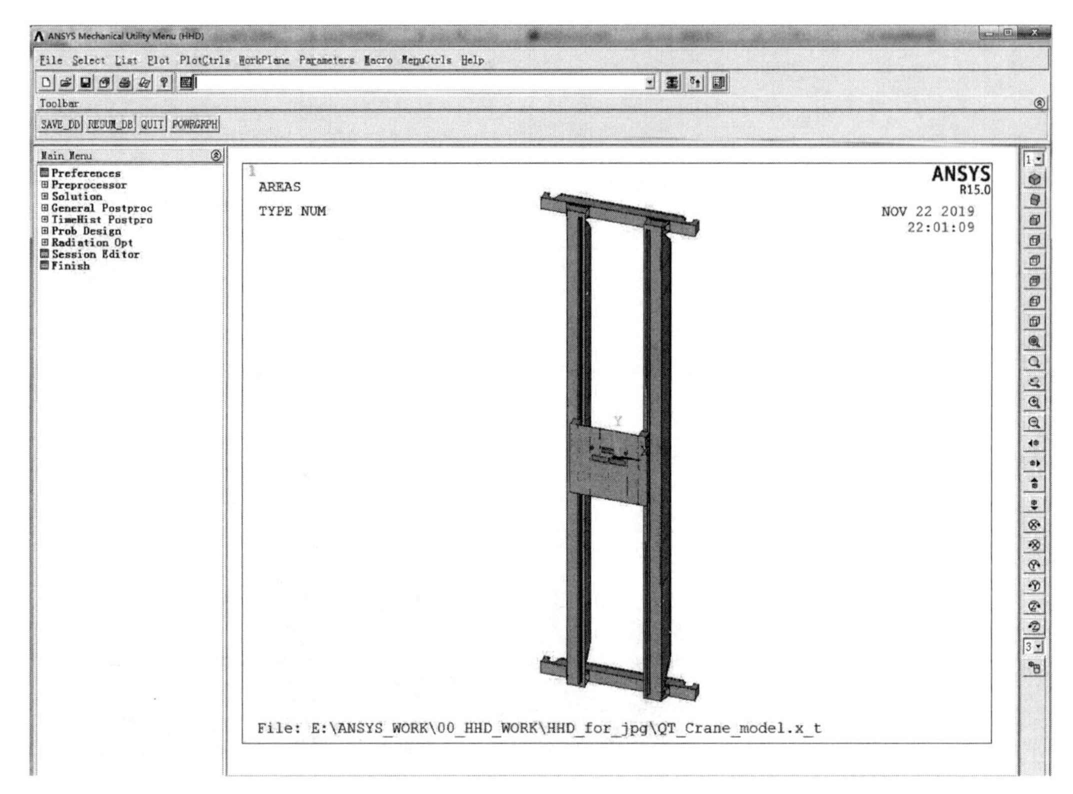

图 2-6　显示模型的体特征（三）

实体模型的几何参数见表 2-1。

表 2-1　实体模型的几何参数

参数名称	数量	意义
Keypoints	3444	关键点的数量
Lines	5300	线的数量
Areas	1817	面的数量
Volumes	2	体的数量

通过对实体模型的分析可知，模型中的“体”分为三组，分别组成起重装备主体结构的 2 个端梁、2 个桥架主梁和起重小车。将桥架主梁和端梁合成为一个体，模型最终处理成起重装备桥架结构和起重小车组成的两个体的结构。

根据工况，整体移动起重小车体模型到桥架主梁跨中位置、左侧 1/4 位置和左极限位置，分别建立与三个位置相对应的工作文件，其实体模型分别如图 2-7～图 2-9 所示。

由于起重小车处于桥架不同位置工况的静力学分析、模态分析和响应谱分析的计算过程仅在初始的实体建模和计算结果中有区别，其分析过程是相同的，因此下文以起重小车处于桥架主梁跨中位置工况为例对计算流程进行说明，其他工况参照本工况进行计算求解。

需要说明的是，在实体模型中不必包含一些不重要的小细节，因为它们只会使模型更复杂。但是在一些结构中，倒角或孔等小细节可能是最大应力集中的地方，这时它们就很重要，这取决于分析的目的，必须对结构的预期行为有足够的理解才能做出判断。对于静力学分析而言，关键或危险位置的倒角和孔等小细节需要谨慎判断是否忽略；对于模态分析和谱分

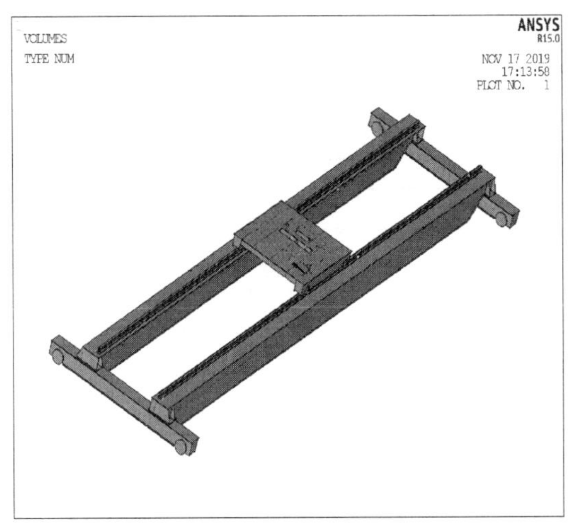

图 2-7 起重小车位于桥架主梁跨中位置的实体模型

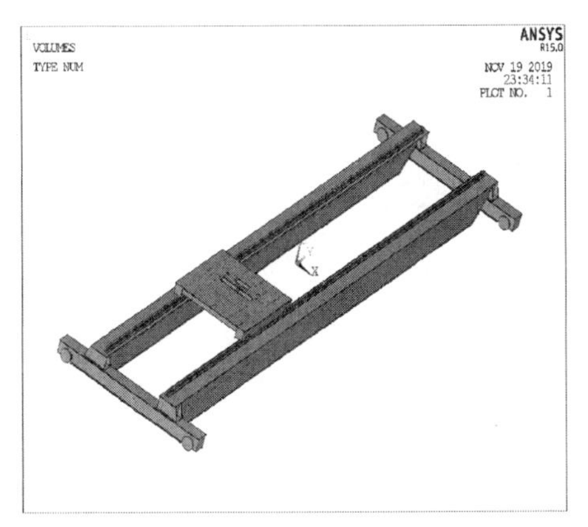

图 2-8 起重小车位于桥架主梁左侧 1/4 位置的实体模型

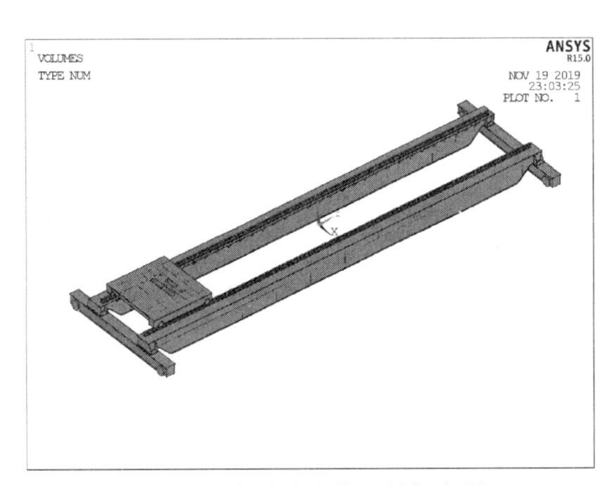

图 2-9 起重小车位于桥架主梁左极限位置的实体模型

析而言，整体结构的特征决定着结果的准确程度，而一些倒角和孔等结构细节对整体结果的影响很小，常常可以忽略。分析之初就应该在简化模型和降低准确性之间加以权衡。

2.2.1.3 轮轨结合处的处理方法

对小车的轮轨接触处，只有线性行为在谱分析中才是有效的，任何非线性单元均作为线性处理。如果含有接触单元，那么它们的刚度始终是初始刚度，不再改变。因此，在具体的处理中，可以采用节点自由度耦合的方法将小车轮的部分节点与桥架主梁轨道接触面的节点进行耦合，或采用体粘接（“Glue”命令）的方式将小车轮轨与桥架主梁接触区域的面直接连接。本实例采用接触区域面直接粘接的方式处理，按图 2-10 所示对车轮进行编号。

分别根据起重小车轮轨接触处的等效接触面积在小车车轮与轨道处建立等效接触体，整体移动起重小车体模型处于桥架主梁跨中位置、左侧 1/4 位置和左极限位置，使用“Glue”命令粘接等效接触体，如图 2-11 所示。

对端梁车轮的轮轨接触处，厂房的地震载荷需要通过端梁车轮作用在起重装备上，因此需要在端梁车轮的轮轨接触区域施加固定约束。考虑到实际处理的复杂程度与计算结果的准

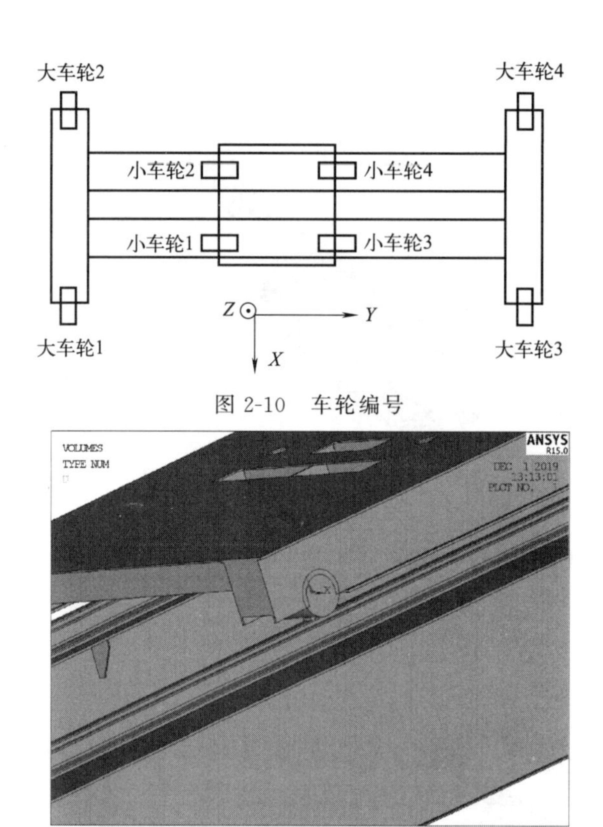

图 2-10　车轮编号

图 2-11　起重小车轮轨接触处的等效接触面

确性，在端梁车轮处分别建立车轮的等效圆柱模型，在等效车轮的端面施加约束，如图 2-12 所示。

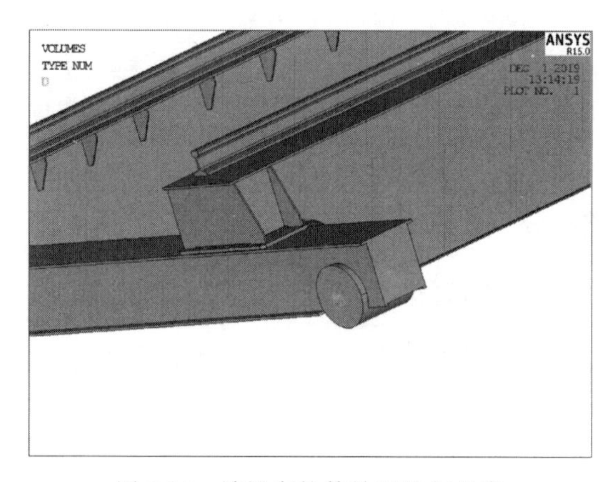

图 2-12　端梁车轮等效圆柱与约束

2.2.2　有限元建模与网格划分

2.2.2.1　参数设置与单元选择

分别指定工作名和分析标题为“HHD. db”，选取菜单途径“Utility Menu”→“File”→

"Change Title"，输入"Title：SPRS analysis of the QT Crane"；在前处理器（PREP7）中，根据实体模型的结构特征，选择使用 SOLID285 实体单元进行网格划分，选取菜单途径"Main Menu"→"Preprocessor"→"Element Type"→"Add/Edit/Delete"。在"Element Types"对话框中选择"SOLID285"。定义材料的性质见表 2-2。参数设置如图 2-13 和图 2-14 所示。

表 2-2　定义材料的性质

参数名	参数值	意义	ANSYS 中的参数名
E	200GPa	弹性模量	EX
ν	0.3	泊松比	PRXY
ρ	7850kg/m^3	密度	DENS

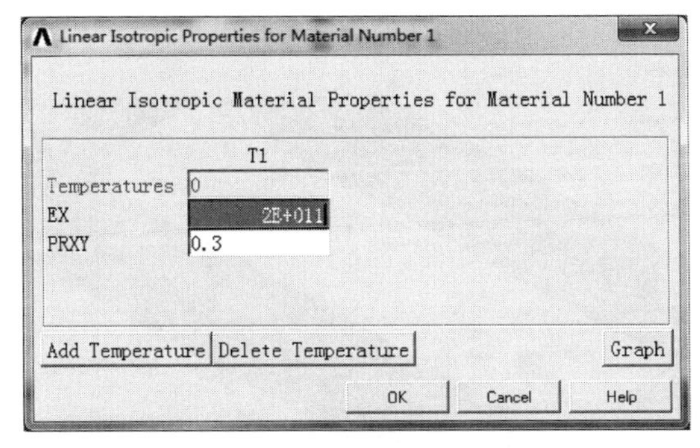

图 2-13　参数设置（一）

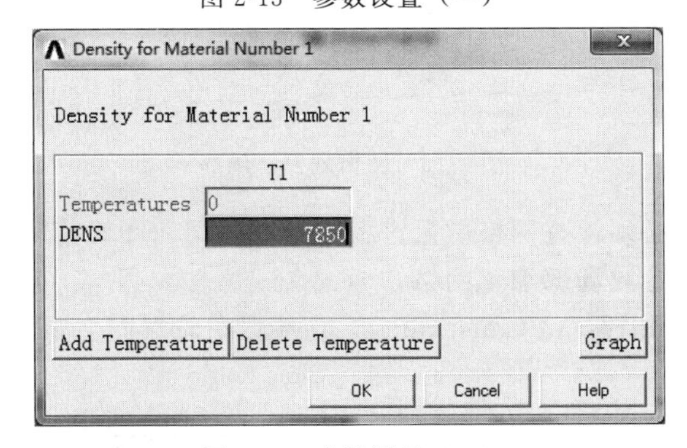

图 2-14　参数设置（二）

2.2.2.2　网格划分与约束

除直接生成有限元模型外，所有实体模型在进行分析求解前，必须对其划分网格，生成有限元模型。指定分析标题为"SPRS analysis：Meshing"，分别选择起重小车和桥架梁的体划分网格，结果见表 2-3 和图 2-15、图 2-16。

表 2-3　有限元模型的网格划分

参数名称	数量	意义
Nodes	595837	节点的数量
Elements	2040019	单元的数量

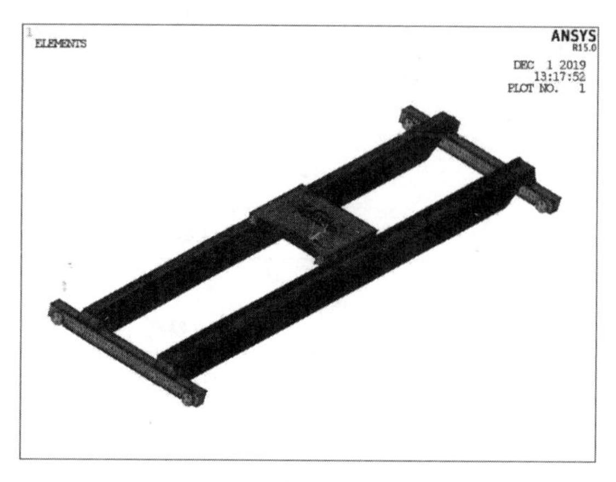

图 2-15　网格划分（全部）

图 2-16　网格划分（局部）

网格划分完成后，必须检查网格质量，权衡计算时间和计算精度的可接受程度，必要时应该对网格进行重新划分或局部细化网格。

指定分析标题为“Force and Constraint”，在端梁车轮端面上施加三个方向的位移约束，如图 2-17 所示。

图 2-17　端梁车轮的约束

2.2.2.3 静力学求解

静力学分析可以计算在固定不变的载荷作用下结构的效应，它不考虑惯性和阻尼的影响，如结构受随时间变化载荷的影响。静力学分析也可以确定那些固定不变的惯性载荷对结构的影响（如重力和离心力），以及可以确定近似为等价静力作用的随时间变化的载荷对结构的影响。

静力学分析用于计算由除惯性和阻尼效应外的载荷作用于结构或部件上引起的位移、应力、应变和力。固定不变的载荷和响应是一种假定，即假定载荷和结构的响应随时间的变化非常缓慢。静力学分析所施加的载荷包括：外部施加的作用力、稳态的惯性力（如重力和离心力）、位移载荷和温度载荷。

结构线性静力学分析的基本步骤有：

① 建立有限元模型；

② 施加载荷和边界条件，进行求解；

③ 结果评价与分析。

由于起重装备的静力学分析不是本书的重点，且其过程较为简单和常见，因此此处不展开分析，仅提取其计算结果用于辅助结构抗震性能分析。

2.2.3 模态分析求解过程

模态分析一般为其他动力学分析的起点，是进行谱分析所必需的前期分析过程。

2.2.3.1 建立模型

指定分析标题为“Modal analysis：Modal meshed，ready for modal analysis”，使用之前在处理器（PREP7）中定义单元类型、材料性质、几何模型及网格划分。

注意：在模态分析中只有线性行为是有效的，如果指定了非线性单元，它们将被当作是线性的，非线性特性将被忽略。

2.2.3.2 加载求解

进入 ANSYS 求解器，定义新的分析，分析类型为“Modal”，即模态分析，如图 2-18

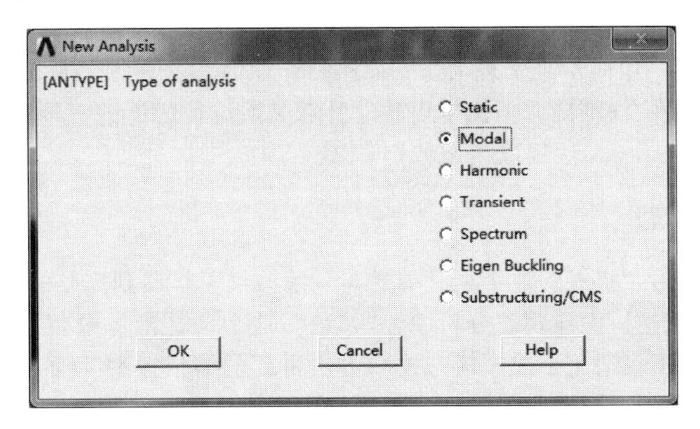

图 2-18　定义模态分析

所示，使用之前定义的边界条件（即端梁车轮端面全约束）。注意，在模态分析中重启动（Restart）是无效的。如果需要施加不同的边界条件，则必须做一次新的分析。

在典型的模态分析中唯一有效的“载荷”是零位移约束，如果在某个自由度处指定了一个非零位移约束，程序将以零位移约束替代在该自由度处的设置。可以施加除位移约束之外的其他载荷，但它们将被忽略。在未加约束的方向上，程序将解算刚体运动（零频）及高阶（非零频）自由体模态，载荷可以加在实体模型（点、线、面）上或加在有限元模型（点和单元）上。

提取模态阶数即提取前 20 阶模态数据。扩展模态阶数选择 20 阶，并计算单元解；质量矩阵计算方式选择使用质量矩阵。具体设置如图 2-19 所示。

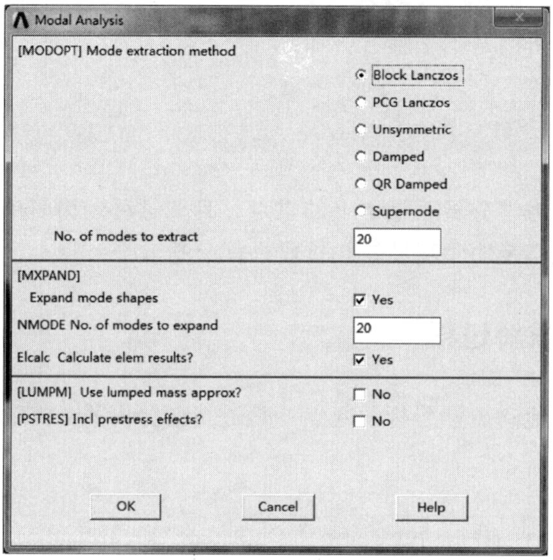

Modal Analysis
[MODOPT] Mode extraction method
Block Lanczos
PCG Lanczos
Unsymmetric
Damped
QR Damped
Supernode
No. of modes to extract 20
[MXPAND]
Expand mode shapes Yes
NMODE No. of modes to expand 20
Elcalc Calculate elem results? Yes
[LUMPM] Use lumped mass approx? No
[PSTRES] Incl prestress effects? No
OK Cancel Help

图 2-19　定义模态分析选项

设置完成后即可开始求解。ANSYS 提供了 7 种模态提取方法，分别是子空间法、分块 Lanczos 法、PowerDynamics 法、缩减法、非对称法、阻尼法和 QR 阻尼法。阻尼法和 QR 阻尼法允许在结构中存在阻尼。每种方法对应模型的不同复杂程度和对硬件的要求，需要在实际计算中根据情况选择。

由于后续还需要进行谱分析求解，此处选择分块 Lanczos 法求解。分块 Lanczos 法采用 Lanczos 算法，是用一组向量来实现 Lanczos 递归计算的。这种方法自动采用稀疏矩阵方程求解器，和子空间法一样精确，但速度更快。计算某系统特征值谱所包含的一定范围的固有频率时，采用分块 Lanczos 法提取模态特别有效。

2.2.3.3 扩展模态

从严格意义上讲，“扩展”这个词意味着将“缩减解”扩展到完整的自由度集上。“缩减解”常用主自由度表达。而在模态分析中，“扩展”这个词是指将振型写入结果文件，也就是说，“扩展模态”不仅适用于缩减模态提取方法得到的缩减振型，而且适用于其他模态提取方法得到的完整振型。因此，如果在后处理器中查看振型，必须先扩展（也就是将振型写入结果文件）。谱分析中同样要求进行模态扩展。在单点响应谱分析（SPOPT，SPRS）和动力学设计分析方法（SPOPT，DDAM）中，模态扩展可以放在谱分析之后按命令 MXPAND 中设置的阈值 SIGNIF 有选择地进行。

此过程需要注意两点：模态扩展要求振型文件 Jobname. MODE、Jobname. EMAT 、Jobname. ESAV 及 Jobname. TRI（如果采用缩减法）必须存在；数据库中必须包含与解算模态时所用模型相同的分析模型。

2.2.3.4 观察结果

模态分析的结果（即模态扩展处理的结果）被写入结构分析结果文件 Jobname. RST 中。分析结果包括固有频率、扩展振型、相对应力和力分布。可以在 POST1［/POST1］即普通后处理器中观察模态分析的结果。

2.2.4 地震响应谱分析（SPRS）求解过程

2.2.4.1 建立模型

这一步骤与其他分析类型建立模型的过程相似，指定分析的标题为“SPRS：Modal analysis accomplished，ready for spectrum analysis”。使用之前在处理器（PREP7）中定义单元类型、材料性质、几何模型及网格划分。

需要注意的是，只有线性行为在谱分析中才是有效的。任何非线性单元均作为线性处理。如果含有接触单元，那么它们的刚度始终是初始刚度，不再改变。必须定义材料的弹性模量（EX）（或其他形式的刚度）和密度（DENS）。材料的任何非线性将被忽略，但允许材料特性是线性的、各向同性或各向异性的以及随温度变化或不随温度变化的。一般来说，核电抗震设计不考虑结构的弹塑性，认为结构在地震载荷作用下始终保持弹性状态，即只考虑结构的线性行为。

2.2.4.2 求得模态解

结构的模态解（固有频率和振型）是计算谱解所必需的，因此在进行谱分析求解前需要先计算模态解。模态分析的基本过程参见上节。还需注意，非对称法、阻尼法、QR 阻尼法及 PowerDynamics 法对下一步谱分析是无效的，因此在求解模态解时需使用分块 Lanczos 法、子空间法或缩减法提取模态。所提取的模态数目应足以表征在感兴趣的频率范围内结构所具有的响应；材料相关阻尼必须在模态分析中进行指定，并且必须在施加激励谱的位置添加自由度约束。求解结束后必须退出 SOLUTION 处理器。

此处使用上一节已经计算求得的模态解。

2.2.4.3 求得谱解

求得模态解后退出 SOLUTION 处理器。再次进入求解器，必须为谱分析选择新的分析类型，在确定激励类型后输入谱值与频率的关系曲线。输出结果包括参与系数表。作为打印输出的一部分，参与系数表列出了参与系数、（基于最低阻尼比的）模态系数及每阶模态的质量分布。模态系数乘以振型就是每阶模态的最大响应。

进入求解器，选择谱分析，如图 2-20 和图 2-21 所示。

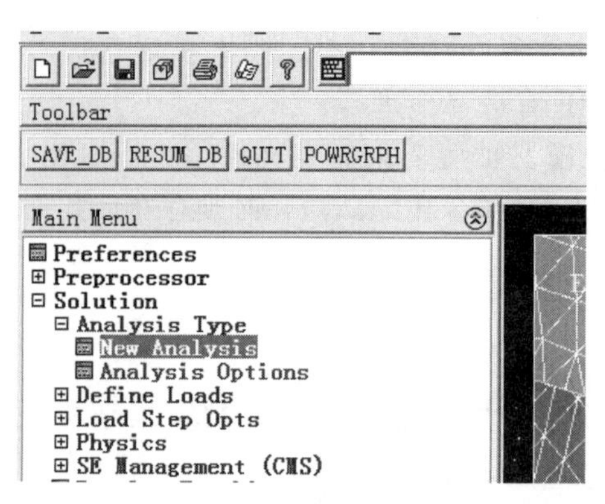

图 2-20 定义谱分析（一）

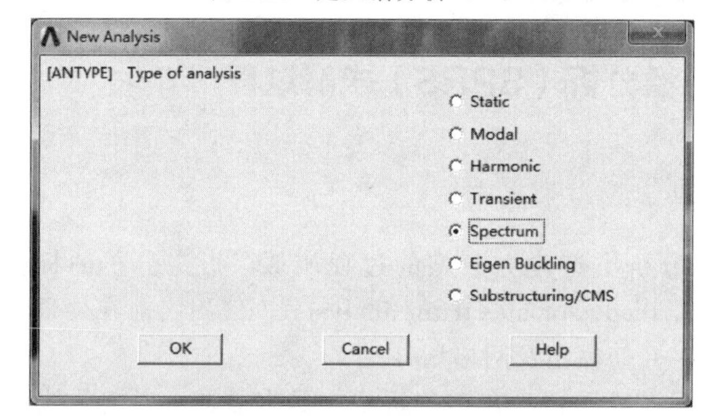

图 2-21 定义谱分析（二）

设置谱分析选项，指定分析类型为“Single-pt resp”（单点响应谱），设置求解模态的阶数为“20”，如图 2-22 和图 2-23 所示。

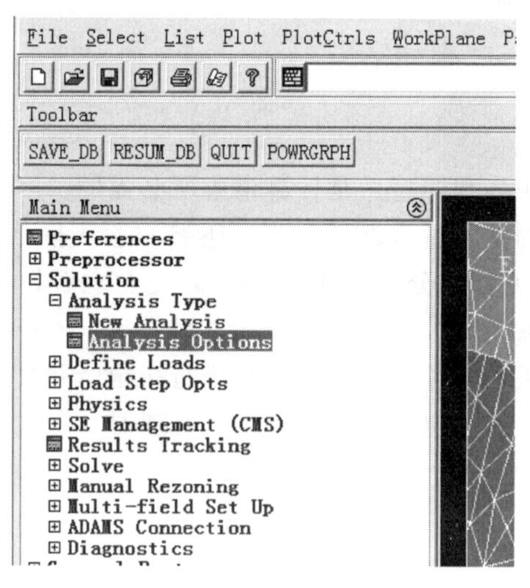

图 2-22 定义谱分析选项（一）

设置载荷谱的类型：Seismic displace 位移、Seismic velocity 速度、Seismi caccel 加速度、Forcespectrum 力谱等；除了力谱外，其余的都可以表示为地震谱，即它们都假定作用于基础上（有约束的节点上）。进入单点载荷谱的设置画面，采用加速度载荷谱。核电厂抗震设计中要求周密地考虑可能遭遇地震动的特性，一般地震动参数包括两个水平方向和一个

Spectrum Analysis
[SPOPT] Spectrum Analysis Options
Sptype Type of spectrum
Single-pt resp
Multi-pt respons
D.D.A.M.
P.S.D.
NMODE No. of modes for solu
20
Elcalc Calculate elem stresses?
No
(for P.S.D. only)
modeReuseKey for MODE file
No
OK
Cancel
Help

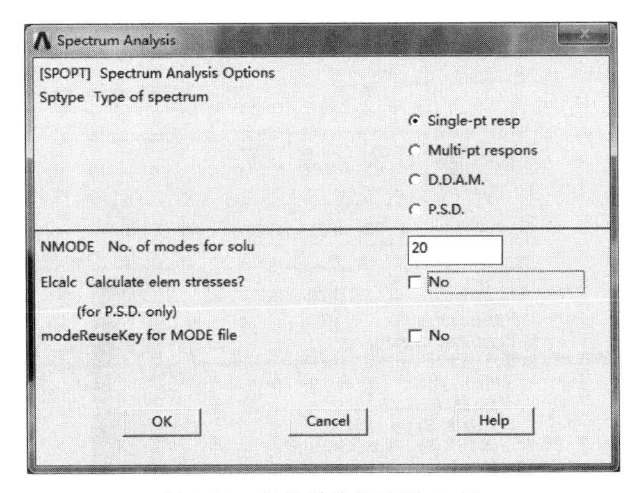

图 2-23　定义谱分析选项（二）

竖直方向的谱线，通过 3 个坐标分量设置激励谱方向，如图 2-24 和图 2-25 所示。

File Select List Plot PlotCtrls WorkPlane
Toolbar
SAVE_DB
RESUM_DB
QUIT
POWRGRPH
Main Menu
Preferences
Preprocessor
Solution
Analysis Type
Define Loads
Load Step Opts
Output Ctrls
Solution Ctrl
Time/Frequenc
Nonlinear
Spectrum
Single Point
Settings
Freq Table
Spectr Values
Show Status

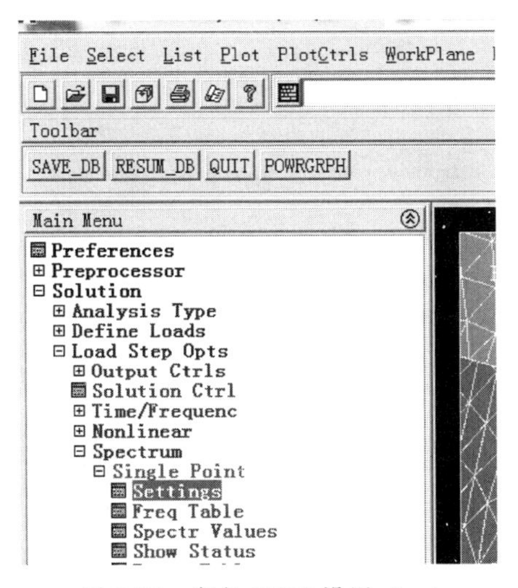

图 2-24　定义 SPRS 设置（一）

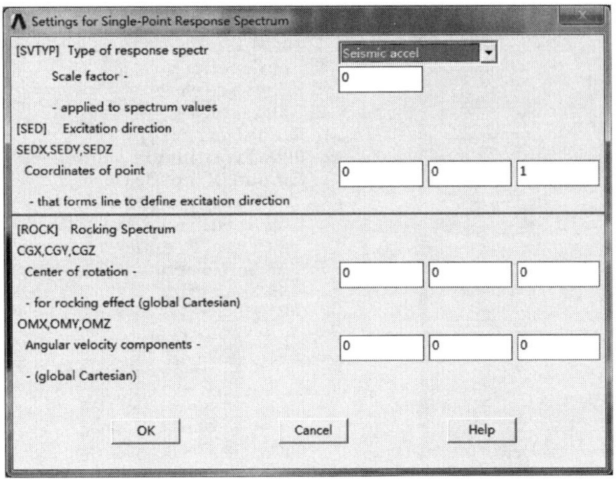

Settings for Single-Point Response Spectrum
[SVTYP] Type of response spectr
Seismic accel
Scale factor -
0
- applied to spectrum values
[SED] Excitation direction
SEDX,SEDY,SEDZ
Coordinates of point
0
0
1
- that forms line to define excitation direction
[ROCK] Rocking Spectrum
CGX,CGY,CGZ
Center of rotation -
0
0
0
- for rocking effect (global Cartesian)
OMX,OMY,OMZ
Angular velocity components -
0
0
0
- (global Cartesian)
OK
Cancel
Help

图 2-25　定义 SPRS 设置（二）

定义激励谱的谱值-谱线关系曲线（FREQ 和 SV），如图 2-26～图 2-30 所示。

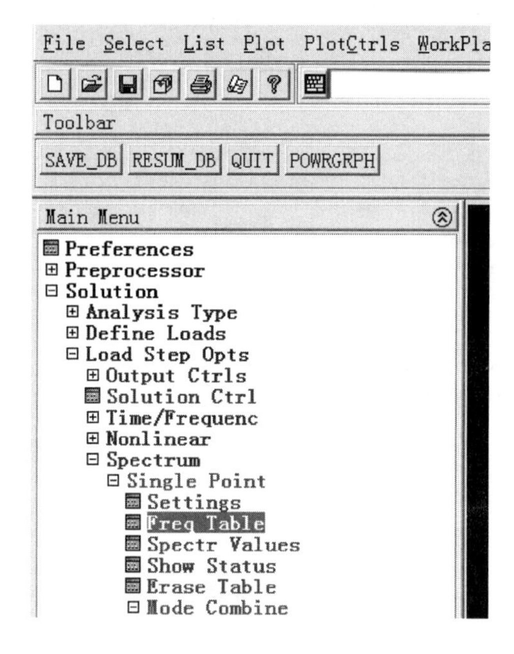

图 2-26　定义载荷谱频率列表（一）

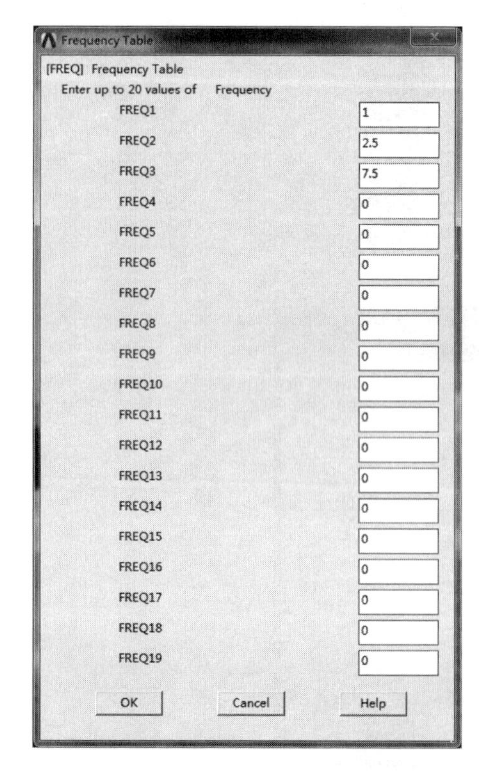

图 2-27　定义载荷谱频率列表（二）

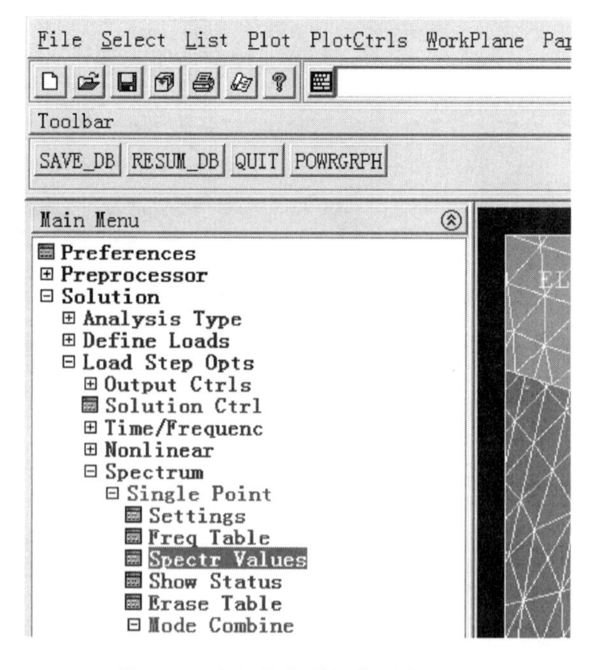

图 2-28　定义载荷谱幅值列表（一）

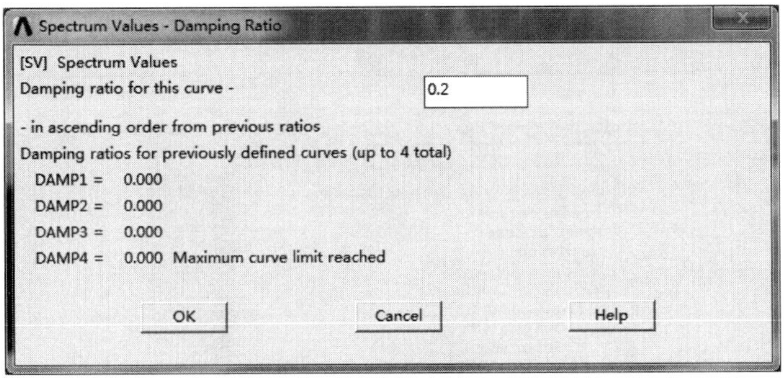

Spectrum Values - Damping Ratio
[SV] Spectrum Values
Damping ratio for this curve -
0.2
- in ascending order from previous ratios
Damping ratios for previously defined curves (up to 4 total)
DAMP1 = 0.000
DAMP2 = 0.000
DAMP3 = 0.000
DAMP4 = 0.000 Maximum curve limit reached
OK
Cancel
Help

图 2-29　定义载荷谱幅值列表（二）

Spectrum Values
[SV] Spectrum Values for Damping Ratio = 0.2000
FREQ1 = 1.000 SV1 =
1.15
FREQ2 = 2.500 SV2 =
5.7
FREQ3 = 7.500 SV3 =
OK
Cancel
Help

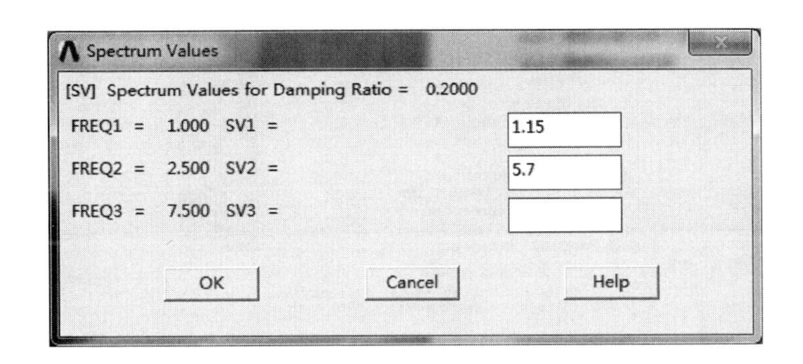

图 2-30　定义载荷谱幅值列表（三）

设置完成后即可开始求解。如果使用 GUI 交互式方法进行分析，模态分析设置对话框“MODOPT”中的扩展模态选项为 NO 状态，那么模态计算时将不进行模态扩展，但是可以选择性地扩展模态（参看 MXPAND 命令的 SIGNIF 输入项的用法）；否则，将扩展模态选项置为 YES 状态。

2.2.4.4　扩展模态

谱分析中，无论使用分块 Lanczos 法、子空间法还是缩减法，都必须进行模态扩展（也就是将振型写入结果文件）。在单点响应谱分析（SPOPT，SPRS）和动力学设计分析方法（SPOPT，DDAM）中，模态扩展可以放在谱分析之后按命令 MXPAND 中设置的阈值 SIGNIF 有选择地进行。如果只想扩展有明显意义的模态，就必须将模态扩展作为一个独立求解过程放在谱分析之后进行，只选择重要的模态进行扩展（参见 MXPAND 命令的 SIGNIF 项的用法）。如果使用 GUI 交互方法进行模态扩展操作，那么在模态分析阶段应将“modal analysis options”对话框“MODOPT”中的“mode expansion”选项设置为“NO”，以便将模态扩展作为一个独立的求解过程，并放在谱分析完成之后进行；如果需要扩展所有模态，只要在模态求解过程中执行“MXPAND”命令，就可以同时进行模态扩展过程。扩展模态的操作如图 2-31 和图 2-32 所示。

只有扩展模态才能在以后的模态合并过程中进行模态合并操作；如果对谱所产生的应力感兴趣，这时必须进行应力计算。在缺省情况下，模态扩展过程是不包含应力计算的，这意味着谱分析将不包含应力结果数据。模态分析解将写进结果文件（Jobname. RST）。

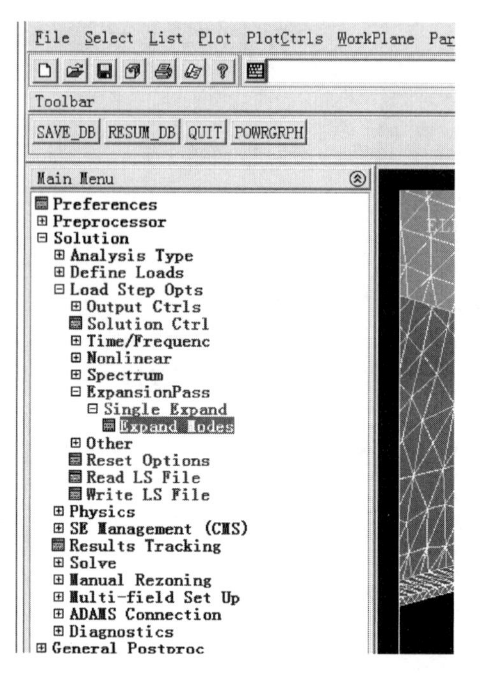

图 2-31 定义扩展模态选项（一）

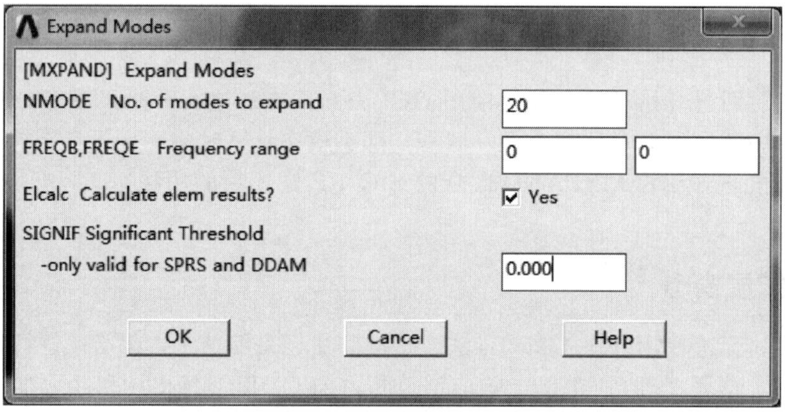

Expand Modes
[MXPAND] Expand Modes
NMODE No. of modes to expand 20
FREQB,FREQE Frequency range 0 0
Elcalc Calculate elem results? Yes
SIGNIF Significant Threshold
-only valid for SPRS and DDAM 0.000
OK Cancel Help

图 2-32 定义扩展模态选项（二）

2.2.4.5 合并模态

合并模态作为一个独立的求解阶段，包括以下步骤：

① 重新开始新的求解：使用 FINISH 命令结束上一个求解过程，重新进入求解器。

② 指定分析类型：将“Analysis Type”选项指定为“Spectrum”，即选择谱分析。

③ 选择模态合并方法：对于单点响应谱分析，可选择 ANSYS 提供的 5 种模态合并方法。

合并模态前要重新进入 ANSYS 求解器，指定分析选项为“Spectrum”，选择模态合并方法为 SRSS，指定输出结果类型为“Displacement”，而后求解模型。过程如图 2-33 和图 2-34 所示。

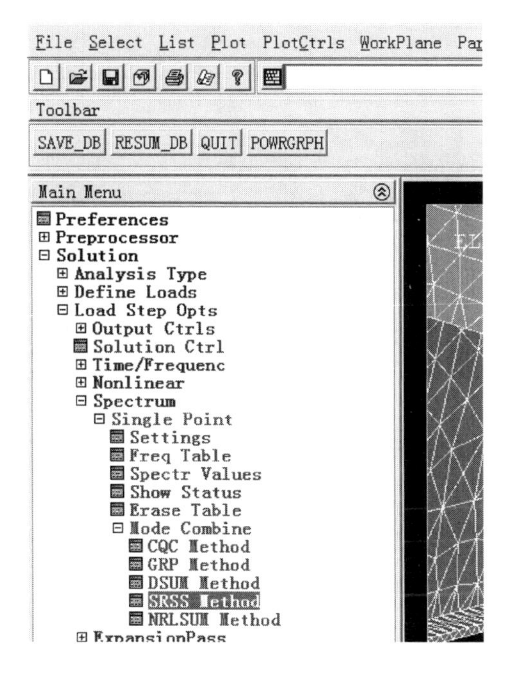

图 2-33　定义模态合并选项（一）

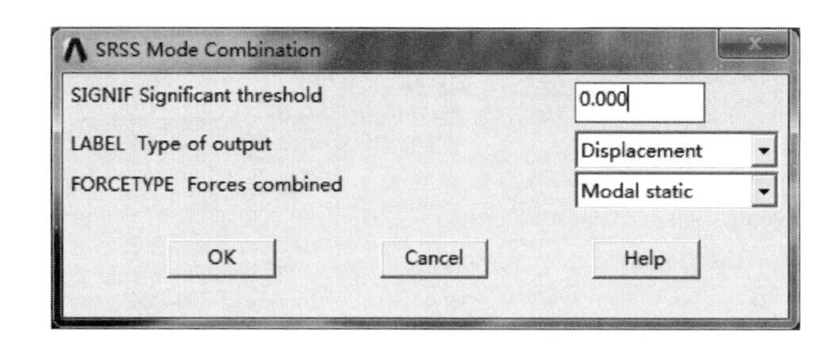

图 2-34　定义模态合并选项（二）

2.2.4.6　观察结果

单点响应谱分析的结果是以 POST1 命令的形式写入模态合并文件（Jobname. MCOM）中的，这些命令依据（模态合并方法指定的）某种方式合并最大模态响应，最终计算出结构的总响应。总响应包括总的位移（或总速度，或总加速度）以及在模态扩展过程中得到的结果——总应力（或总应力速度，或总应力加速度）、总应变（或总应变速度，或总应变加速度）、总反作用力（或总反作用力速度，或总反作用力加速度）。使用菜单栏中的“从文件读入结果”选项，读入模态合并结果的计算文件，即可进入后处理阶段观察结果，如图 2-35 和图 2-36 所示。

对结果的后处理要注意，使用 PLNSOL 命令将衍生数据（如应力和应变）进行节点平均化处理，将导致不同材料、不同壳体厚度或其他不连续性单元共有的节点平均解意义十分模糊。为了避免这种问题，在执行 PLNSOL 命令前用选择工具将具有相同材料、相同壳体厚度等的单元选择出来，再分别执行 PLNSOL 命令进行节点平均化处理。

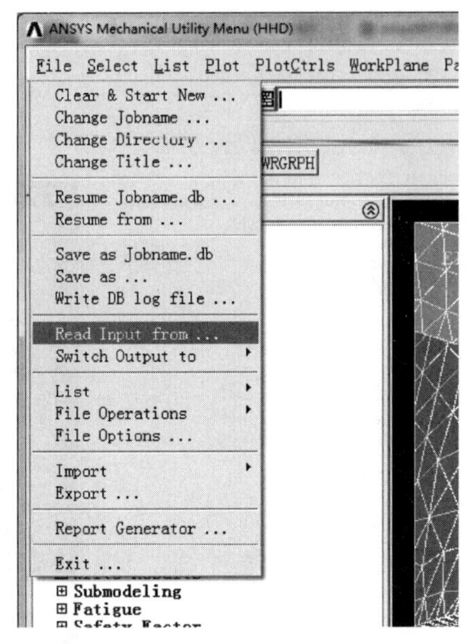

图 2-35 从文件读入谱分析结果（一）

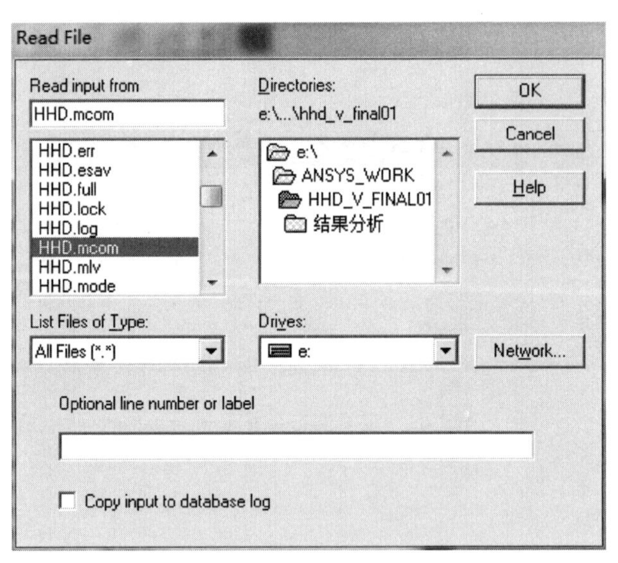

图 2-36 从文件读入谱分析结果（二）

2.3 计算结果的提取与处理

2.3.1 模态分析结果的提取

模态分析的结果存储于 Jobname.MODE 文件中，使用菜单栏中的“从文件读入结果”选项，读入模态合并结果的计算文件，即可进入后处理阶段观察结果，如图 2-37 和图 2-38 所示。

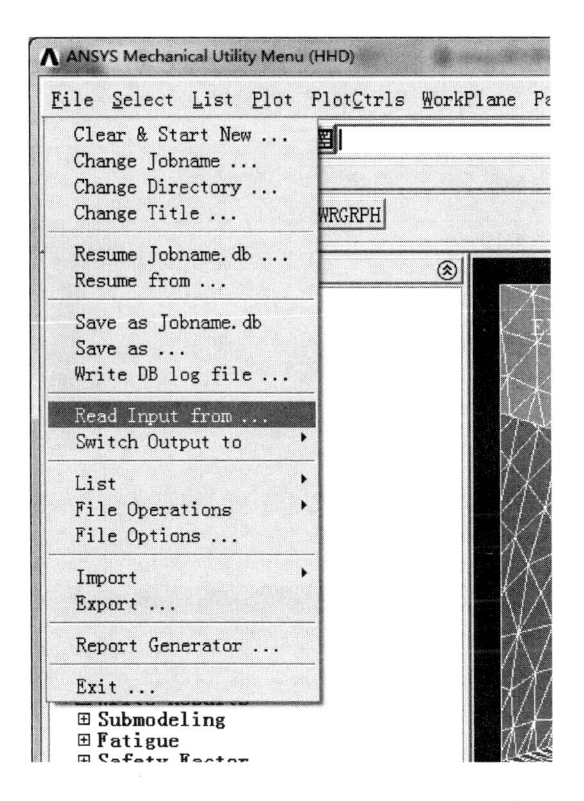

图 2-37　从文件读入模态分析结果（一）

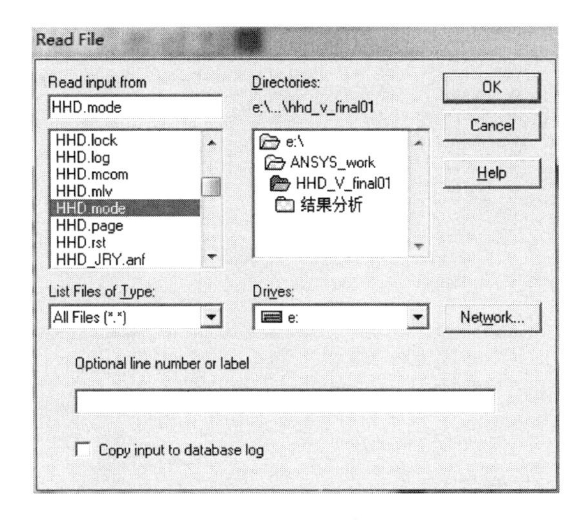

图 2-38　从文件读入模态分析结果（二）

2.3.1.1　固有频率列表

本章计算了前 20 阶模态的数据，使用菜单栏中的“Results Summary”选项可以显示各阶固有频率列表，如图 2-39 和图 2-40 所示。

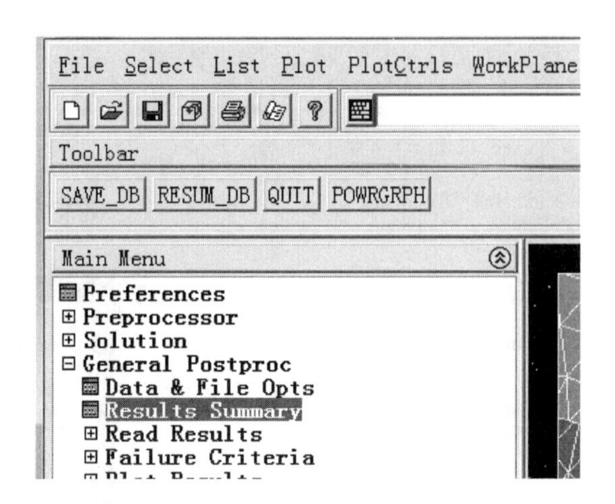

图 2-39 显示各阶固有频率列表（一）

SET,LIST Command

File

***** INDEX OF DATA SETS ON RESULTS FILE *****

SET	TIME/FREQ	LOAD STEP	SUBSTEP	CUMULATIVE
1	8.9656	1	1	1
2	11.817	1	2	2
3	13.160	1	3	3
4	32.710	1	4	4
5	33.329	1	5	5
6	34.522	1	6	6
7	45.206	1	7	7
8	48.735	1	8	8
9	50.757	1	9	9
10	56.012	1	10	10
11	59.215	1	11	11
12	62.251	1	12	12
13	82.700	1	13	13
14	84.607	1	14	14
15	90.404	1	15	15
16	93.703	1	16	16
17	95.743	1	17	17
18	99.025	1	18	18
19	109.57	1	19	19
20	118.98	1	20	20

图 2-40 显示各阶固有频率列表（二）

2.3.1.2 模态振型与应力云图

在显示结果前，需要读入所需阶次的数据，即读入合适子步的结果数据。每阶模态在结果文件中被存为一个单独的子步，因此扩展的 20 阶模态结果文件中有由 20 个子步组成的 1 个载荷步。使用命令“Main Menu”→“General Postproc”→“Read Results”→“By Pick”可以读取子步结果数据，如图 2-41 和图 2-42 所示。

选择阶次后，可以使用 POST1 中的命令显示变形云图、应力云图和模态振型动画。以动画方式显示模态振型时，操作如图 2-43 所示。

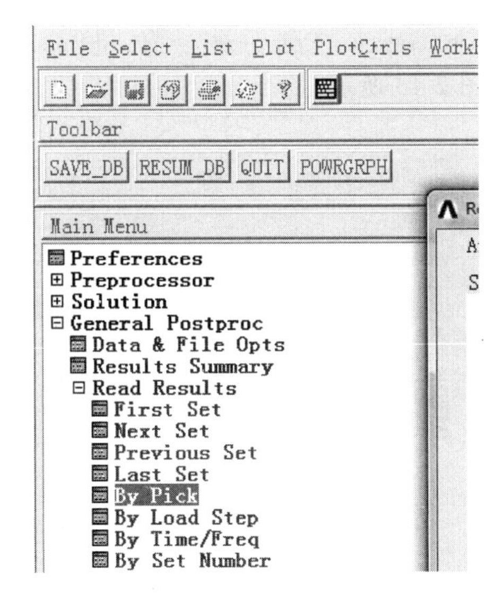

图 2-41　拾取模态阶次结果数据（一）

Results File: HHD.rst

Available Data Sets:

Set	Frequency	Load Step	Substep	Cumu
1	8.9656	1	1	
2	11.817	1	2	
3	13.160	1	3	
4	32.710	1	4	
5	33.329	1	5	
6	34.522	1	6	
7	45.206	1	7	
8	48.735	1	8	
9	50.757	1	9	
10	56.012	1	10	
11	59.215	1	11	
12	62.251	1	12	
13	82.700	1	13	
14	84.607	1	14	
15	90.404	1	15	
16	93.703	1	16	

Read　Next　Previous

Close　Help

图 2-42　拾取模态阶次结果数据（二）

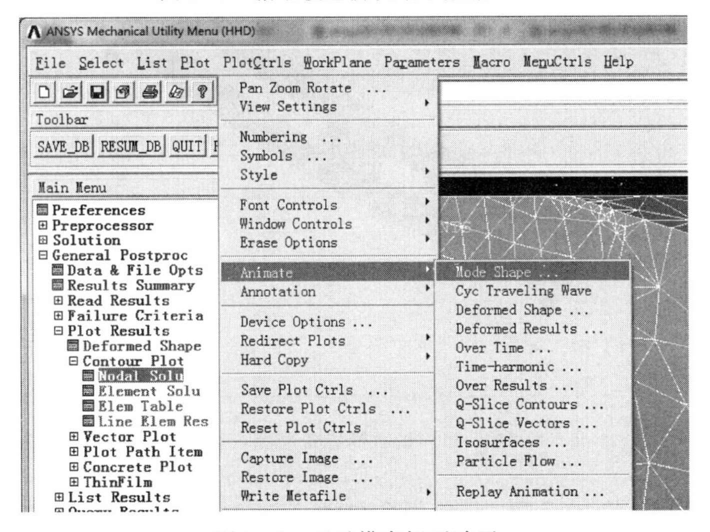

图 2-43　显示模态振型动画

使用命令“Main Menu”→“General Postproc”→“Plot Results”→“Deformed Shape”可以显示变形图，如图 2-44～图 2-46 所示。

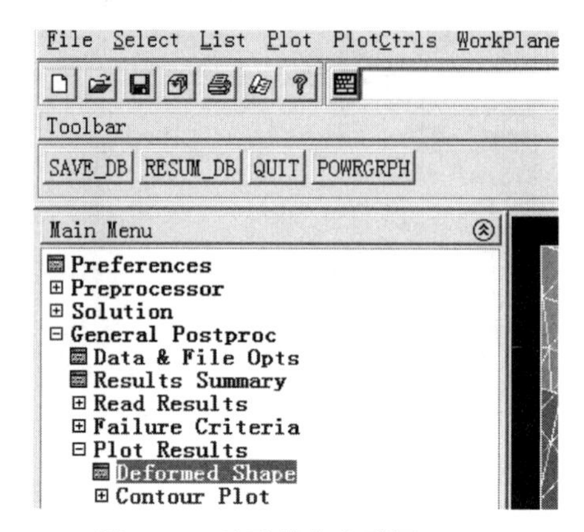

图 2-44 显示模态变形图（一）

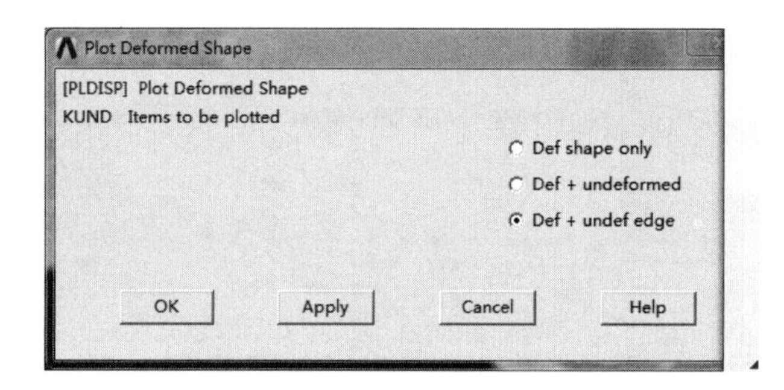

图 2-45 显示模态变形图（二）

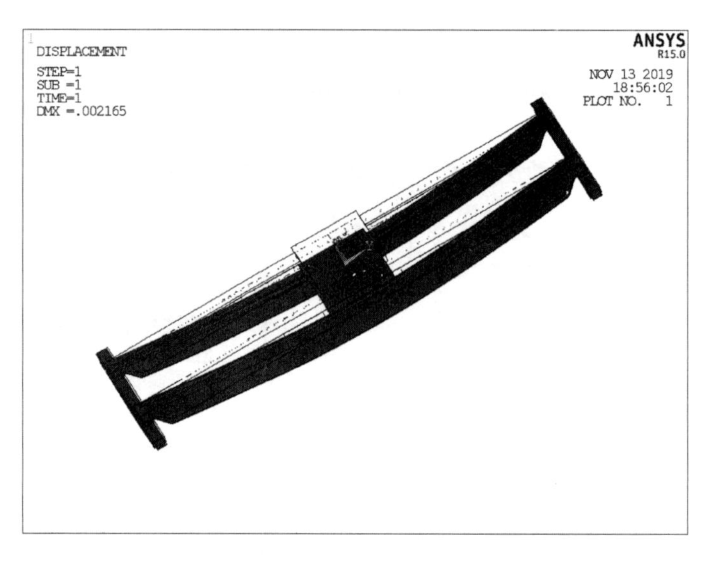

图 2-46 显示模态变形图（三）

以等值线方式显示变形云图时，使用命令“Main Menu”→“General Postproc”→“Plot Results”→“Contour Plot”→“Nodal Solu”，如图 2-47～图 2-49 所示。

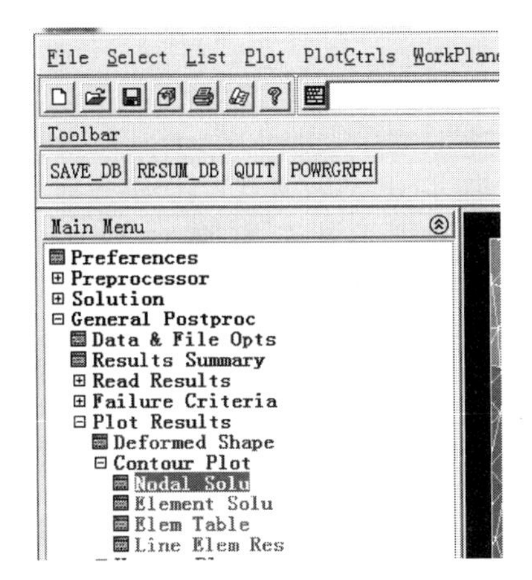

图 2-47　显示模态变形云图（一）

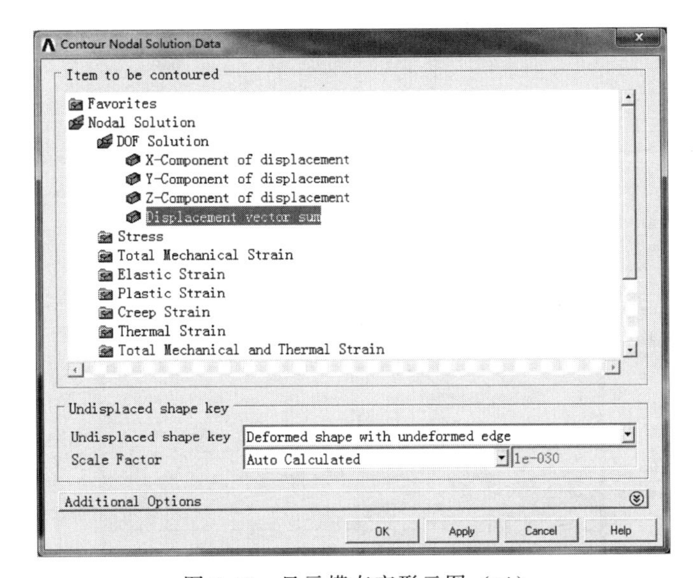

图 2-48　显示模态变形云图（二）

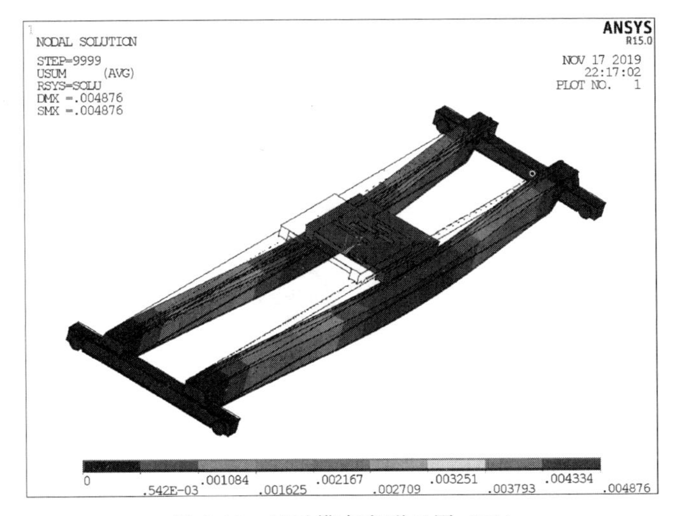

图 2-49　显示模态变形云图（三）

以等值线方式显示应力云图时，使用命令“Main Menu”→“General Postproc”→“Plot Results”→“Contour Plot”→“Nodal Solu”，如图 2-50～图 2-52 所示。

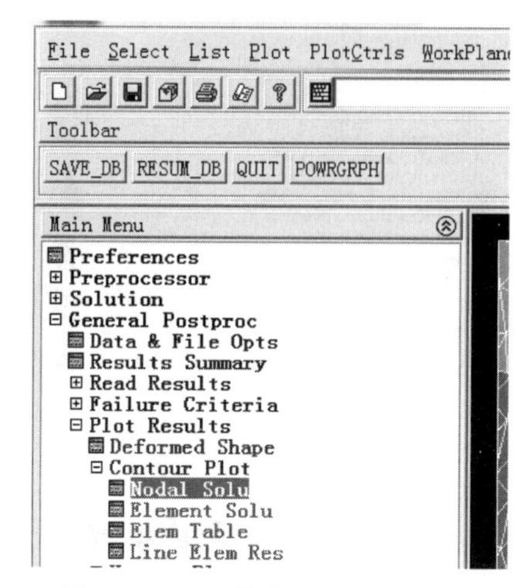

图 2-50 显示模态应力云图（一）

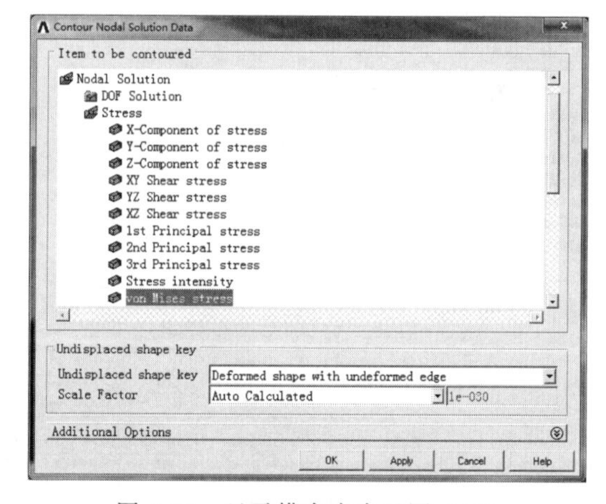

图 2-51 显示模态应力云图（二）

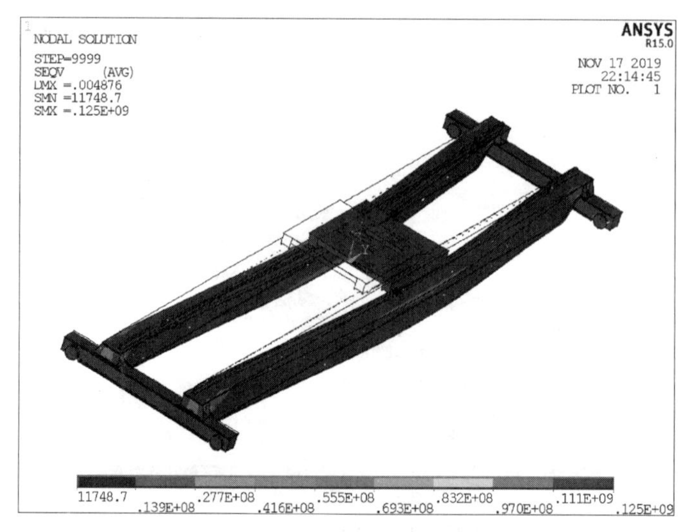

图 2-52 显示模态应力云图（三）

2.3.2 地震响应谱分析（SPRS）计算结果的提取

单点响应谱分析的结果是以 POST1 命令的形式写入模态合并文件 Jobname.MCOM 中的，这些命令依据模态合并方法指定的某种方式合并最大模态响应，最终计算出结构的总响应。总响应包括总位移（或总速度，或总加速度）以及在模态扩展过程中得到的结果——总应力（或总反应力速度，或总反应力加速度）、总应变（或总应变速度，或总应变加速度）、总反作用力（或总反作用力速度，或总反作用力加速度）。

2.3.2.1 结构的位移与应力云图

进入通用后处理器 POST1，使用菜单栏中的“从文件读入结果”选项，读入模态合并结果的计算文件，即可进入后处理阶段观察结果。使用 POST1 中的命令显示变形云图、应力云图。以等值线方式显示变形云图时，使用命令“Main Menu”→“General Postproc”→“Plot Results”→“Contour Plot”→“Nodal Solu”，如图 2-53～图 2-55 所示。

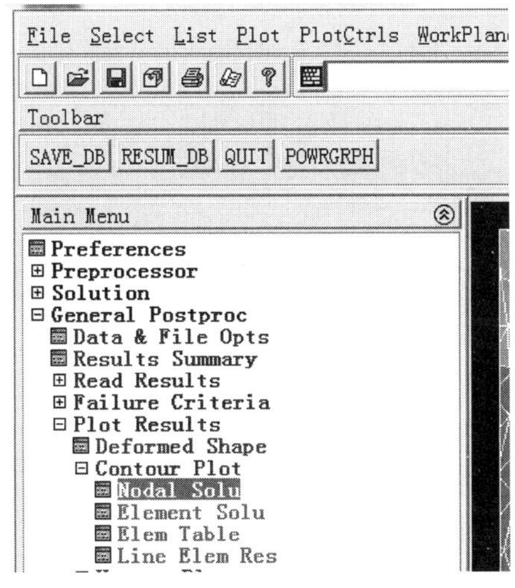

图 2-53 显示谱分析的变形云图（一）

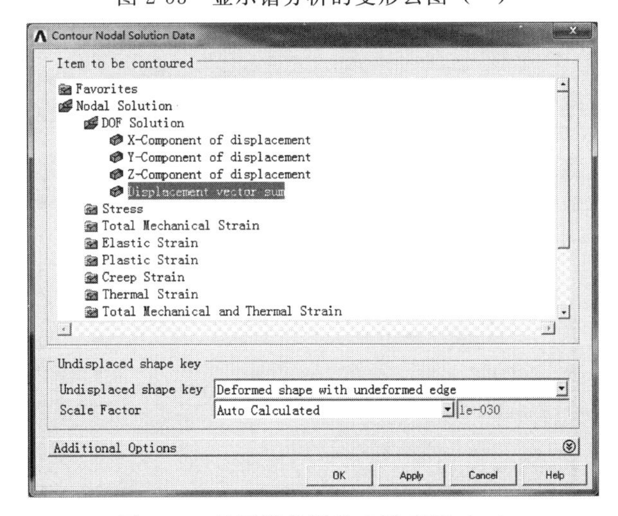

图 2-54 显示谱分析的变形云图（二）

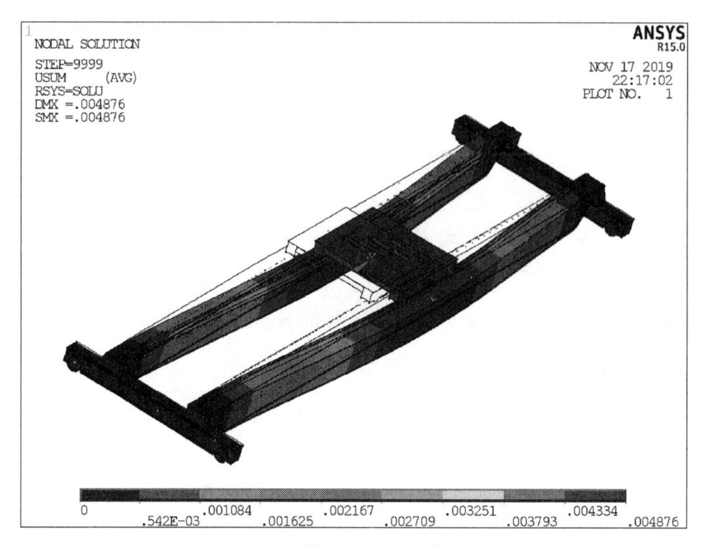

图 2-55　显示谱分析的变形云图（三）

以等值线方式显示应力云图时，使用命令 “Main Menu”→“General Postproc”→“Plot Results”→“Contour Plot”→“Nodal Solu”，如图 2-56～图 2-58 所示。

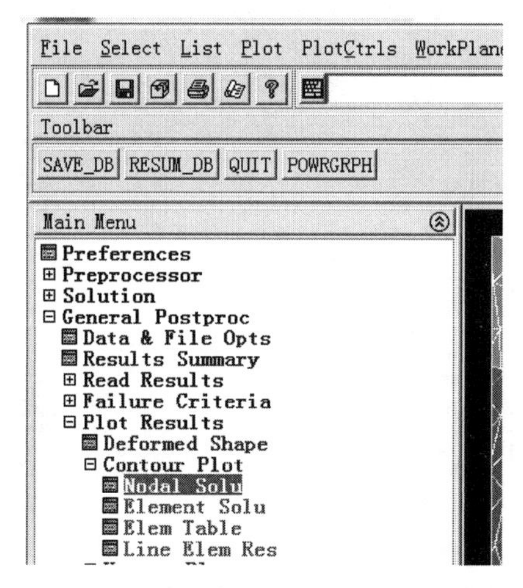

图 2-56　显示谱分析的应力云图（一）

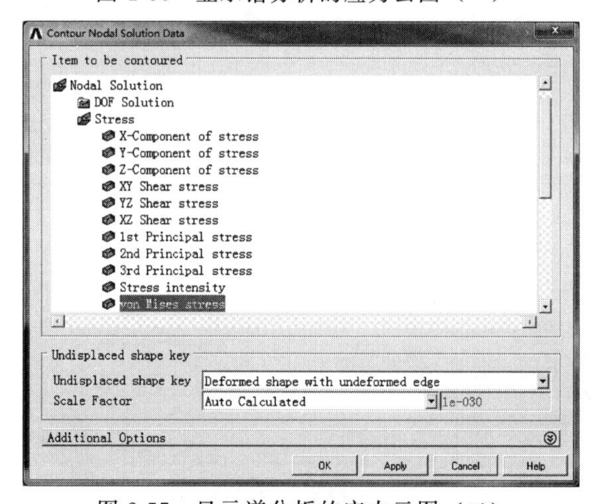

图 2-57　显示谱分析的应力云图（二）

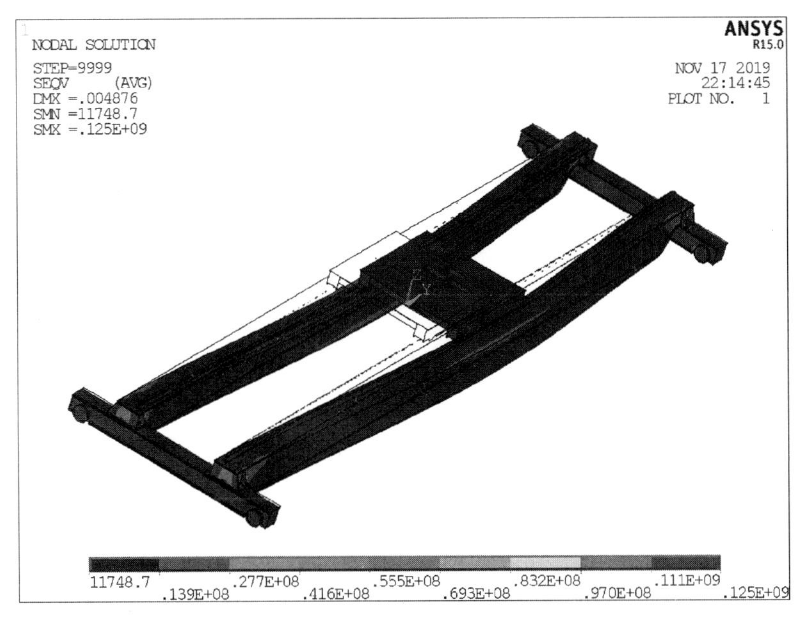

图 2-58　显示谱分析的应力云图（三）

2.3.2.2　地震载荷下的轮压提取

对小车轮与轨道的接触处采用等效连接面直接粘接。4 个小车轮对应的等效连接面见表 2-4。

表 2-4　小车轮对应连接面编号

车轮编号	等效连接面编号
小车轮 1	169
小车轮 2	170
小车轮 3	172
小车轮 4	173

为提取小车轮轮压，需要对应每个小车轮的等效连接面提取节点力，如图 2-59 和图 2-60 所示。首先选择关键的等效连接面及与面单侧相连接的单元，操作如下。

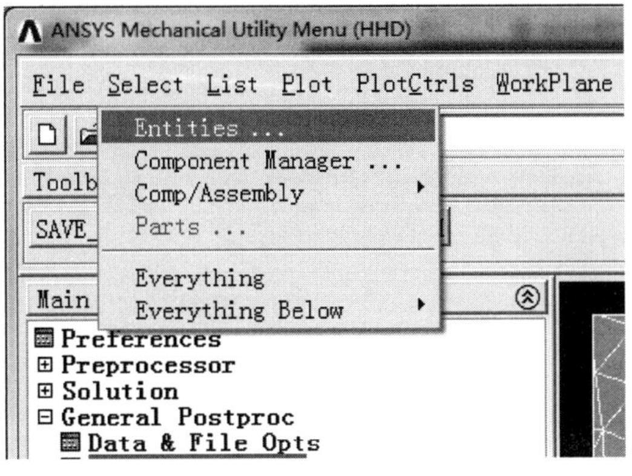

图 2-59　提取指定面上的节点力（一）

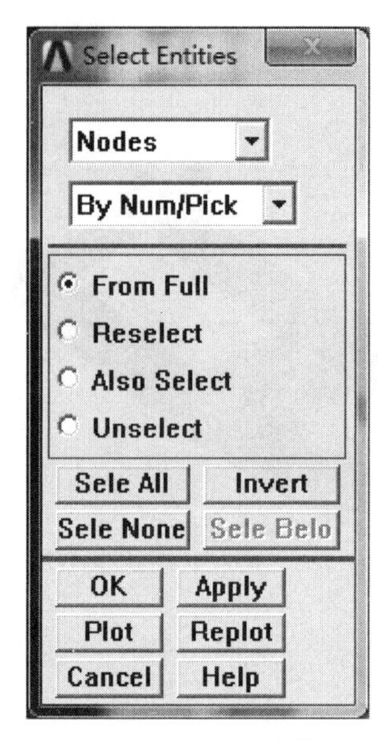

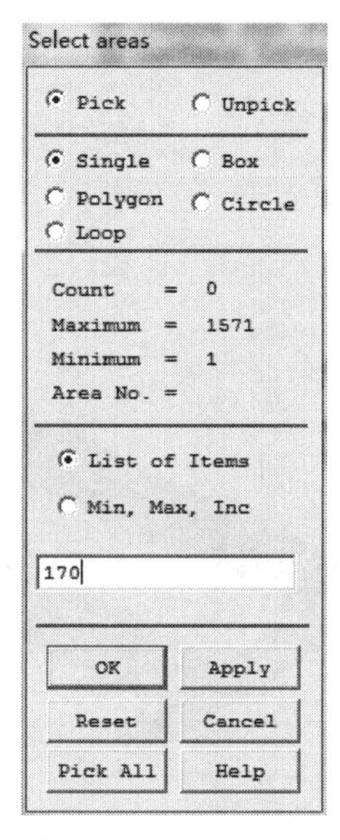

图 2-60 提取指定面上的节点力（二）

使用命令 “Main Menu”→“General Postproc”→“Nodal Calcs”→“Sum @ Each Node”，即可导出指定面上的节点力，如图 2-61～图 2-63 所示。

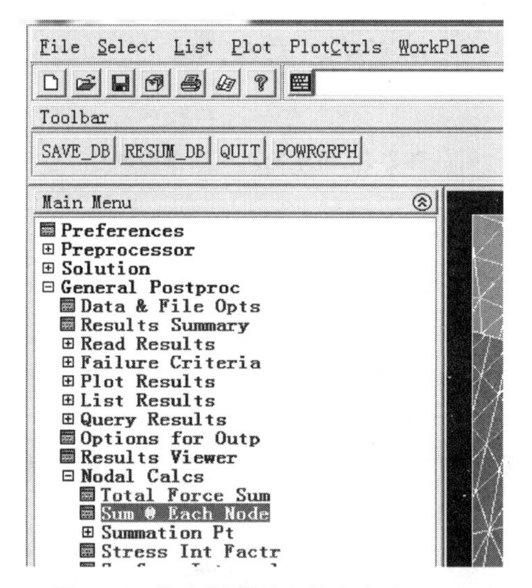

图 2-61 提取指定面上的节点力（三）

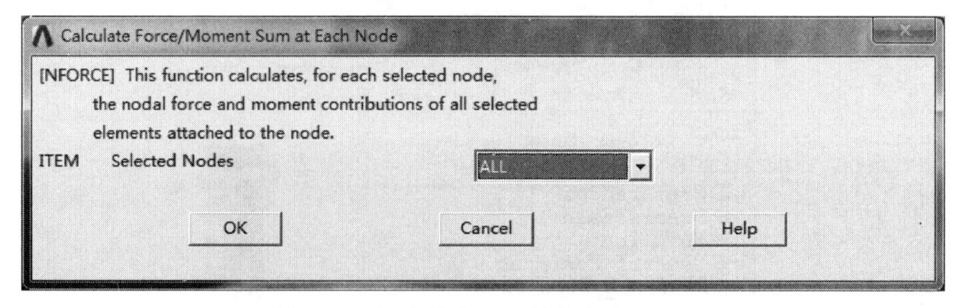

图 2-62 提取指定面上的节点力（四）

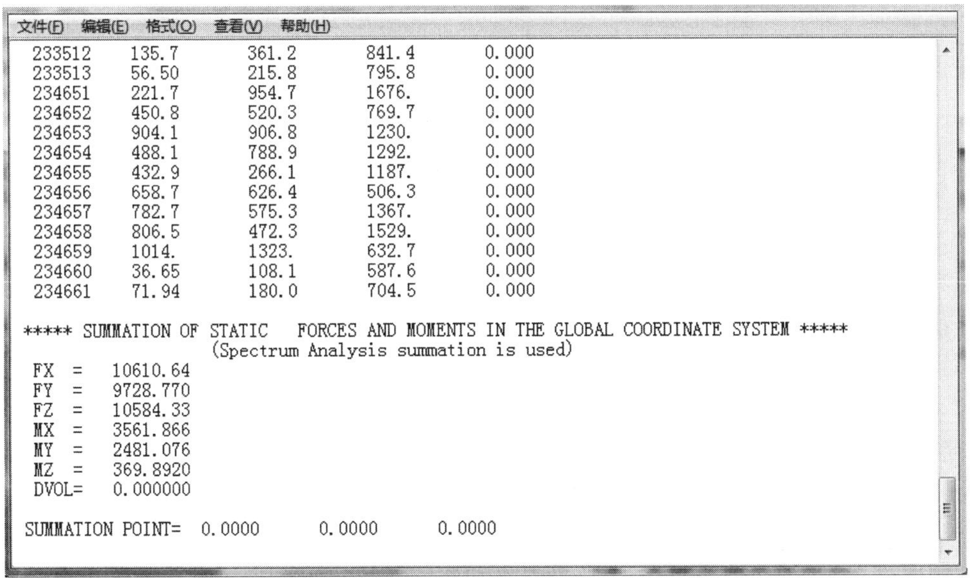

```
文件(F)  编辑(E)  格式(O)  查看(V)  帮助(H)
 233512    135.7      361.2      841.4      0.000
 233513    56.50      215.8      795.8      0.000
 234651    221.7      954.7      1676.      0.000
 234652    450.8      520.3      769.7      0.000
 234653    904.1      906.8      1230.      0.000
 234654    488.1      788.9      1292.      0.000
 234655    432.9      266.1      1187.      0.000
 234656    658.7      626.4      506.3      0.000
 234657    782.7      575.3      1367.      0.000
 234658    806.5      472.3      1529.      0.000
 234659    1014.      1323.      632.7      0.000
 234660    36.65      108.1      587.6      0.000
 234661    71.94      180.0      704.5      0.000

***** SUMMATION OF STATIC  FORCES AND MOMENTS IN THE GLOBAL COORDINATE SYSTEM *****
                     (Spectrum Analysis summation is used)
 FX  =    10610.64
 FY  =    9728.770
 FZ  =    10584.33
 MX  =    3561.866
 MY  =    2481.076
 MZ  =    369.8920
 DVOL=    0.000000

SUMMATION POINT=  0.0000      0.0000      0.0000
```

图 2-63　提取指定面上的节点力（五）

2.4　关键步骤及注意点

2.4.1　模型规模与质量的控制

在开始生成模型时，需要对现实物理系统的数学模拟程度进行确定：根据分析目的，决定对物理系统的全部还是部分建模，模型包含细节的量和程度、使用的单元类型和网格密度。总之，需要平衡好计算成本（CPU 运算时间等）和分析结果的准确性。计划阶段的确定环节将在很大程度上影响分析的成败。这部分工作往往依赖对模型分析的理解程度、对模型处理的经验以及对有限元原理和方法的理解深度。

在实体模型中不必包含一些不重要的小细节，因为它们只会使模型更加复杂。但是在一些结构中，如倒角或孔等小细节可能是最大应力集中的地方，这时它们就很重要，这取决于分析的目的，必须对结构的预期行为有足够的理解才能做出判断。

通常对于静力学分析而言，在关键或危险位置的倒角和孔等小细节一般比较重要，需要谨慎判断是否忽略，不可轻易删除；对于模态分析和谱分析而言，整体结构的特征决定着结果的准确程度，而一些倒角和孔等结构细节对整体结果的影响很小，常常可以忽略。分析之初就应该在简化模型和降低准确性之间权衡。

2.4.2　地震载荷谱数据点较多时的处理方法

在进行单点响应谱分析时，需要用 FREQ 和 SV 命令输入频谱曲线上的数据点，但该命令最多只允许输入 20 个数据点，这在频谱曲线比较复杂、必须取较多的数据点才能准确代表曲线的情况下是不够的。这种情况下可以采用频谱段分割、多次连续求解的方法进行处理。

具体做法为：将频谱曲线分割为若干段，每段包含不超过 20 个数据点，在完成模态分析之后，依次进行各段频谱的谱分析。在每段完成分析后，清除已计算完成的频谱数据，然后输入下一段频谱数据再接着进行求解。在所有频谱段都完成分析后，进行模态合并，就会得到整个频谱激励对应的结构响应。

有一点需要注意，频率曲线的频率范围通常需要包含整个模态分析提取出来的频率范围，如果某个模态频率不在频谱曲线的频率范围内，则该模态频率对应的谱值将按照频谱曲线上最接近它的频率对应的谱值来计算。

该方法需要注意以下两点：

① 在各段的分割点处，应该增加一个数据点，将频率往相邻段延伸一个小量，并设定该点对应的谱值为一个相对极小值，这样可以保证相邻段的模态频率不会引起不应该出现的响应。

② 如果模态分析得到的有些模态超出了频谱的频率，则在整个频谱曲线的首尾也应该设定两个数据点，将曲线适当延伸，并赋予相对很小的谱值，这样可以保证超出范围的模态对结构响应没有贡献，否则它们会根据首尾的谱值来计算，得到不符合实际的结果。这一点适用于任何谱分析。

2.4.3 ANSYS 坐标系

根据不同用途，ANSYS 中有以下几种坐标系：

① 总体和局部坐标系用来确定几何元素在空间的位置。

② 坐标系显示或陈列出几何元素。

③ 节点坐标系定义每个节点自由度的方向和节点结果数据的定向。输入数据时，受到节点坐标系影响的有约束自由度（方程）、力、主（从）自由度；在/POST26 节点坐标系下输出文件和显示的数据结果有自由度解、节点载荷、反作用载荷。

④ 单元坐标系用于材料特性和单元结果数据的定向。

⑤ 结果坐标系用于转换节点或单元结果数据到一特定坐标系陈列、显示或进行后处理操作（POST1）。

2.4.4 响应谱分析结果提取中的节点平均化处理

在提取求解结果时，使用 PLNSOL 命令将衍生数据（如应力和应变）进行节点平均化处理，导致不同材料、不同壳体厚度或其他不连续性单元共有的节点平均解意义十分模糊。为了避免这种问题，在执行 PLNSOL 命令前用选择工具将具有相同材料、相同壳体厚度等的单元选择出来，再分别执行 PLNSOL 命令进行节点平均化处理。

2.4.5 计算和分析过程中的注意点

① 始终注意保持使用一致的单位制。

② 求解前运行 ALLSEL 命令，确保已经划分网格的实体全部被选择，保证加在实体模型上的载荷能够传递到需要的单元和节点上去。

③ 做好良好的建模规划，撰写分析文档与分析过程力求同步，这有利于保证模型完整性和正确性的检验，对后期成果整理有很大的帮助。

④ 注意，静力学分析、模态分析、谱分析属于不同的独立分析过程，在每次解算完成后应结束该步骤的计算，即使用 FINISH 命令结束上一个求解过程，再启动求解器进行下一步的计算。

第 3 章

超大吨位起重机结构设计

我国起重机行业经过几十年的发展，在世界舞台上发挥着越来越重要的作用。单从规模上看，门式起重机占有较大的国内市场份额，但是不能只注重国内市场规模化的激烈竞争，更要面对国际性企业的技术性竞争。从某种程度上说，海外市场的份额是起重机械企业未来发展的决定性因素。

“十二五”以来，国家对电力、石化、钢铁、交通等基础设施建设的投入持续加大，国内起重机市场急速扩张，起重机的大型化趋势已经成为不可逆转的事实。为了降低生产成本、节约人力和物力，对超大型起重机的需求也逐渐扩大，对起重机的起重量要求及位移定位精度要求越来越高。而且国务院要求加快淘汰落后产能，大力推广节能技术和产品，这势必要求起重机械企业采用更加先进的机械设计理念和电气控制方法生产产品，才能适应现代化工业的需求。

我国超大型起重机在发展质量、国际化程度、技术水平等发展内涵上，与世界级水准仍存在差距。在这个背景下，广大国内起重机械生产商应立足实际，广泛吸取国内外先进设计理念，提高工艺工装能力，不断进行技术积累，开发大型化、高精度、大吨位、大容量起重机，摆脱粗大笨重的传统产品形象，缩小与发达国家起重机技术的差距，提高国产起重机的核心竞争力，满足国内快速发展的经济需求。因此，超大吨位门式起重机的开发与研究势在必行。本章着重介绍 ME800（400＋400）t—36m 吊钩门式起重机，该起重机从门架结构、小车结构形式、安全防护、电气设计等方面进行了创新性的研究和改进，可以减轻整机自重，优化结构形式，提高安全性和可操控性。

3.1 超大型起重机设计难点

本章介绍的 800t 吊钩门式起重机是国内重量较大的通用门式起重机，具有结构复杂、制造难度大等特点。要使门式起重机操作方便且成本低，要解决好以下 4 个问题：

一是超大型起重机结构轻量化问题；

二是起重机制造难度及可靠性问题；

三是超大型起重机配套件选型问题；

四是超大型起重机安装调试问题。

该产品的研究成功为超大型起重机的结构轻量化设计、可靠性设计、制造加工、配套件选型、设备安装调试等方面提供了理论依据。

3.2 产品设计结构特点和技术参数

该产品首先以满足客户现场使用要求为基础，即满足 400t＋400t 联合抬吊的基础要求，因此该起重机采用双小车设计结构，同时为保证整机结构实现轻量化，通过 midas Civil 分析软件进行力学分析，减轻整机自重，优化结构形式；通过先进的电气防摇摆技术和精确定位技术提高整机的可操作性。

双小车联合抬吊 800t 门式起重机的总体布置如图 3-1 所示。

图 3-1　总体布置

双小车联合抬吊 800t 门式起重机的主要技术参数见表 3-1。

表 3-1　800t 门式起重机的主要技术参数

参数	单位	数据
起重量	t	800(400＋400)
工作级别		A4
起升高度	m	14
跨度	m	36
起升速度	m/min	0.1～1(满载)、0.1～2(空载)
小车运行速度	m/min	0.5～5
大车运行速度	m/min	1～10(重载)、1～15(空载)
最大轮压	kN	650
电源		380V、50Hz
操作方式		司机室操作

3.3 主要结构创新性设计

由于该产品起重量为 800t，跨度较大，采用双小车结构，因此具有吨位大、布置装配复杂、钢结构设计困难、可靠性不易保证、安装调试困难等难点，在设计过程中采取以下措施加以解决。

3.3.1 采用有限元分析，实现结构最优化

主结构设计时，为减轻零件自重，实现轻量化设计的目的，采用 midas Civil 分析软件对整机结构进行强度、刚度校核。强度、刚度分析见图 3-2、图 3-3。通过有限元分析，在钢结构满足强度、刚度要求的前提下，使主梁、支腿截面尺寸减小，筋板布置最优化（图 3-4）；同时，为减小局部应力，提高焊接质量，主梁采用 T 形钢结构，控制焊接变形，使结构更加合理。

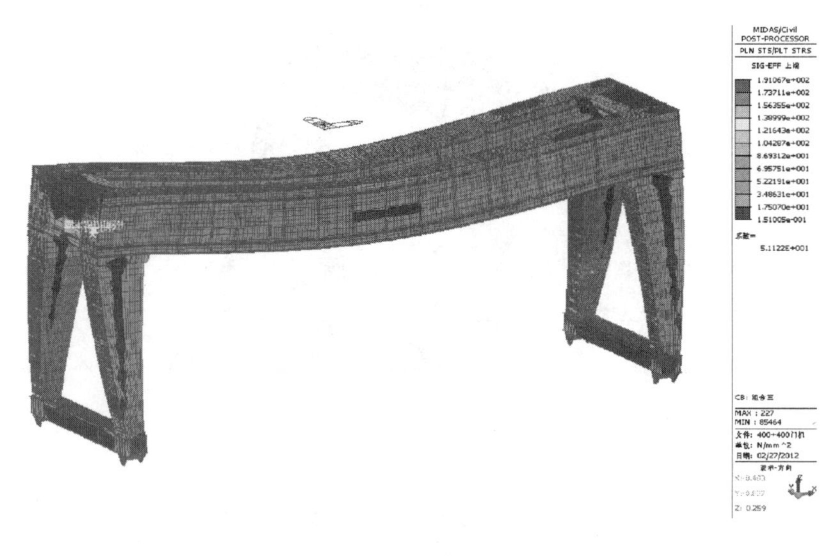

图 3-2 强度分析

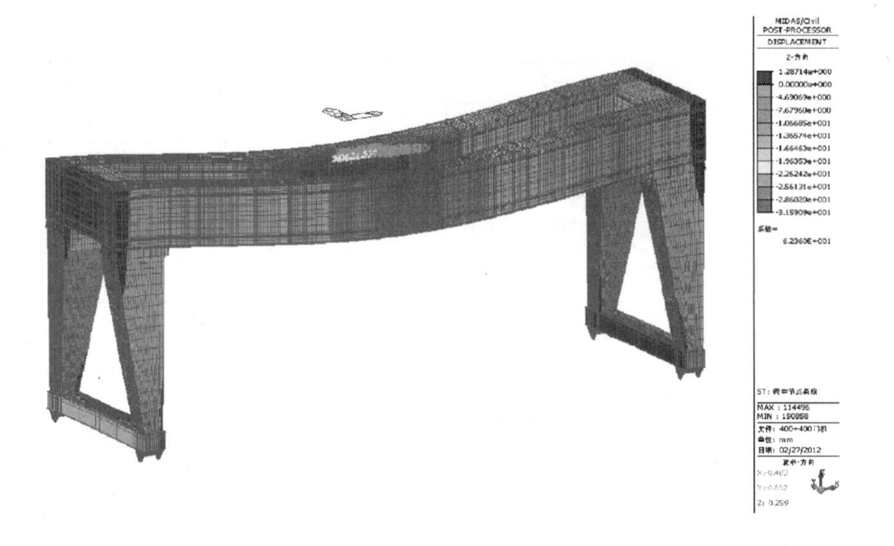

图 3-3 刚度分析

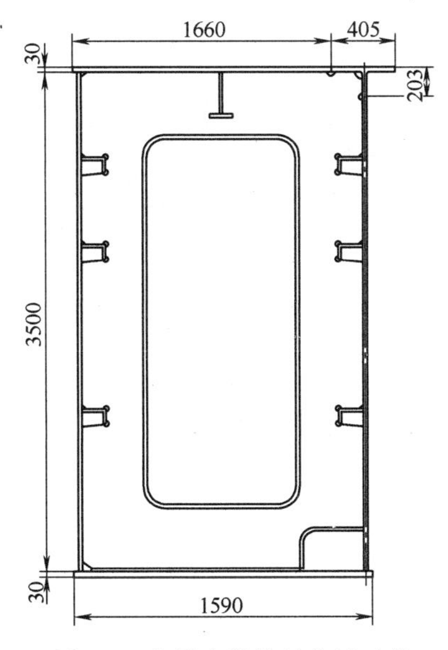

图 3-4　主梁内部筋板布置示意

3.3.2　采用欧式小车设计结构，实现起重机轻量化

常规传统起重机小车结构见图 3-5，采用 8 轮结构，机构布置尺寸较大，自重达 84.4t，增加了起重机主梁和厂房钢结构的负荷。基于此，该起重机小车结构采用欧式小车结构方式，如图 3-6 和图 3-7 所示。小车架结构简单，结构优化，受力清晰，定滑轮放置在小车架之上，大大提高了上极限尺寸；车轮采用 6 轮结构，合理分布轮压；起升机构采用单电机、单标准减速机＋开式齿轮、单卷筒的结构形式，减小了起升减速机的规格，降低了配套件的成本，同时也大大减小了小车尺寸，小车结构自重仅 59.3t，比常规起重机小车的重量大幅度减轻。

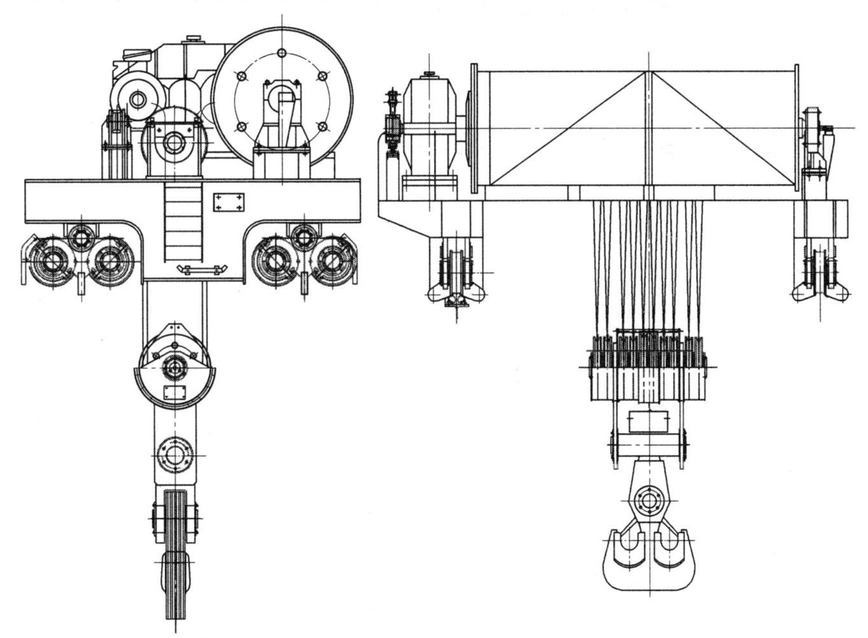

图 3-5　常规传统起重机小车结构

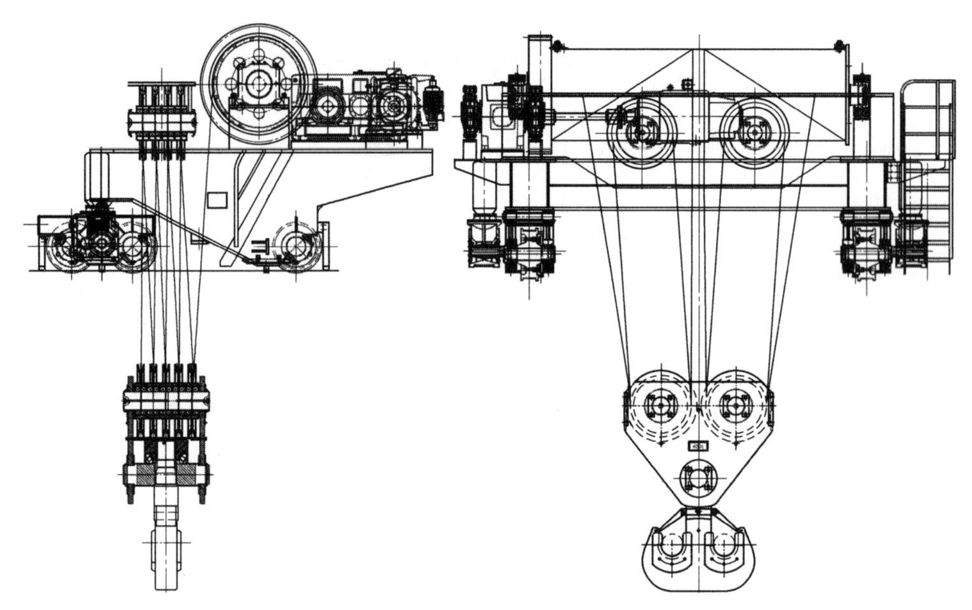

图 3-6　欧式小车结构布置

图 3-7　欧式小车三维图

3.3.3　采用安全性设计，提高运行可靠性

在小车设计中采用了防脱轨和防倾翻装置以保证其安全、可靠，如图 3-8 所示。

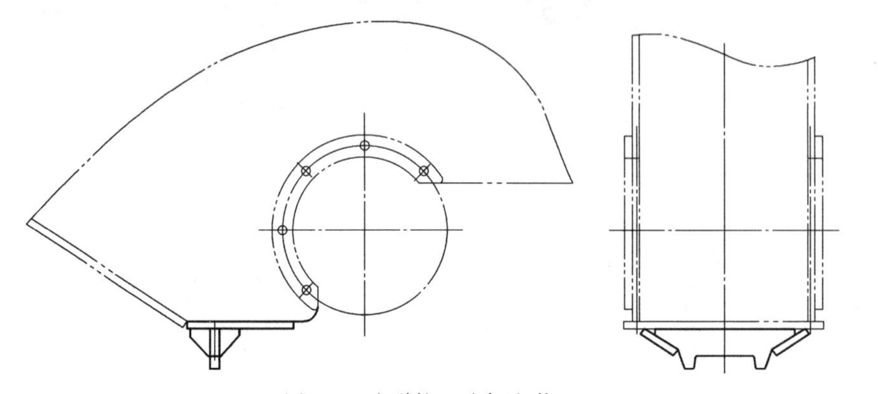

图 3-8　防脱轨、防倾翻装置

3.3.4 运行机构采用铰接方式

大、小车采用哈弗铰结构，如图 3-9 所示，车轮采用整体加工技术，减小了现场安装误差，保证了运行的平稳，并采用过齿结构，有效减小了减速机规格，降低了成本。

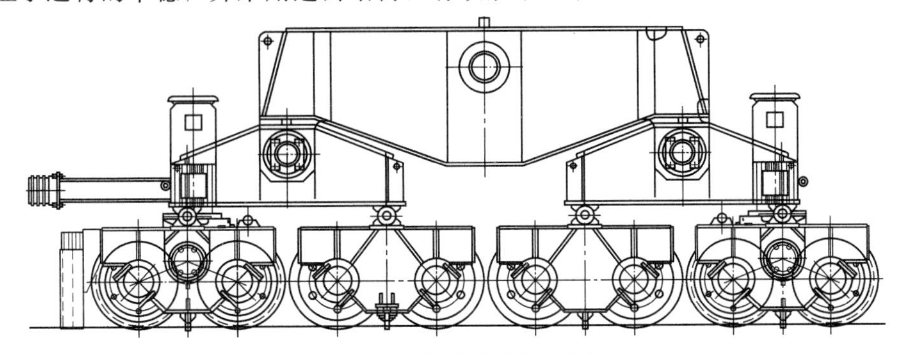

图 3-9　采用铰接形式的大车结构

3.3.5 采用电气防摇摆技术

超大型起重机运行时惯性力大，易出现摇摆现象。在电气设计中采用了双小车电气防摇摆技术和精确定位技术，可使摇摆幅度减小为原来的 10%，定位精度达±5mm，保证了两台 400t 小车联合抬吊重物时具有较高的精度，提高了生产效率和安全性。电气防摇摆技术采用了简单实用、易于推广的开环控制方案。如图 3-10 所示为采用开环控制方案的起重机电气防摇摆控制系统。

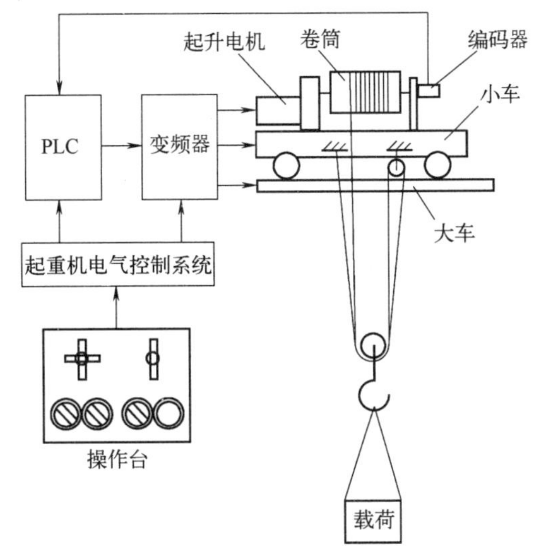

图 3-10　起重机电气防摇摆控制系统示意图

电气防摇摆技术按照不同的起重机有不同的穿绳方法、不同的固定支点、不同的吊具设计，因而起重机载荷有不同的摇摆特性。将简单单摆的理想摇摆特性同起重机载荷的实际摇摆情况综合起来，建立了高度贴近起重机载荷实际摇摆特性的数学模型，提高了电气防摇摆控制的精度和控制效果。

3.4 结论

通过对 800t 吊钩门式起重机的介绍，应对此类超大吨位起重机的结构、电气设计和技术参数等有了较为详尽的了解。在对超大吨位起重机结构件设计最优化、小车结构形式最优化、配套件选型、提高制造加工能力、提高整机可靠性、安装调试及电气的合理控制进行有针对性的研究后，可获得成熟的经验和准确的数据，为进一步掌握超大吨位门式起重机的设计方法，推动超大吨位控制技术进步，思考并讨论大吨位门式起重机在特殊工作领域的全面推广，研究更优秀、更先进的设计方法，推动形成新的大吨位门式起重机的开发理念，以及将成本更加优化奠定良好的基础。

第 4 章

基于ANSYS的900t移梁机门架钢结构计算分析

我国目前正处于铁路基建的高峰时期，铁路建设机械未来发展空间巨大。900t 移梁机属于大吨位移梁机新产品，用于梁场中的 20m、24m、32m 预制双线整孔预应力箱形混凝土梁的提升、移存、装车作业。

900t 移梁机主要由门架钢结构、起升系统、大车运行机构、电气控制系统、柴油发电机组等组成，见图 4-1。

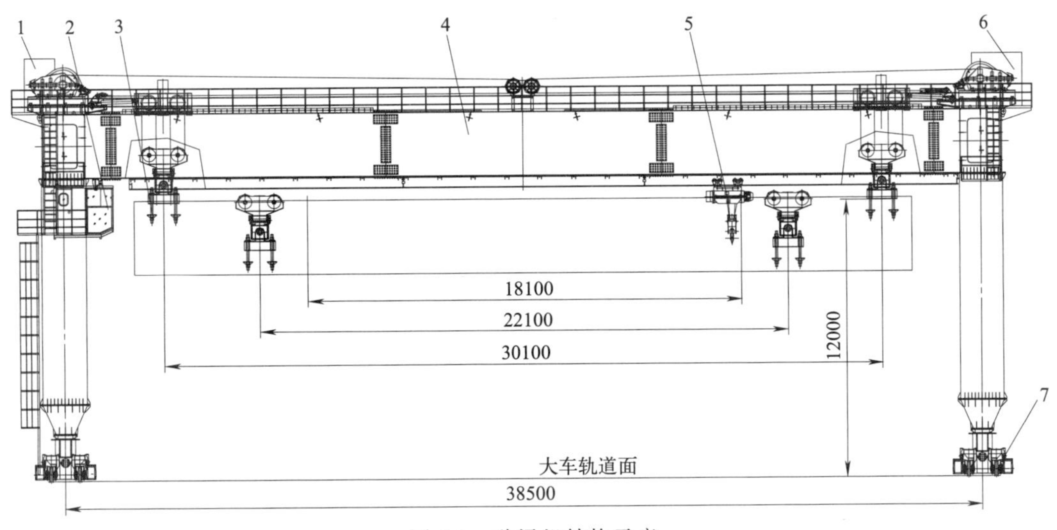

图 4-1　移梁机结构示意

1—电气控制系统；2—司机室；3—起升系统；4—门架；5—20t 电动葫芦；6—柴油发电机组；7—大车运行系统

4.1　主要技术参数

900t 移梁机主要技术参数如下：

① 额定起重量：900t。

② 跨度：38.5m。

③ 起升高度：12m。

④ 起升速度：0.05～0.5m/min（满载）、0.05～1.0m/min（空载）。

⑤ 大车运行速度：1～10m/min（满载）、1～12m/min（空载）。

⑥ 整机工作级别：A3。

主梁上翼缘设有横移滑道，通过固定在端梁上部的液压推杆的推移作业，使左、右两台小车在横移滑道上由主梁两侧向中心对称移动4m/6m，从而实现由32m跨作业转变为24m/20m跨作业。在设计过程中通过使用ANSYS软件，结合不同工况对门架结构进行有限元分析计算，可以有效论证设计的安全性、可靠性，并使结构最优化。

4.2 主梁钢结构有限元分析计算

（1）载荷计算要素选择

根据GB/T 3811—2008《起重机设计规范》，结构强度计算应考虑自重载荷、起升载荷、大（小）车水平惯性载荷、风载荷（含工作状态、非工作状态），在计算时需将上述因素作为计算要素。

（2）载荷系数确定

载荷系数主要包括起升冲击系数φ_1、起升动载系数φ_2、弹性振动增大系数φ_5。上述载荷系数选择如下：

① 起升冲击系数

$$\varphi_1=1.0$$

② 起升动载系数

$$\varphi_2=1.1$$

③ 弹性振动增大系数

$$\varphi_5=2$$

（3）整机自重载荷确定

整机的自重载荷P_G包括结构、机构、电气、梯子、栏杆等重量，不包括小车自重（小车自重在起升载荷中考虑）。根据所建立的有限元模型，通过施加加速度及补偿密度系数模拟自重。

（4）起升载荷确定

小车单重 $P_{G小车}\approx 40t$

起升载荷 $P_Q=900t$

$$P_{G小车}\times 2+P_Q=980t\ (移动载荷)$$

$$\varphi_1 2P_{G小车}+\varphi_2 P_Q=1070t\ (考虑动载系数的移动载荷)$$

实验载荷 $2P_{G小车}+1.25P_Q=1205t$

（5）水平惯性载荷确定

参照GB/T 3811—2008《起重机设计规范》，大车加速度$A_z=0.064m/s^2$，忽略小车制动惯性力。

整车惯性力P_{Hz}施加加速度模拟。

（6）风载荷确定

工作风载荷 $P_{wis1}=250N/m^2$

非工作风载荷　　　　　　$P_{wis2}=1000N/m^2$

（7）载荷组合

主要载荷确定及分类编号见表 4-1。

表 4-1　主要载荷确定及分类编号

序号	载荷名称	载荷代号
1	固定载荷	P_G
2	实验载荷	P_{G1}
3	水平惯性载荷	加速度 $A_z=0.064m/s^2$
4	工作风载荷(平行大车轨道)	$P_{wis1}=250N/m^2$
5	非工作风载荷(平行大车轨道)	$P_{wis2}=1000N/m^2$

按照表 4-1 的载荷结合不同工况对载荷进行组合，形成四种载荷组合类型，见表 4-2。

表 4-2　不同工况的载荷组合形式

载荷号	GB/T 3811—2008 组合情况	P_G 1	P_{G1} 2	A_z 3	P_{wis1} 4	P_{wis2} 5	备注
6	A	1	1.1	1			
7	B	1	1.1	1	1		
8	C	1	0.082			1	非工作状态
9	C	1	1.23				实验

4.3　建立有限元计算模型

结构计算采用结构线性静力模态分析方法，整机结构采用 Beam188 单元有限元模型，计算结果见图 4-2。对材料特性、边界约束条件等进行确定，按照不同工况进行分析计算。

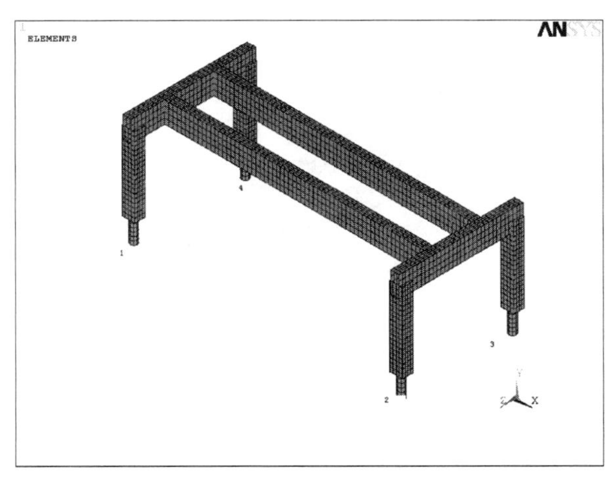

图 4-2　有限元模型

4.3.1 材料特性分析确定

对结构件材料的拉伸、压缩和弯曲许用应力，按不同的载荷组合规定相应的安全系数和基本许用应力，见表 4-3。

表 4-3 不同组合的安全系数和基本许用应力

材料	组合 A（安全系数 1.48）	组合 B（安全系数 1.33）	组合 C（安全系数 1.22）
	许用应力	许用应力	许用应力
Q345-C	233MPa	259MPa	283MPa

材料的其他力学特性：材料密度 $\rho=7.85\times10^{-6}$ kg/mm^3，弹性模量 $E=2.1\times10^5$ MPa，泊松比 $\nu=0.3$，剪切模量 $G=81000$ N/mm^2。

4.3.2 边界约束条件确定

按固定铰支座约束支腿 1 支承处的三个平动自由度：UX（顺小车轨道方向）、UY（垂直方向）、UZ（顺大车轨道方向）。支腿 2 支承处的两个平动自由度：UY、UZ；沿 X 方向的自由度约束：UX=20mm，即允许有 20mm 的水平位移。支腿 3 支承处的两个平动自由度：UX、UY。支腿 4 支承处的一个平动自由度：UY；沿 X 方向的自由度约束：UX=20mm，即允许有 20mm 的水平位移。

4.3.3 不同工况计算

（1）静刚度计算

载荷组合序号 2、P_{G1}，计算结果见图 4-3。

经过模拟加载计算，该工况下门架最大垂直变形量为 44.976mm<38500/750=51.3mm。

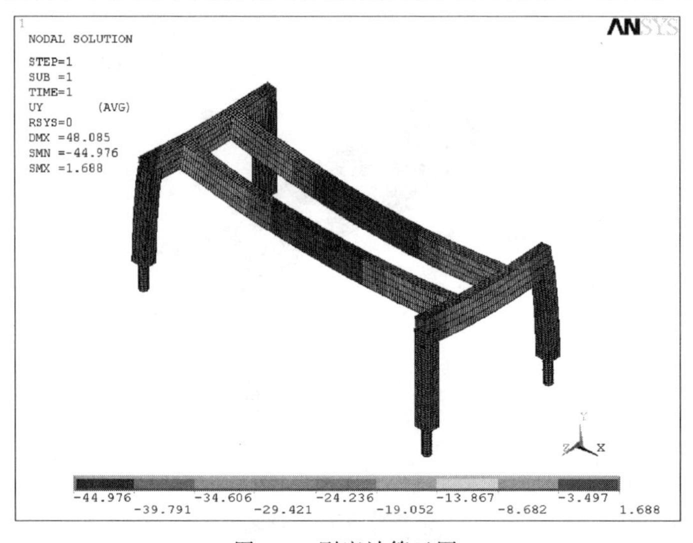

图 4-3 刚度计算云图

（2）第一种工况强度计算

载荷组合序号 6、组合 A，计算结果见图 4-4。

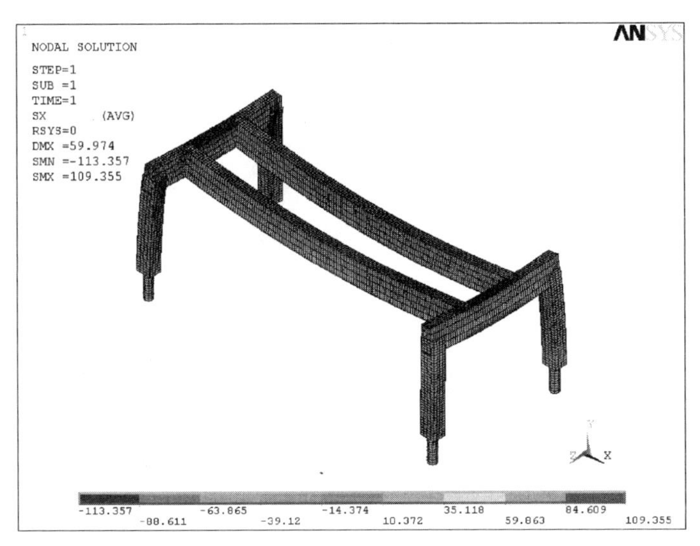

图 4-4　载荷组合序号 6、组合 A 应力云图

$$P_G + 1.1P_{G1} + A_z$$

最大应力 $\sigma_{max} = 113.357\text{N/mm}^2 < [\sigma_A]$

（3）第二种工况强度计算

载荷组合序号 7、组合 B，计算结果见图 4-5。

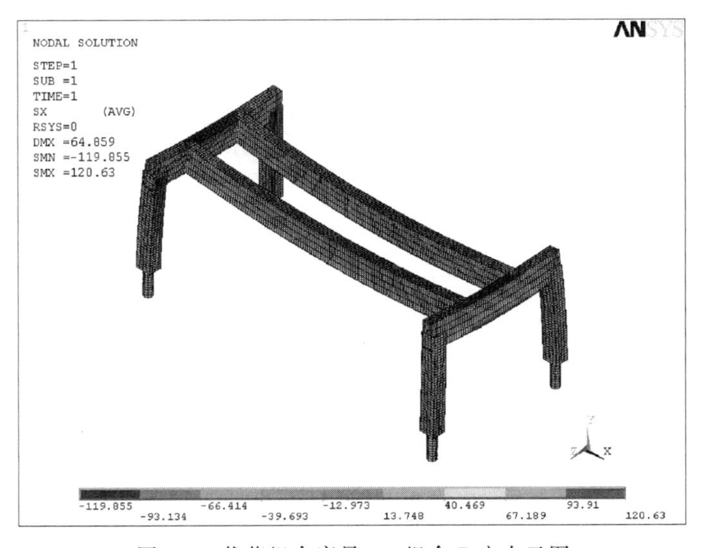

图 4-5　载荷组合序号 7、组合 B 应力云图

$$P_G + 1.1P_{G1} + A_z + P_{wis1}$$

最大应力 $\sigma_{max} = 120.63\text{N/mm}^2 < [\sigma_B]$

（4）第三种工况强度计算

载荷组合序号 8、组合 C，计算结果见图 4-6。

$$P_G + 0.082P_{G1} + P_{wis2}$$

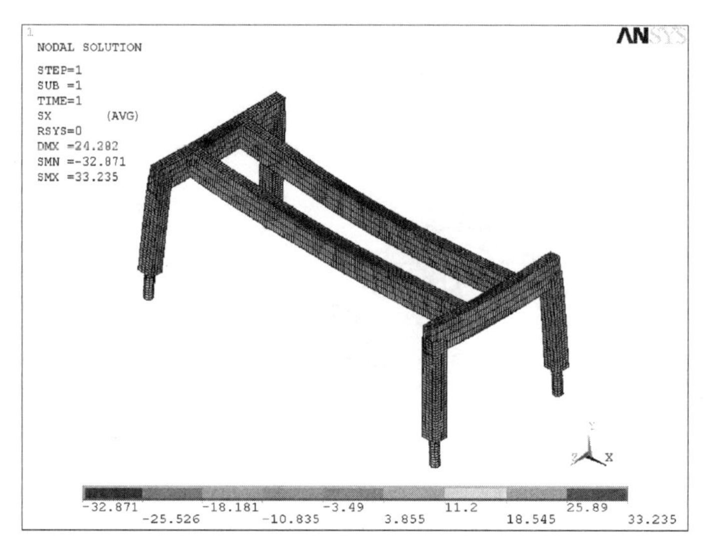

图 4-6 载荷组合序号 8、组合 C 应力云图

$$最大应力\ \sigma_{max}=33.235\mathrm{N/mm^2}<[\sigma_C];$$

（5）第四种工况强度计算

载荷组合序号 9、组合 C，计算结果见图 4-7。

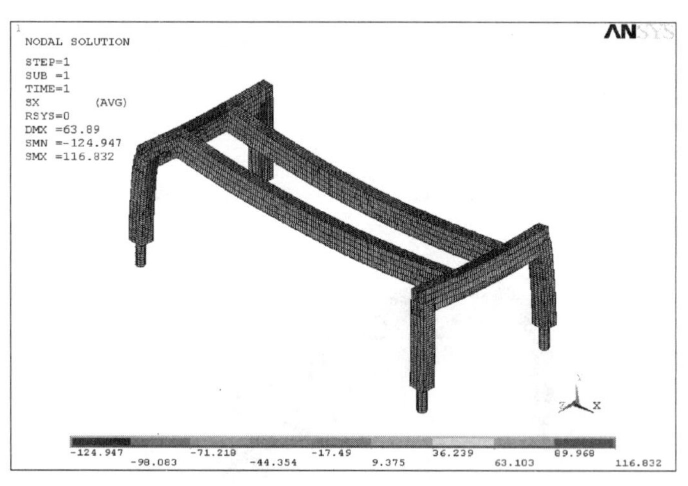

图 4-7 载荷组合序号 9、组合 C 应力云图

$$P_G+1.23P_{G1}$$

$$最大应力\ \sigma_{max}=124.947\mathrm{N/mm^2}<[\sigma_C]$$

（6）垂直动刚度

计算结果见图 4-8。

垂直方向上的低阶频率：3.086Hz。

（7）计算结果汇总（表 4-4）

表 4-4 计算结果汇总

载荷情况	GB/T 3811—2008	计算最大值	许用值	结论	备注
满载	静刚度	44.976mm	51.3mm	ok	
满载	A	113.357N/mm^2	233N/mm^2	ok	

续表

载荷情况	GB/T 3811—2008	计算最大值	许用值	结论	备注
满载	B	120.63N/mm^2	259N/mm^2	ok	
空载	C	33.235N/mm^2	283N/mm^2	ok	暴风
实验载荷	C	124.947N/mm^2	283N/mm^2	ok	
垂直动刚度		3.056Hz	2Hz	ok	

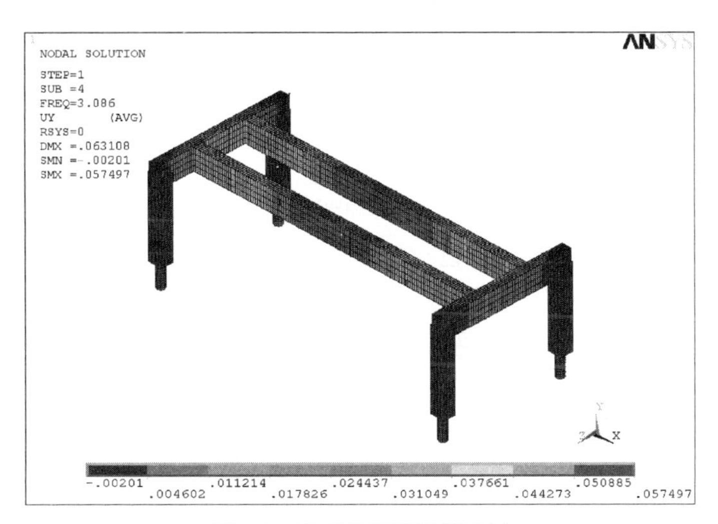

图 4-8 垂直动刚度计算云图

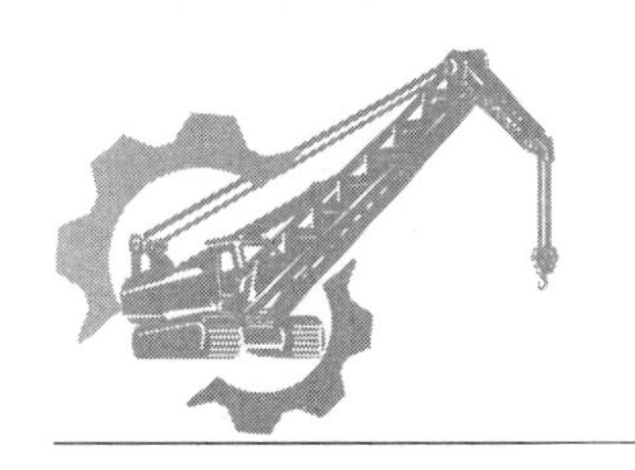

第 5 章

低温环境下门式起重机的设计

高纬度地区冬季的严寒环境对各种门式起重机的使用性能有着巨大的影响，在此地区必须采取必要的措施来应对低温环境（包括极寒天气）对门式起重机运行效果和可靠性的影响。按传统结构形式设计制造的门式起重机不能满足高纬度地区对使用门式起重机的特殊要求，需要寻求特殊的设计结构、全新的设计理论和工艺方法，才能使门式起重机满足在超低温环境下的使用要求。

在地球高纬度地区冬季的严寒环境中，为了保证门式起重机能够正常工作，门式起重机的设计、制造、使用、维护应考虑低温环境的影响。当环境温度低于－20℃时，通常使钢材的强度大幅度降低，脆性增强，严重削弱了钢材的力学性能，而且钢结构严重的收缩变形将会引起结构的失效（图 5-1）；电线和电缆在低温环境下也会变得僵硬甚至产生断裂；润滑油和冰雪会将减速器的齿轮、制动轮，钢丝绳和卷筒，吊钩与滑轮，车轮和轨道等冻在一起；电气元件如接触器、变压器、变频器、断路器和各种保护装置等会工作异常或完全失效。这些影响使得门式起重机无法正常工作。

由于我国幅员辽阔，气候多样，处于寒温带的北方地区冬季温度很低，年平均最低温度一般在－20℃以下，在室外工作的门式起重机在设计制造时必须考虑环境的影响，以确保门式起重机的零部件及电气控制系统能够在低温环境下可靠地运行和工作。低温环境下工作的门式起重机的开发与研究势在必行。图 5-2 所示为低温环境下使用的门式起重机。

图 5-1　冰冻低温环境造成的钢结构失效

图 5-2　低温环境下使用的门式起重机

5.1　低温环境下门式起重机设计的技术难点

要保证门式起重机在低温环境下能够正常工作，需要解决好以下 4 个问题：

一是低温环境下材料的抗脆性设计；

二是低温环境下传动机构的可靠性保护；

三是低温环境下电气元件的加热和保温措施；

四是温度大范围变化引起的门式起重机的内应力如何释放的问题。

只有将上述几个问题进行充分考虑，并在门式起重机的设计过程中加以解决，才能确保门式起重机在低温环境下的使用效果。

5.2　低温环境下门式起重机的主要设计特点

通过对低温环境下工作的门式起重机的使用工况、钢结构的抗脆性设计、电气元件的保温措施等进行有针对性的研究，以及对现场实际使用工况的各种总结分析，掌握并发展低温环境下工作的门式起重机的科学的设计方法，推动低温环境下门式起重机技术进步，同时充分考虑低温环境下工作的门式起重机在高纬度的全面应用推广，为极寒地区的经济发展做出贡献。根据低温环境对门式起重机的主要影响，在进行门式起重机设计时，应充分考虑以下几个方面的问题。

5.2.1　低温环境下钢结构的抗脆性研究

门式起重机的结构属于典型的箱形梁钢结构或桁架式钢结构。试验证明，当环境温度在－20℃并继续降低时，钢结构的抗脆性随工作温度的下降以平方的函数关系迅速降低。在高纬度的严寒地区，钢板在极寒温度下会像玻璃一样脆弱，增大了承载构建突然断裂的危险性。因此在低温环境中，钢结构的抗脆性设计和强度设计同样重要，应对门式起重机部分钢结构（包括主结构、台车架、机构底座、减速器壳体等）进行抗脆性计算和试验，以获得最佳的尺寸、截面及材料规格，并尽可能地通过优化设计实现轻量化的目的。

通过研究大量的破坏实例，证明钢结构在低温环境下工作发生脆性破坏的部位，大多在因设计或工艺不当而引起的应力集中处、焊缝交汇处及尖角、开孔、截面突变处，这些部位在较大拉伸应力的作用下，很可能造成脆裂而导致钢结构的力学性能失效。因此，在设计钢结构时，应采取以下措施应对低温环境对钢结构的影响。

① 采用耐低温的材料，如Q345-E，低温环境中稳定性好、脆裂性低。

② 结构设计应尽量采用圆角过渡方式，如图5-3所示。当结构上必须开孔时，不宜有尖锐或曲率很大的孔角，应采取措施加强孔的周边强度，即采用“镶圈”式的设计结构。

③ 箱形梁构件的截面不宜突变，应保留一定长度的过渡段，使应力缓和地变化。

④ 布置不宜重叠交错，而应适当分散；约束不宜过多，要尽量保证焊缝及所焊结构能够自由变形，焊缝不采用集中应力比较严重的不对称单侧搭接焊缝，尽量采用对接焊缝。

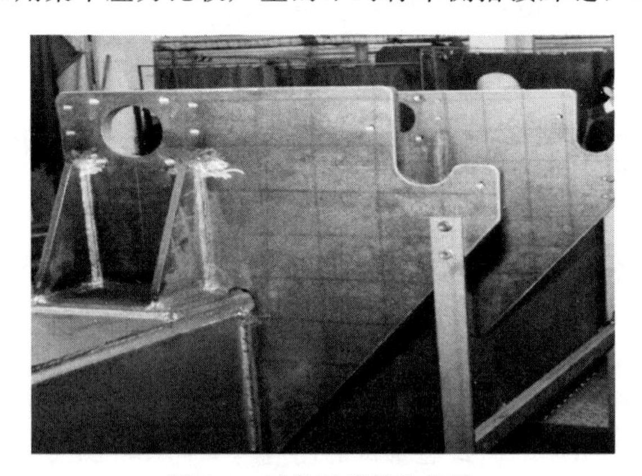

图5-3　圆角过渡结构设计

5.2.2　低温环境下传动机构的可靠性保护

门式起重机的传动机构主要有起升机构和运行机构两部分。由于门式起重机传动装置的运行特点，上述机构都是由电动机、减速机、联轴器、传动轴、制动器、车轮组等一系列不同材料的零部件组成的，这些零部件在低温环境下又有不同的破坏倾向，所以如何进行有针对性的防护也是设计过程中值得重视的问题。应采取以下措施进行应对：

① 传动机构尽量采用集成结构以减少传动环节，减少传动所需零部件，同时集成结构占用空间小，易于安装和进行各种防护。

② 通过合理的结构设计布局，采用保温型防护罩将主要传动装置保护起来，如图5-4所示。起重运行小车包含起升机构、小车运行机构、小车电气控制系统等，通过采用封闭式设计布局将小车制成密闭结构，除了极小的下绳口外，全部采用保温材料封闭，再在小车内部安装温度检测装置和加热器，当环境温度低于某个特定温度值时，加热器自动启动，当环境温度高于某个特定温度值时，加热器关闭，从而将小车内部温度有效控制在一个合适的范围内，充分消除低温环境对小车运行的影响。

③ 对难以防护的部分传动零部件，除需要进行低温环境下抗脆性力学试验外，还要在润滑油选型、降低运行冲击方面采取措施，以保证其充分润滑和使用寿命。同时，为避免启动过程中冲击载荷对零部件使用性能的影响，低温环境下门式起重机宜采用软启动电动机、PLC加变频器控制，以使其整体运行顺畅、平稳，充分降低运行启动过程中的冲击载荷。

图 5-4　密闭小车结构设计

④ 原材料采用耐低温材料，如 Q345-E 等，使用前应进行低温环境下（－45℃）的力学性能检测。对于有条件的企业，主要原材料都应进行低温环境下试验。同时还应进行焊接工艺性评定，特别是－45℃温度下的焊缝、焊材工艺性评定和力学性能检测。

5.2.3　低温环境下电气元件的预热和保温

电气元件正常的工作温度一般为 0～40℃，过高或过低的温度都会对电气系统中的电气元件产生较大影响。过低的温度将导致电气元件性能参数发生变化，容易造成电信号及数据的读写错误，从而对整个门式起重机电气控制系统的可靠性产生严重的影响。据统计，温度每低于正常温度 10℃时，PLC、变频器等控制元件的可靠性将下降 25%。为了保证电气控制系统能够正常工作，应采取以下措施应对低温环境的影响。

① 门式起重机应设置保温电气室，如图 5-5 所示，将门式起重机的电气元件安装在其内。电气室内安装有加热器，当环境温度低于－20℃时，刚开始工作时应对电气室和电气元件进行预热，使电气室内达到常温后再开始正常工作。

图 5-5　保温电气室设计

② 门式起重机采用耐低温环境和耐紫外线辐射的橡胶电缆（图 5-6）代替 PVC 电缆，以确保低温环境下的导电效果，延长低温环境下电缆的使用寿命。

③ 为起升机构和运行机构的电动机配备加热器，在低温环境下工作前进行预热，工作结束后进行保温；对于室外使用的门式起重机，电动机的防护等级不低于 IP66。

④ 无法安装到保温电气室内的电气元件应安装在防护等级不低于 IP55 的电气箱内，电

图 5-6　低温环境下使用的橡胶电缆

气箱也应配置加热器、保温器，以保证运行时所需的环境温度。

5.2.4　温度大范围变化引起的门式起重机的内应力释放

高纬度地区虽然冬季环境温度极低（最低至－50℃以下），但在夏季环境温度又可以攀升至20℃以上，冬夏巨大的温差势必会引起物体的热胀冷缩，此种情况将对大跨度门式起重机的钢结构产生巨大的影响，必须采取相应措施来应对结构尺寸随温度变化引起的整机内应力变化。

首先，钢结构设计时应采用截面变化均匀的对称结构，使整个结构随温度变化而产生的变形有规律可循，即变形可控。其次，钢结构尽量采用静定结构的设计，约束少，配合可调式球铰支座使用，如图 5-7 所示，可消除钢结构的变形引起的内应力。需要注意的是，采用静定结构将会降低整个机构的刚性，容易出现门式起重机跑偏、啃轨等现象，因此，必须通过电气纠偏、设置水平导向轮等措施保证门式起重机的稳定运行。

图 5-7　可调式球铰支座连接

5.2.5　安全性设计

由于低温环境下门式起重机的运行可靠性相对常温下门式起重机的运行可靠性会降低，因此门式起重机的安全性设计是一个必须要重视的问题。起升机构安全性设计可以采用图 5-4 所示的具有“恒温”特点的密闭结构设计。对于大车运行机构，则应使用三合一驱动装置，即将电动机、减速机、制动器集成的运行机构，采用蹄式制动的方式，并通过选用抗低温润滑油实现有效的安全制动。

5.3　低温环境下门式起重机的整体结构设计特点

① 整体结构设计要充分考虑标准对特殊环境的要求：低温环境起重机整体设计时应按照 GB/T 3811—2008《起重机设计规范》、GB/T 6067.1—2010《起重机械安全规程 第 1 部分：总则》、GB/T 50017—2017《钢结构设计标准》等相关要求做好整体设计。

② 采用全密闭保温小车结构：采用保温材料将小车封闭起来，并将电气控制柜安装在密闭的小车内，再配置空调等加热设备，以保证电气元件在理想的工作温度下正常工作。

③ 对重要钢结构连接处设置应力释放装置：由于起重机工作环境的冬夏温度变化幅度很大（−50～40℃），势必会引起各结构的尺寸变化，产生装配应力，因此在主要结构连接部位均应设置应力释放装置予以应对。

④ 增加监控装置：通过起重机监控装置分析重要部件（如电气设备等）在所处工作温度下能否正常工作，如温度低，将报警并启动加热装置，直至达到合适的温度并提示起重机可以正常工作；在工作完成后，将对重要部件保温一段时间，然后逐渐降温，避免温度迅速下降引起水气凝结、结冰，损坏设备。

⑤ 选择合适的传动装置润滑介质：对传动机构的润滑一定要采用低温润滑脂，或设计加热装置加热润滑油。

⑥ 结构材料选用耐低温材料：采用低温稳定性好的钢材制作钢结构，主要钢结构采用 Q345-E 制作，通过预热、焊后保温等措施减小焊接应力；主要结构件焊接完成后，采取措施进行应力释放，然后再组装。

⑦ 做好防滑设计：低温环境下，门式起重机由于在室外使用，应设计轨道加热装置及刮雪机构，避免积冰积雪过多，使轨道打滑，对起重机的使用造成影响。

5.4　结论

低温环境下工作的门式起重机的设计需要充分采用新材料、新技术、新工艺进行研究、创新、开发。目前，一些企业类似产品的成功研发与应用，对推动低温环境下工作的门式起重机产品的革新起到了积极的作用，特别是对极寒状态下工作的门式起重机的钢结构和电气可靠性积累了数据和经验，主要技术成果还可应用于其他特殊地域使用的产品设计中，促进其他产品如特殊领域门式起重机的技术革新，从而全面提升低温环境下门式起重机的技术水平。

第 6 章

基于Pro-E的起重机小车参数化设计应用

Pro/ENGINEER（Pro-E）是美国参数技术公司（PTC）的一款优秀的设计软件，但作为一款通用三维设计软件，Pro/ENGINEER缺少针对建设机械设计如起重机设计的专业模块和工具。要想提高设计质量和效率，有必要在Pro/ENGINEER平台的基础上进行二次开发，以能够提供快捷的针对建设机械关键部件的集参数设计、建立模型、干涉检查、力学分析、制作工程图、动画展示等于一体的三维设计功能，从而提升产品设计质量，缩短新产品开发周期。本章以桥门式起重机小车架为例，简要阐述参数化设计功能的开发与应用，如图6-1所示。小车架作为承载起升机构及行进的载体，一般由盖板、腹板、支撑筋板及角钢等组成，其长度一般为几米，最大至数十米。

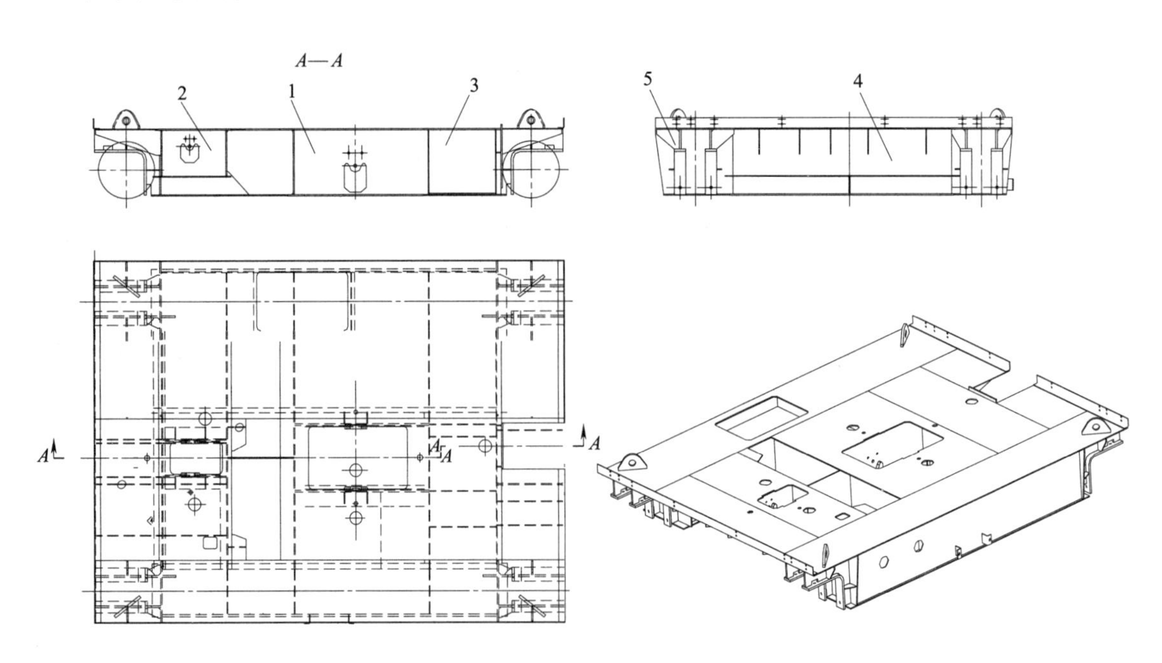

图 6-1　小车架结构

1—主起升箱形梁；2—副起升定滑轮梁；3—套筒支撑梁；4—主起升工字梁；5—端梁

6.1 建立小车架结构和系统架构

常用桥式起重机小车架主要结构件包括主起升箱形梁、副起升定滑轮梁、套筒支撑梁、主起升工字梁和两个端梁（子部件）。它们相互关联又有一定的独立性。在进行参数化设计时，可以通过控制总装配的参数和每个子部件的主要参数来设计总装配和各子部件，系统架构如下所述。

此系统主要由参数设计、建立模型、干涉检查、力学分析、制作工程图、动画展示六个模块组成。

（1）参数设计模块

参数设计模块主要是为用户提供输入模型参数和所受载荷的对话框，并初步检验输入参数的合理性。

（2）建立模型模块

建立模型模块主要是根据用户输入的参数自动再生小车架的参数化模型，即由用户输入的参数控制生成小车架模型。

（3）干涉检查模块

干涉检查模块主要是调用 Pro-E 的系统功能，对建立模型模块生成的模型进行干涉检查，进一步检查用户输入的参数是否合理。

（4）力学分析模块

力学分析模块主要是利用 ANSYS 比较专业的结构分析能力来分析用户设计的模型的强度和刚度，以保证设计部件的力学性能。

（5）制作工程图模块

制作工程图模块主要是根据用户设计的参数调用二次开发函数，自动再生由参数化模型驱动的工程图，并根据工程图图幅和视图的大小调整视图比例。

（6）动画展示模块

动画展示模块主要是调用二次开发函数制作模型的展示动画，通过使模型绕三个坐标轴分别旋转 360°，及对关键部位进行缩放，全面、完整地展示用户设计的部件，为评审、技术交流等提供直观、全面的模型展示。

6.2 系统设计原理与工作流程

6.2.1 系统设计原理

此系统是利用以下原理来设计的。

首先，通过 Pro-E 本身的参数化设计功能，建立一套小车架的参数化模型（包括布局、三维模型、二维工程图等），并根据小车架的受力情况建立 ANSYS 使用的命令流文件。把参数化模型和命令流文件作为模板文件。

其次，使用 VC6.0 和 Pro/Toolkit 针对小车架参数化模型进行二次开发。用户通过对开发参数和载荷输入界面、工程图调整功能按钮、分析结果查看界面、动画演示功能按钮等的操作，控制模型、工程图、命令流文件等模板文件，然后通过自动调用 Pro-E 和 ANSYS 对这些模板文件进行处理，生成新的模型和工程图，以及对新模型进行力学分析，并产生分析结果。具体的设计步骤如下所述。

（1）模板的建立

总结以往的设计经验，分析提取起重机小车架及每个子部件的结构参数和每个子部件的受力状况，并确定子部件间、子部件和总装配间的关联关系，在此基础上，使用 Pro-E 的参数化设计工具——布局，将小车架各子部件的结构参数和小车架各子部件间的关联关系以草图的形式输入到 Pro-E 系统中。然后建立小车架总装配模型，在此过程中，要使用骨架模型来组织各子部件，以减少“父子”关系，并使用“布局”工具中的全局参数和全局关系来控制模型。之后建立总装配和各子部件的工程图。最后建立一个 Windows 的记事本文件，将小车架的全局参数和载荷写入到此文件中，然后利用这些参数和载荷制作命令流文件（包括 ANSYS 的单元选择、模型建立、划分网格、模型分析等）。这样，此系统的模板文件——布局、参数化模型、工程图和命令流文件就制作完成了。

（2）参数的管理和参数设计合理性的初步判断

利用 VC6.0 建立 DLL 工程，然后调用 Pro/Toolkit 中的二次开发函数建立对话框，用以管理小车架及其子部件的参数和所受载荷。在此过程中，由于小车架的参数比较多，为了方便用户准确地输入各级参数，对参数的分层管理就显得很重要了。参数的分层管理就是把参数按照部件的层级关系来分类管理。例如，把属于小车架总装配的参数和属于小车架各子部件的参数分开管理，为它们分别设置输入、修改对话框。为了便于用户辨别参数的含义，准确地输入参数，在对话框中要附以简易图片，标识参数的使用位置。如图 6-2 所示的就是子部件主起升箱形梁的参数管理对话框。

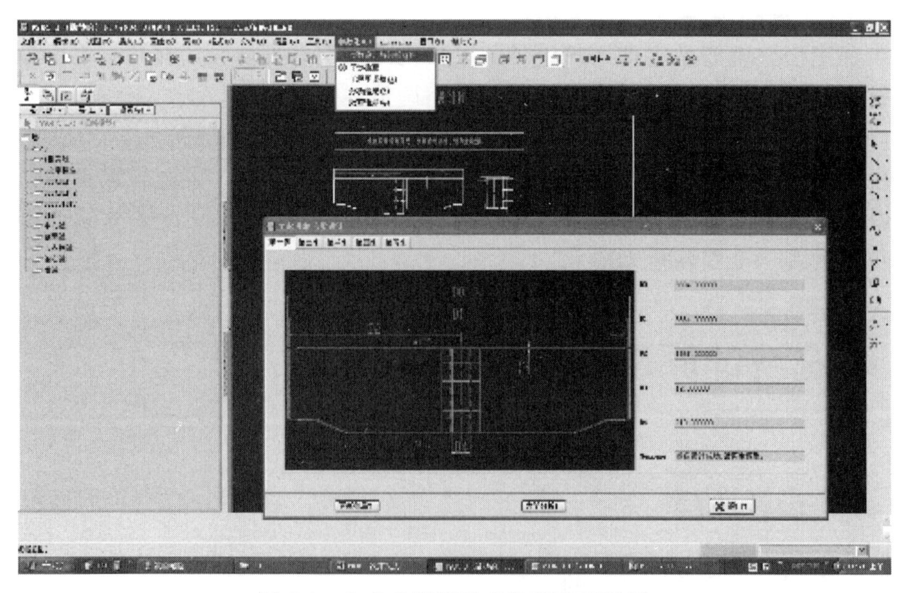

图 6-2　主起升箱形梁参数管理对话框

由于小车架参数众多，各子部件间的关系复杂，因此在用户输入众多参数后，系统应该有一个初步的参数设计合理性的判断，并将判断结果显示给用户。例如，受主参数控制的零件的形状尺寸不应该为负值，如果为负值，应提醒用户重新设计参数。此系统建立了一个字符串判断参数 Message，通过判断各主要零件受控制的形状尺寸是否小于 0 来重新给此参数赋值，然后显示在对话框的文本框中。首先在“布局”中建立全局关系，判断各主要零件受控制的形状尺寸是否小于 0，如果有小于 0 的，则给此判断参数赋值为“×××零件的形状尺寸为负，请重新设计参数”；如果都大于 0，则给此判断参数赋值为“参数设计成功，请再生模型”。如图 6-2 中的 Message 文本框所示。

（3）使用输入的参数控制模板和进行干涉检查

调用函数将用户输入的参数值从对话框中传递给“布局”中的参数表，并再生布局，然后再生模板中的参数化模型，以建立新模型。最后调用 Pro-E 本身的功能对生成的模型进行干涉检查，进一步检查参数设计的合理性。此系统是通过录制全局干涉检查的快捷键，并把快捷键以按钮的形式放置于下拉菜单中来实现此功能的。

（4）结构力学分析

利用 VC 函数打开命令流文件，将用户输入的参数和子部件所受载荷写入命令流文件中。然后利用 VC 的执行 Windows 应用程序的函数启动 ANSYS 程序，并运行命令流文件。最后将得到的应力、应变结果以图片的形式在对话框中显示出来，如图 6-3 所示。

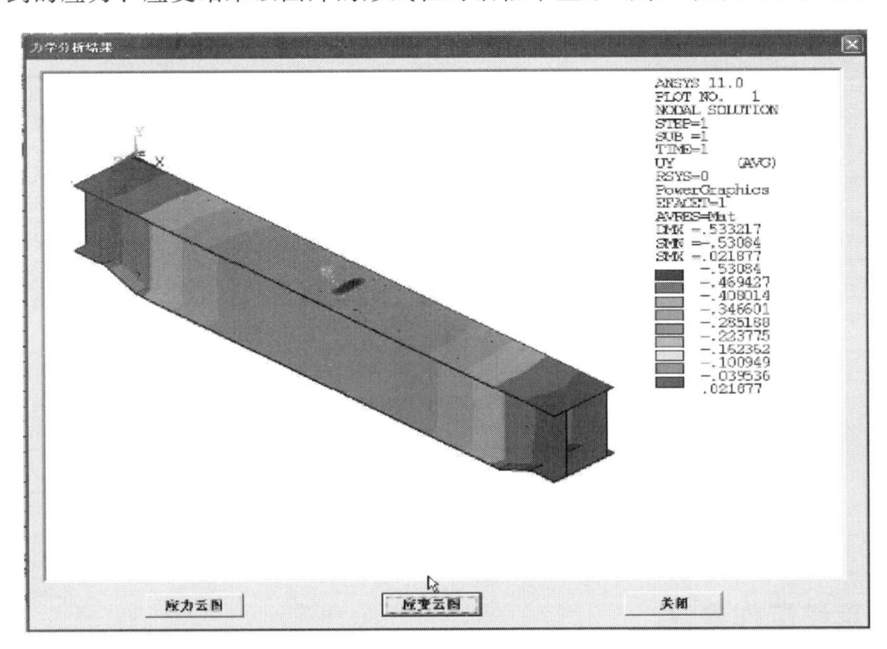

图 6-3　主起升箱形梁力学分析结果对话框

（5）工程图调整和动画设计

利用 Pro/Toolkit 中的二次开发函数完成工程图视图比例调整，以及动画展示的功能。首先通过各个视图（包括注释等项目）的最大外形尺寸之和与使用图幅的宽度，以及视图在宽度方向上的个数之间的关系来确定视图比例。当然，在此过程中还要加上视图间的间距和尺寸标注所需要的间距。使用程序计算视图比例的初始值：

$$\text{比例的初始值}(sc)=(\Sigma kd+\Sigma jx+\Sigma cx)/tkd$$

式中　Σkd——图幅宽度方向上视图的宽度之和；

　　　Σjx——各视图间的间距之和；

Σcx——各视图在宽度方向上的尺寸标注需要的空间之和；

tkd——图幅的宽度。

然后在国标规定的比例中选择最接近的比例作为最终的视图比例。

动画设计功能是在 VC 中通过直接调用 Pro-E 的二次开发函数来实现的。首先设计好模型的运动方案，即先绕 X、Y、Z 轴旋转 360°，再局部放大，然后再缩小到原始状态，最后调用相应的二次开发函数即可实现。

（6） VC 在 Pro-E 中的注册使用

把生成的 DLL 文件在 Pro-E 中通过“工具”→“辅助应用程序”→“注册”进行菜单注册并运行，这样在 Pro-E 中就会自动生成系统对应的菜单、按钮，单击这些菜单、按钮就会出现相应的对话框。

（7）系统的程序流程图（图 6-4）

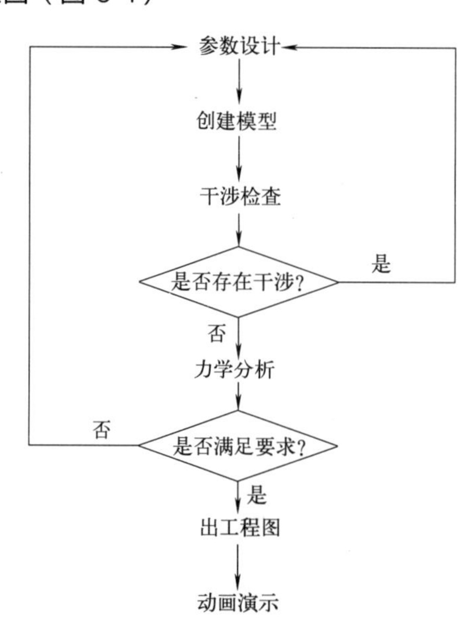

图 6-4　小车架参数化设计系统程序流程图

6.2.2 系统工作流程

用户使用此系统完成小车架的变形设计，需要完成以下步骤：

① 参数设计。启动 Pro-E，打开模板中子部件（这里以主起升箱形梁为例）的布局、模型、工程图文件。在“布局”模式下，打开“参数输入”对话框，并输入参数，初步检查参数设计的合理性。若参数设计不合理，则重新设计。

② 进入子部件模型环境，使用“编辑”→“再生”菜单进行模型再生，生成由输入参数控制的新模型，并进行模型的干涉检查，进一步检查参数设计的合理性。如果模型干涉，则重新设计参数，如图 6-5 所示。

③ 进入子部件模型环境，在载荷文本框中输入载荷值，使用对话框上的“力学分析”按钮，对子部件进行力学分析并查看结果。如果力学性能不能满足要求，则重新设计参数，如图 6-6 和图 6-2 所示。

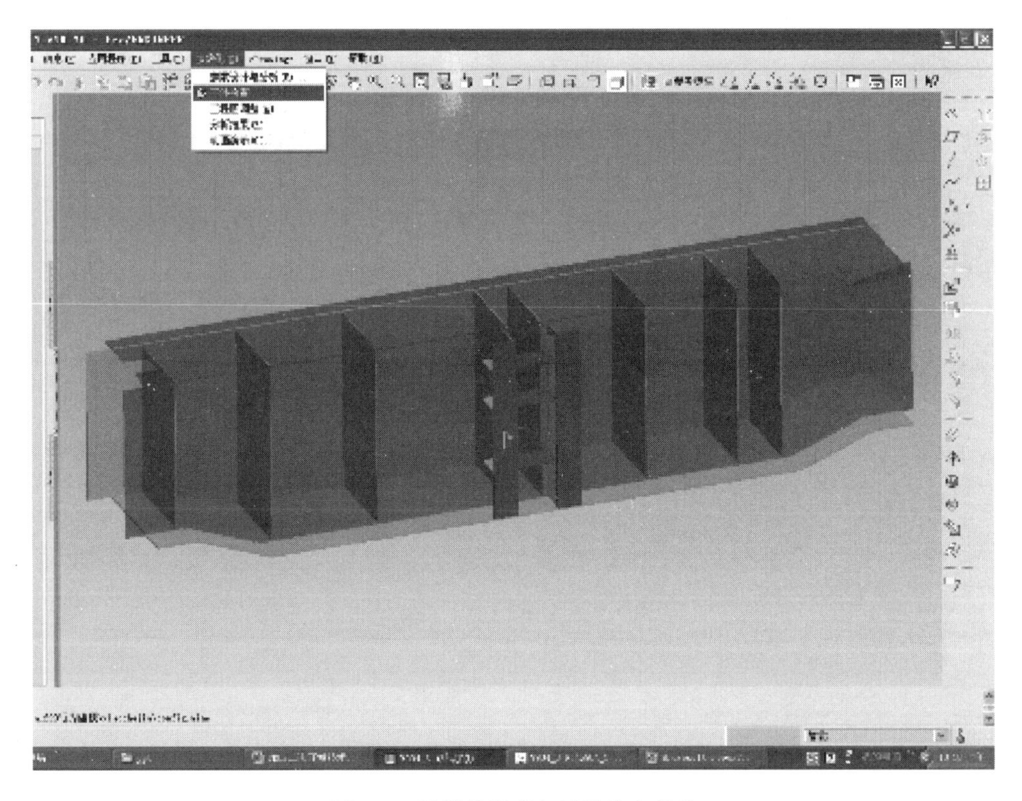

图 6-5　子部件模型与干涉检查菜单

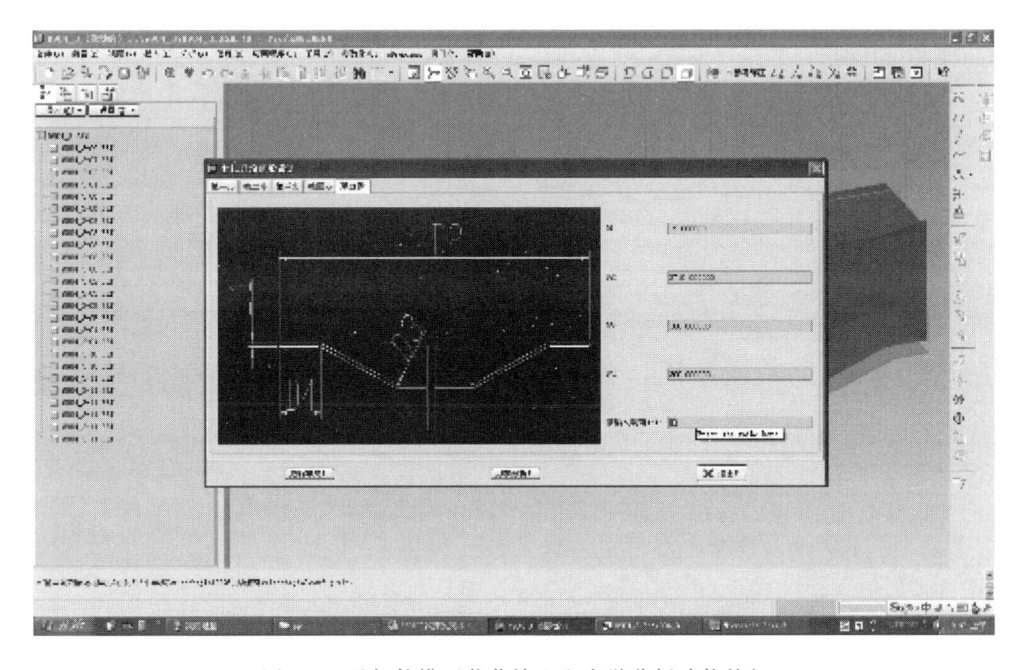

图 6-6　子部件模型载荷输入和力学分析功能按钮

④ 进入工程图环境，使用工程图调整菜单对工程图的视图比例进行调整，如图 6-7 所示。

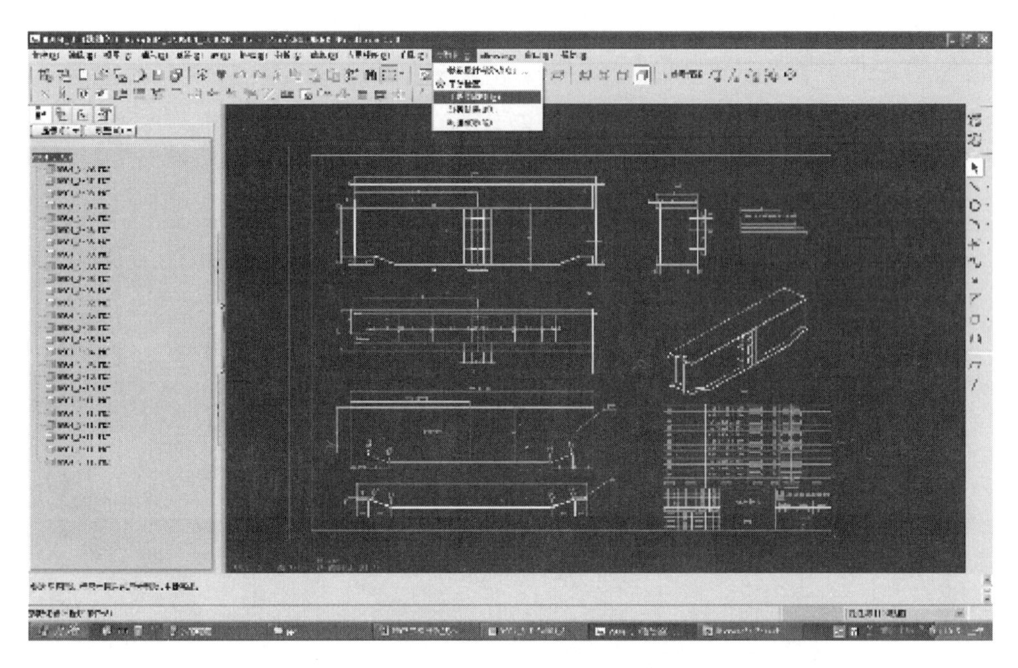

图 6-7　子部件的工程图调整菜单和工程图

⑤ 使用同样的方法，依次完成其他子部件的设计。最后打开总装配模型进行总装配控制参数输入、模型再生、干涉检查，如图 6-8 所示，然后调整工程图视图比例，最后使用动画演示菜单渲染演示动画。

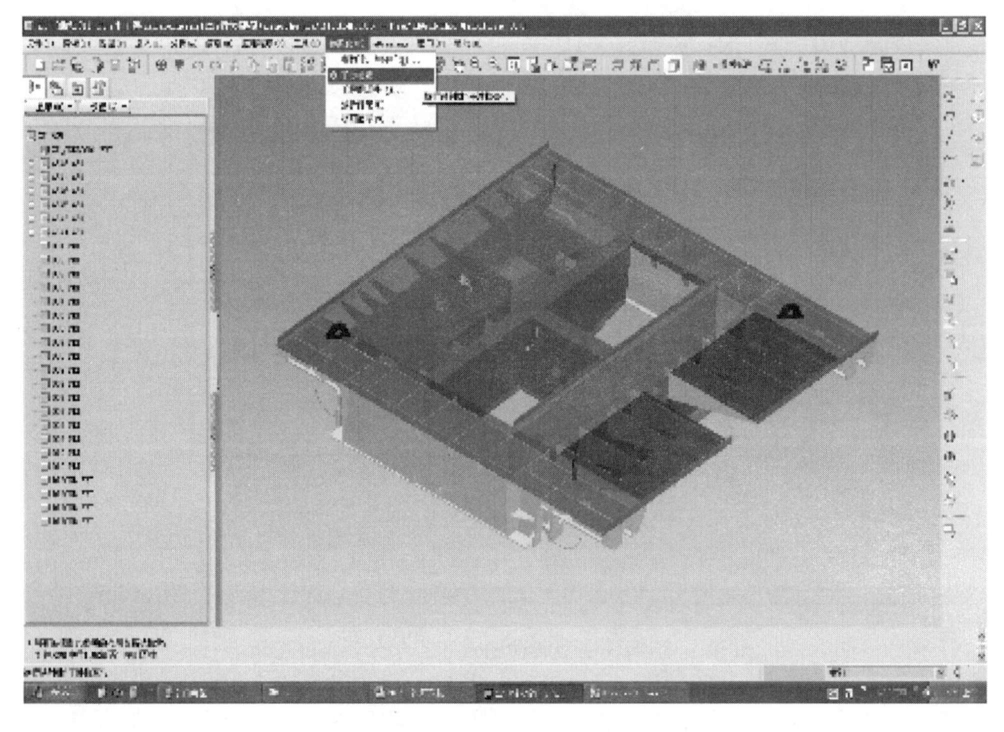

图 6-8　小车架总装配模型

6.3　总结

利用 Pro-E 二次开发工具建立基于 Pro-E 环境的起重机关键部件参数化设计系统，它涵盖了三维设计的参数设计、建立模型、干涉检查、力学分析、制作工程图、动画展示等方面，不仅提高了重型机械产品的设计效率和准确性，而且制作的二维工程图也使此系统能真正应用到实际生产中，并且它的动画展示功能可为企业培训、设计评审及技术交流提供更加直观、全面的模型展示。

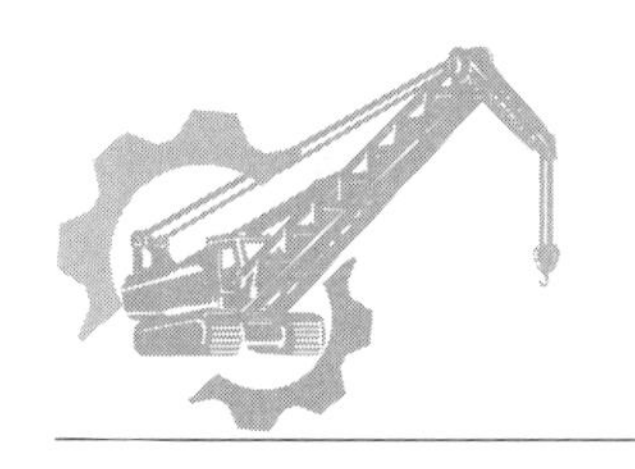

第 7 章

不同场景起重机设计特点

7.1 基于抗辐射远程数字控制的核废物搬运起重机结构设计

核能作为一种清洁、高效的能源，越来越得到各国的重视。目前，全球核电占总电力装机的15%左右，已成为不可或缺的能源。未来几年，我国的核能将会得到快速发展，也将会陆续地出口到各国。国际原子能机构预测，到2030年，全球核动力至少将占全部动力的25%。大力发展以核能为主的清洁能源，是保障我国能源安全和国家可持续发展的必然选择。

核废物是核电站在核岛内使用过的报废物品。这些物品有的本身具有放射性，有的被核粉尘污染，所以这些物品不得随便丢弃或回用，它们必须装到特定的容器内，集中码放在核废物库中与生物界隔离。双梁远程数控起重机是依据核电作业环境的特殊特性而开发的起重设备，如图7-1所示，主要用于吊运核废物，故此类起重机必须具有安全、可靠和运行平稳、定位精准的特点。远程数字控制的核废物搬运起重机因技术含量高，属于高端技术装备。基于此，研发用于吊运核废物的远程数字控制的起重机必须满足三个要求：一是起重机的设计、制造必须满足特殊环境的使用要求；二是起重机运行时的安全可靠性、易操作性和可维修性必须予以确保；三是控制系统应满足精确定位要求。

图 7-1　远程数字控制的核废物搬运起重机

7.1.1 设计依据

远程数字控制的核废物搬运起重机是与核工业发电机组配套的专用起重设备，是依据核岛的特殊特性而开发的起重设备，主要用于吊运核废物。结合反应堆厂房的实际使用工况和特殊要求，以国内主推的三代压水堆核电技术——“华龙一号”及 AP1000 核电机组反应堆厂房为基础，进行产品关键技术研发和产品试制。

7.1.2 关键技术确定

以远程数字控制的核废物起重机为研发目的，结合具有单一故障保护功能的钢丝绳缠绕系统、具有单一故障保护功能的起升机构、具有双回路保护功能的冗余控制系统、应用于反应堆厂房的自动定位系统，基于“临界载荷”状态，进行起重机的抗震安全性研究；研究生产制造的工艺；建立应用于核吊的污染表面及时处理结构体系。

关键技术：起升机构采用单一故障保护装置，当一根钢丝绳断裂时，另一根钢丝绳能保证保持住载荷并维持废物桶平衡；起升机构采用伸缩套筒等刚性防摇装置，以保证抓具定位的准确性，起升套筒垂直度达到±2.5mm/10m；核辐射消除系统采用聚合物喷涂装置，喷涂后形成可剥离膜，实现干式放射性污染消除；起升机构设置手摇装置，手动释放时应能可靠地控制下放速度和位置，人工误动作使重物往下掉落时能够控制手轮；大小车精确定位技术，运行定位精度应达到±5mm；小车架具有防止卷筒轴断裂、卷筒轴或轴承损坏导致的卷筒掉落或者在制动系统中脱开的功能，事故状态时将卷筒的下沉限制在较小（5mm）的尺寸内，安全制动器能有效制动；核环境抗辐射设计，含综合核辐射检测、通信功能，核辐射消除系统可以在不同位置检测辐射类型、辐射分布、辐射水平、沾染水平等。

7.1.3 产品主要结构设计

7.1.3.1 结构设计

（1）整机结构设计方案

产品结构如图 7-2 所示，主要由两根主梁、行走端梁、小车、供电滑线、电气柜平台、电气系统及附件等组成。起升机构采用单一故障保护装置，保证两根钢丝绳能均衡地分配载荷；起升机构采用伸缩套筒等防晃装置，保证抓具定位的准确性。通过在起重机小车上安装刚性伸缩臂，在大车车轮、小车车轮和刚性伸缩臂上安装编码传感器。桥架采用不锈钢材料，在桥架及小车上安装激光器和摄像机，在远程控制室配置监视器、操作台和控制柜，解决了起重机吊运物件摆动振荡和定位不准确的技术问题，使操作人员能够在远程控制室内完成核废物的准确定位和吊装，避免了辐射伤害。设计核辐射检测和放射性污染表面及时处理结构，在起升机构伸缩套筒防晃装置端部吊钩一侧固定设置喷涂装置和核辐射检测感应器；感应到污染物表面辐射后可喷涂聚合物形成可剥离膜，实现干式放射性污染消除。整机采用变频调速控制，可远程操控进行核固体废料和核污染物的吊运。

（2）桥架结构研究

起重机主梁采用箱形结构，由于去污的难易与放射性物质的物理和化学状态、物体表面

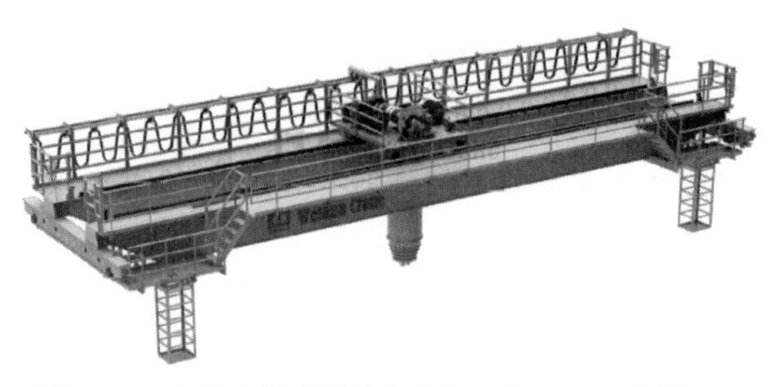

图 7-2　远程数字控制的核废物搬运起重机三维结构图

的物理和化学状态及接触时间有关，所以钢板选用 304 不锈钢，表面光滑的不锈钢即使污染严重，也容易去除污物。采用极限状态法与结构拓扑优化方法等数字化、参数化设计方法，以有限元仿真分析为手段，对主体结构进行轻量化设计，同时在三种起重机结构、五种工况的不同组合的情况下，对桥式起重机受力情况进行了分析，如图 7-3 所示，验证了桥架的强度、刚度，找到了不同工况下的最大应力发生点，优化了危险截面设计。

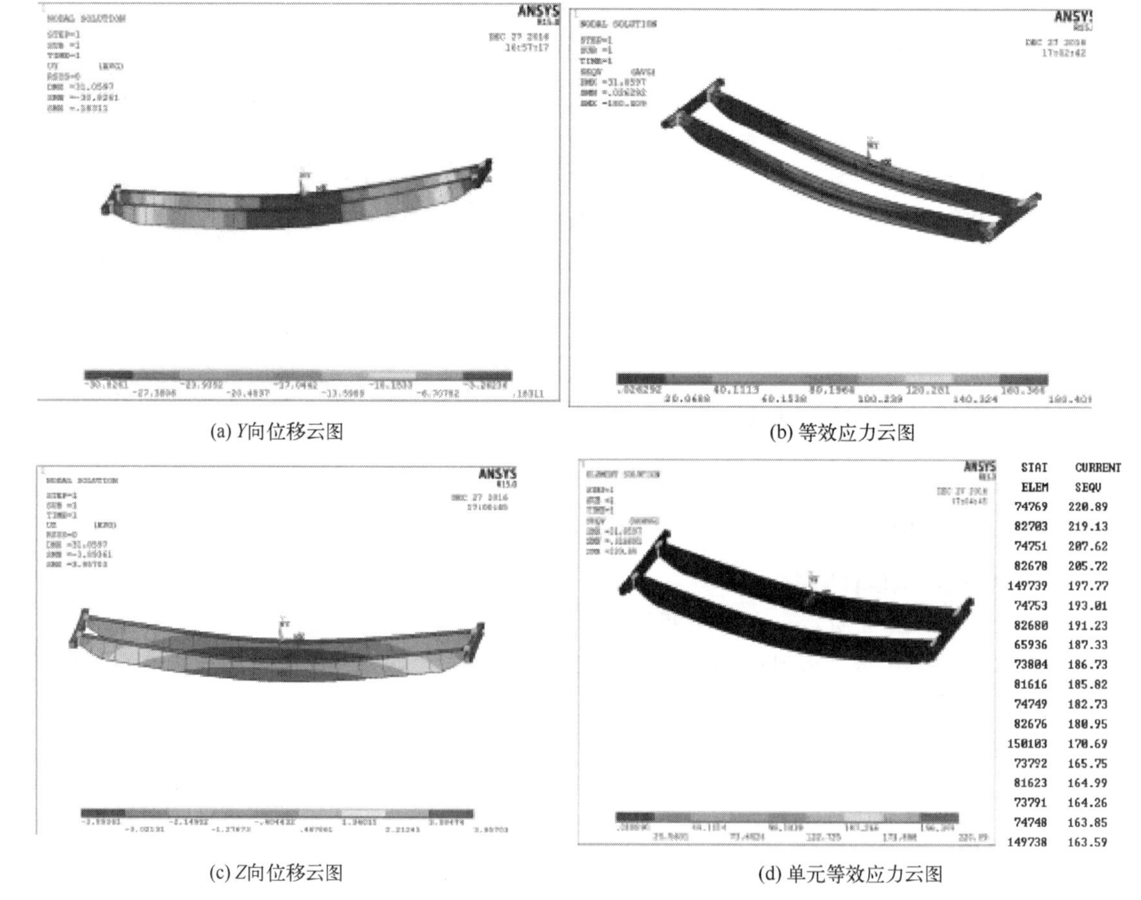

(a) Y向位移云图　(b) 等效应力云图

(c) Z向位移云图　(d) 单元等效应力云图

图 7-3　起重机跨中满载时的静力学分析结果

基于拓扑设计建立了最小柔顺度拓扑优化数学模型，并进行了敏度分析计算，通过算例对比确定了适合箱形梁结构拓扑优化的惩罚因子和过滤半径等相关参数；建立了位移-基频约束的模型并完成了敏度分析计算，实现了动力学拓扑优化模型的求解。利用 Tcl/Tk 界面开发工具，研制了人机交互界面，并与 ANSYS 软件集成，使之能够更方便地应用于产品设计。起重机金属结构计算机辅助分析工具界面见图 7-4。

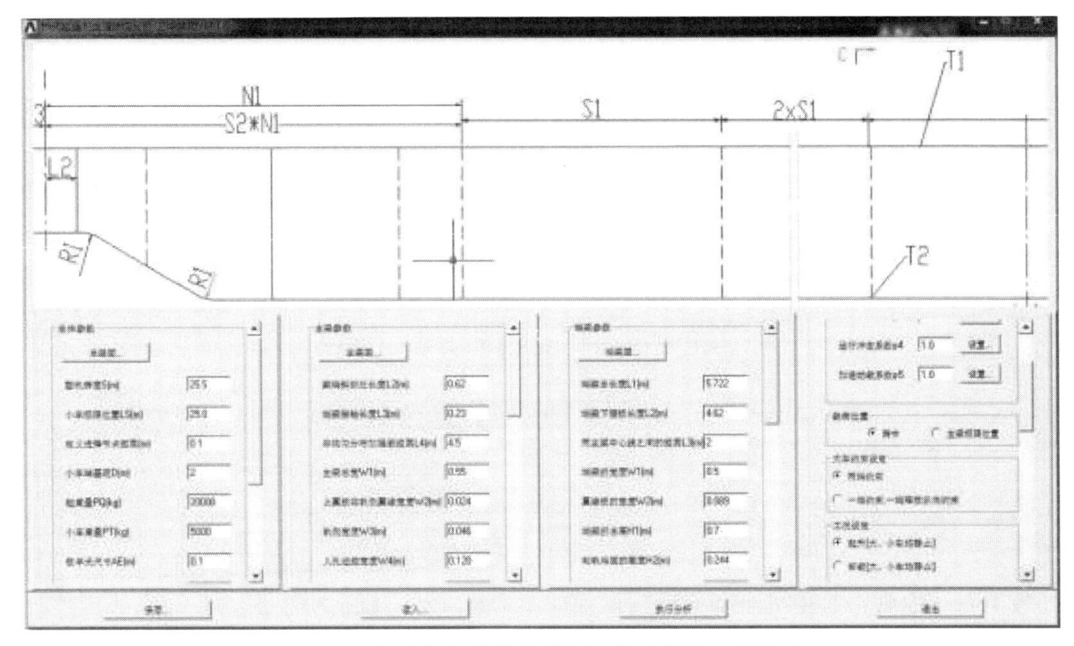

图 7-4　起重机金属结构计算机辅助分析工具界面

实现了全自动起重机桥架结构与传统起重机桥架结构相比自重减轻约 15%，桥架结构如图 7-5 所示。

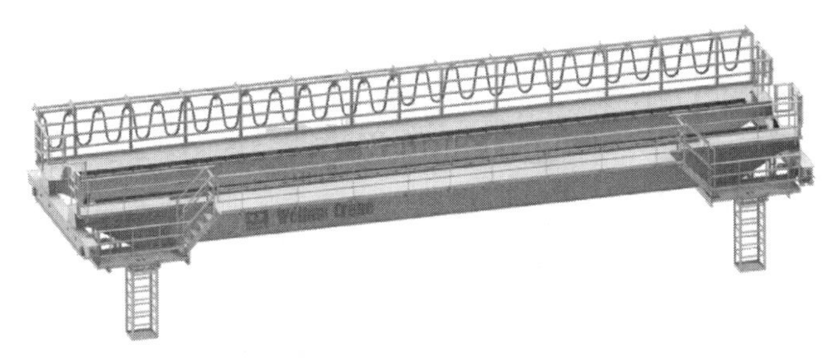

图 7-5　桥架结构

（3）驱动装置设计

如图 7-6 所示，驱动装置采用轮组、锁紧螺母、三合一减速器集成设计结构。端梁上设置安全防翻钩，防止意外事故或地震时桥架从轨道上跌落。在运行机构驱动电机的一端装设手摇装置，通过手摇装置可使车轮在轨道上手动运行。最后通过三合一减速器来驱动车轮，三合一减速器具有噪声小、免维护等优点。

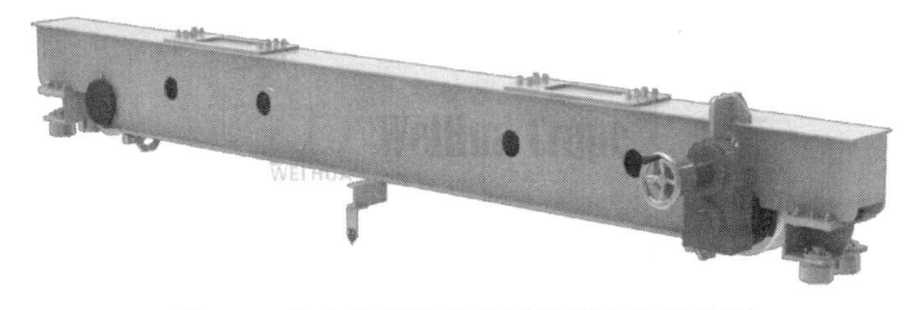

图 7-6　带有抗震防翻设计的驱动装置总图

（4）小车架与起升装置设计

常规桥式起重机采用由卷扬机、钢丝绳和吊钩组成的起升机构。由于钢丝绳的柔性特性，物件在吊运过程中容易发生摆动振荡，给物件定位吊装造成困难，且不能实现远距离定位吊装。核废物搬运起重机设计的关键是使起重机适用于放射性物件的远距离准确定位吊装，减少单一故障对生产造成的影响，提高生产的安全性，因此必须按照起升机构的单一故障保护原则（图 7-7）进行起升机构的设计。

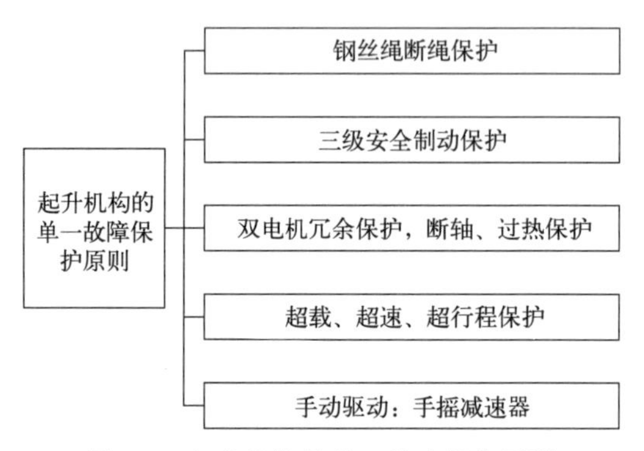

图 7-7 起升机构的单一故障保护原则

按照上述原则，起重机小车架结构设计如图 7-8 所示，包括小车架、起升驱动机构、钢丝绳缠绕系统、小车运行机构和吊具。本设计中，起升装置主要采用单一故障保护装置，保证两根钢丝绳能均衡地分配载荷；起升机构采用伸缩套筒等防晃装置保证抓具定位的准确性；小车上装有激光器和摄像机，操作人员通过监视器和操作台控制起重机完成放射性物件的准确定位吊装。

图 7-8 基于双安全冗余系统保护的小车架结构

起升系统通过以下装置完成起重机的远距离准确定位吊装工作。

① 起升机构与单一故障保护装置。起升机构如图 7-9 所示，包含起升驱动机构、钢丝绳缠绕系统。钢丝绳缠绕系统包括卷筒、下滑轮组、平衡臂（图 7-10）、手摇机构（图 7-11）、断轴支撑装置（图 7-12）、钢丝绳防叠绕装置（图 7-13）。钢丝绳的一端缠绕在卷筒组上，另一端绕过下滑轮组最后固定在平衡臂上，平衡臂的两端设置有缓冲器和检测开关，当平衡臂倾斜过大或断绳时，缓冲器吸收部分能量，同时检测开关发出报警信号，这样就确保了一套钢丝绳断裂后另一套钢丝绳还能平稳地保持住载荷，实现了单一故障保护。手摇机构含有手动、电动联锁开关，可以手动调整机构，实现了在断电状态下或极端条件下采

用人工将被吊物安全起升和放下。断轴支撑装置在卷筒两端安装有带有内半圆的防止零部件故障和轴承断裂的支撑装置，把事故发生时的卷筒下沉量限制在较小的尺寸内（5～10mm），避免卷筒从控制系统和制动系统中脱开。卷筒轴发生断裂后，检测开关发出警报信号，断开起升系统的电源后仍然能够支撑卷筒不脱落，保证安全运行。钢丝绳防叠绕装置上设置有限位开关，当钢丝绳发生叠绕时可发出报警信号，切断起升机构电源。采用专用吊具能够自动脱挂钩。

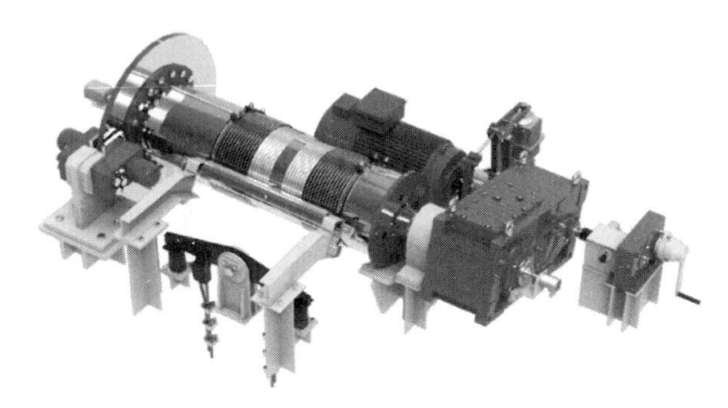

图 7-9　起升机构

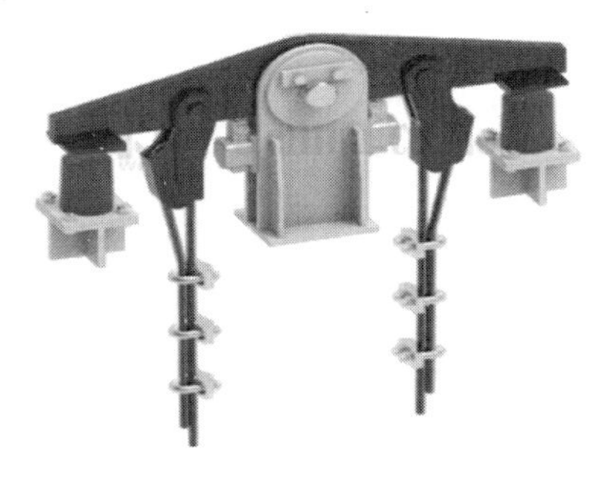

图 7-10　平衡臂

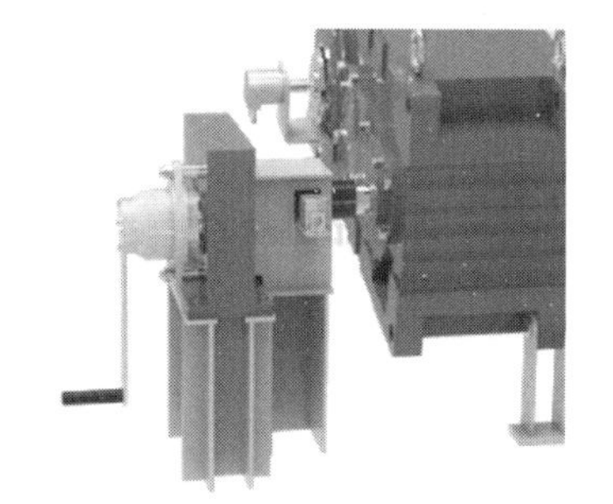

图 7-11　手摇机构

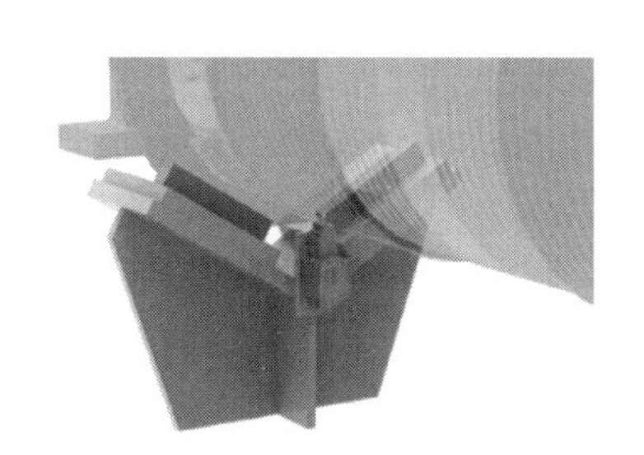

图 7-12　断轴支撑装置

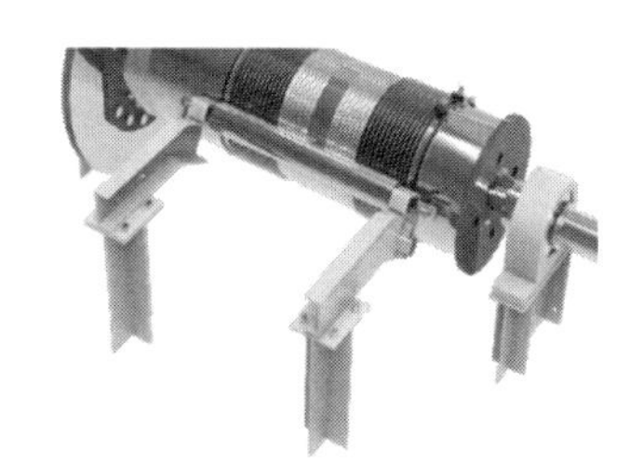

图 7-13　钢丝绳防叠绕装置

② 采用伸缩套筒刚性防摇设计。多节伸缩套筒如图 7-14 所示，采用无缝钢管制作，套筒间采用外壁定位、导向，由伸缩套筒装配组件组成。伸缩套筒装配组件依次套装，组件上相间装有 4 个周向均布的挡块和滚轮，伸缩套筒装配的挡块和滚轮有 45°相位差。其中三个伸缩套筒装配组件均安装了 4 个周向均布的导轨，分别与滚轮自由连接。伸缩套筒外装配的上部法兰与小车架固定连接；伸缩套筒内装配的下部法兰与滑轮固定连接，其上有钢丝绳缠绕，通过动滑轮组与平衡臂固定连接。对接锁定系统分主动侧和被动侧两部分。主动侧由电动推杆、主动侧固定套筒、主动侧顶杆、主动侧安全缓冲挡板、限位装置等组成，被动侧由被动侧固定套筒、被动侧顶杆、压缩弹簧、被动侧安全缓冲挡板及限位装置组成。

工作状态时，伸缩套筒可与钢丝绳的上升或下降同步，并对钢丝绳摇摆进行强制干涉，起到刚性防摇的作用，提高定位精度和吊装精度。图 7-15 所示为在“核岛”作业的起重机（伸缩套筒已打开）。

图 7-14　伸缩套筒（右图含导向滚轮）

图 7-15　在“核岛”作业的起重机（伸缩套筒已打开）

7.1.3.2　起重机远程数字化控制设计

起重机可以利用 PC（个人计算机）或遥控器发送控制指令实现远程操作。PC 显示界面包含视频信息、起重机环境信息和核辐射分布信息。

工作时，起重机会通过端梁上的激光条码扫描器扫描轨道上的条码尺，进而确定具体位置。在桥架及小车上安装激光器和摄像机，在远程控制室配置监视器、操作台和控制柜，系统组成以 PLC（可编程逻辑控制器）为核心，通过 PLC 对模拟量和开关量输入通道、传感器等进行逻辑判断，进而控制相应的接触器、继电器完成起重机的工作，系统运行操作界面如图 7-16、图 7-17 所示。电控操作集中在操纵室内，采用“手动控制＋高级自动控制＋遥控”方式，电气控制采用“PLC＋触摸屏＋调速装置”系统。操作台上的按钮、操作手柄符合人体工程学原理，操作台安装在远程控制室内。采用彩色触摸屏可编程操作员终端作为自动方式下的操作设备。触摸屏中文界面以图文显示总体画面、料位画面、起重机状态画面、吊具的三维位置、运行参数、工作状态、用户管理等内容。操作人员能够在远程控制室内完成放射性物件的准确定位吊装。

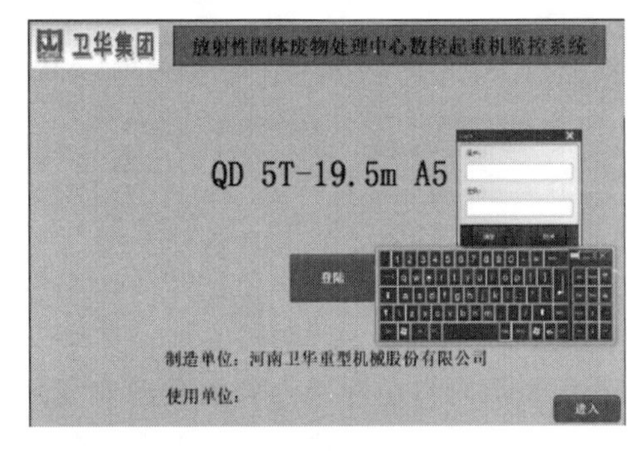

图 7-16　触摸屏登录界面

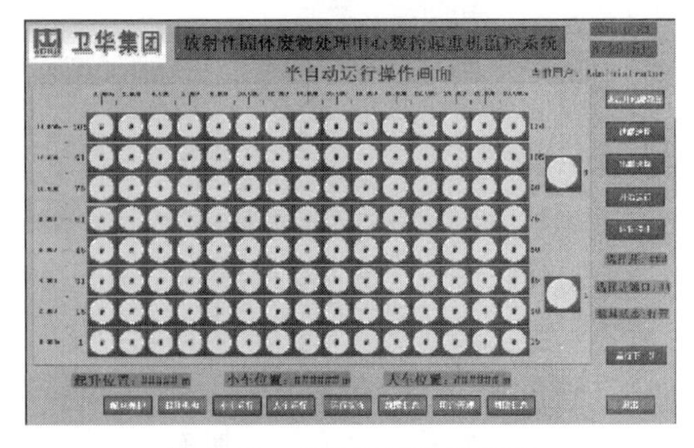

图 7-17　自动运行操作界面

取物装置具有自动取物机械自锁功能，当起重机接近废物桶时，系统会降低运行速度，为精确对位做准备，激光条码定位系统的对位精度可以达到 2mm 以内。当起重机对位完成后，系统会将对位完成的信号反馈给取物起升系统，该系统开始工作，通过伸缩套筒装置及其上固定的摄像头和激光装置，完成取物装置与废物桶的锁定，同时安全开关也已打开。这时起重机起升前的准备工作已完成，起升后系统会将起升到位和锁定完成信号反馈到主机，然后才可以运行工作，实现废物桶转运。操作可一键完成，系统具有对位精度高、自动化、智能化、安全、高效等优点，提高了夹取的可靠性。

远程中心只需要下达开始命令，起重机自动管理系统就按照全部工艺流程自动执行全部工艺动作，自动对位、抓取、吊运。操作人员通过远程监控平台对整个库区进行监控。监控画面中显示起重机的运行状况及任务工作单的执行过程，可人工干预作业并查询历史任务完成情况。

7.1.3.3　核辐射环境下起重机抗辐射设计

如图 7-18、图 7-19 所示，在起升机构伸缩防晃装置套筒端部吊钩一侧设计了核辐射检测感应器和喷涂装置，远程数字控制的核废物搬运起重机能够针对核污染区进行探测，一方面可以探测核污染区的辐射分布状况，从而找出核泄漏点，另一方面可以探测受污染的物体，对其进行处理。感应到被污染物表面的辐射后，可喷涂聚合物形成可剥离膜，实现对干式放射性污染的消除。其原理是将成膜去污材料覆盖在被污染物上，利用材料对放射性沉降粒子的吸附、包埋、粘连作用，迅速固定沉降物，在最短时间内控制污染源，防止其转移和扩散。材料凝固成膜后，被污染物表面的放射性沉降物黏附在可剥离膜上，利用机械或人工对成型的膜体进行回收清除，从而实现对现场环境的恢复和净化。

用喷枪喷涂可剥离膜，试验该膜在后处理时对主要结构材料如不锈钢、刷漆碳钢、水泥墙等的表面的剥离情况。结果表明：空气压力大于 0.3MPa 时，应用内径 ϕ6mm 的平嘴喷头可实现均匀喷涂，在不同基体表面经 1～3 次喷涂均可剥离。该膜对不锈钢 α 污染的去污效率达 90%以上，对刷漆碳钢 α 污染的去污效率大于 60%。创新点在于把核辐射探测设备和起重机结合起来，既应用了起重机机动性能好的特点，又利用了伸缩套筒装置的灵活性和核辐射探测设备的探测能力，可以自动或遥控控制起重机伸缩套筒装置端部增设的喷涂装置对放射源进行处理，扩大了起重机的应用范围。

图 7-18　核辐射检测感应器

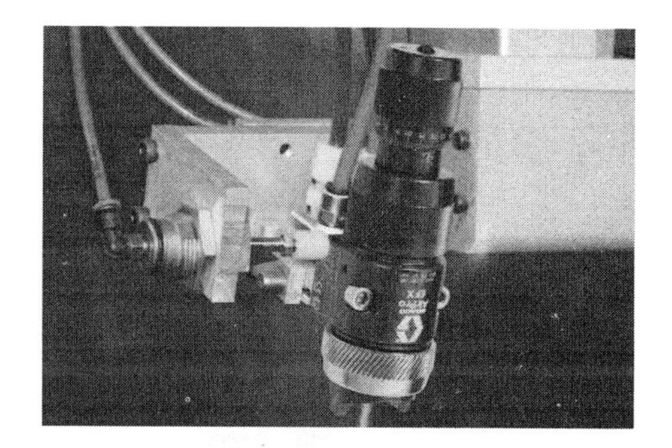

图 7-19　喷涂装置

7.1.4　结论

远程数字控制的核废物搬运起重机是放射性固体废物库的重要设备，其设计、制造完全满足特殊环境的使用要求，起重机运行安全可靠、易操作、可维修性好，可实现远程操控，控制系统具有智能识别、精确定位、可无线通信、安全冗余性好、可自动操作、可消除污染等特点。同时，该起重机还可应用于核泄漏事故检测，可代替救援队员进行搜索救援和处理放射源，减少了核辐射对工作人员的伤害。

7.2 多维度姿态可控的汽轮机泵房洁净起重机结构设计

核能发电是利用核反应堆中核裂变所释放出的热能进行发电的方式。它与火力发电有相似之处，以核反应堆及蒸汽发生器来代替火力发电的锅炉，以核裂变能代替矿物燃料的化学能。除沸水堆外，其他类型的动力堆都是一回路的冷却剂通过堆心加热，在蒸汽发生器中将热量传给二回路或三回路的水，然后形成蒸汽推动汽轮发电机。沸水堆则是一回路的冷却剂（轻水）通过堆心加热变成70个标准大气压左右的饱和蒸汽，经汽水分离并干燥后直接推动汽轮发电机。联合泵房专用起重机要求运行洁净度高、操作灵活，整机具有电气防摇、可视化监控功能。

联合泵房起重机是BOP起重机的一种，安装在联合泵房内，主要用于设备安装和检修。由于联合泵房内环境复杂且有洁净度要求，特别是在更换水泵时，起重机需要吊运更换的水泵在复杂的环境中运行，并且水泵形状不规则，所以需要多个辅助人员通过绳子牵引的方式来保持水泵的运转姿态，这样不仅效率低，而且辅助人员在复杂的环境中工作也会面临较大的安全风险。因此，应对吊运姿态可控方法进行研究，以满足在运转水泵及其他重物时起重机能够自行控制重物姿态，以达到减少操作人员、提升吊运效率、降低操作人员安全风险等目的。

7.2.1 主要关键技术

（1）研究起重机姿态控制方法，以提高不规则物体的吊装效率

通过分析，结合实际使用工况，姿态控制主要包括升降不漂移、吊钩与吊具匹配、防摇摆控制等，如图7-20所示。

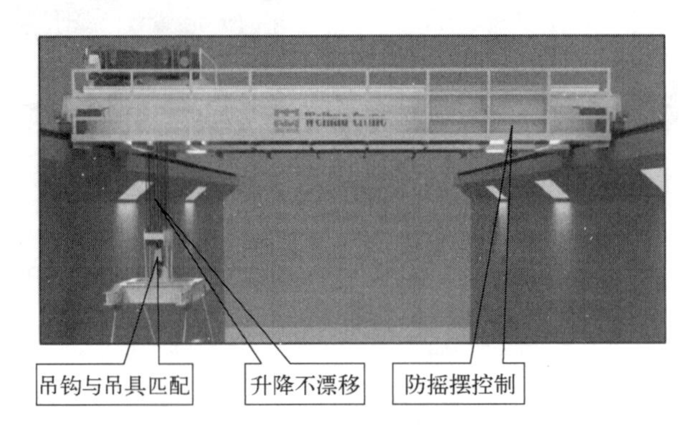

图7-20 起重机多维姿态控制示意图

（2）研究防漏油措施，以提高使用场所的洁净度

通过分析，起重机主要漏油点如图7-21所示。

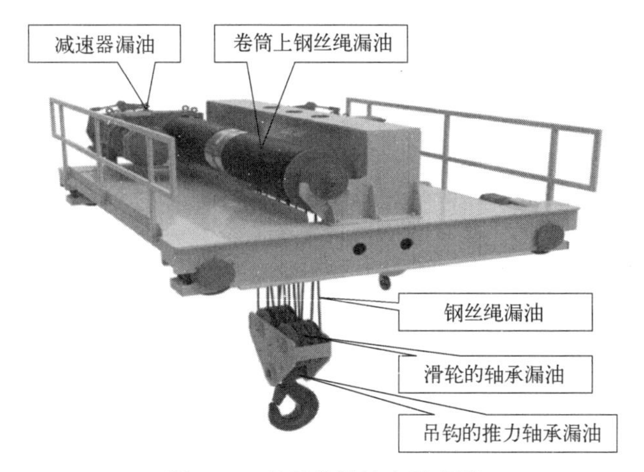

图 7-21　起重机漏油点示意图

7.2.2　具体设计方案

7.2.2.1　整机技术参数

整机主要技术参数见表 7-1，整体结构设计如图 7-22 所示。

表 7-1　整机主要技术参数

起重量/t	200	200/40
工作级别	M5	M5
起升高度/m	36	36/38
起升速度/(m/min)	0.12～1.2	0.12～1.2/0.8～8
小车重量/t	≤22	≤28

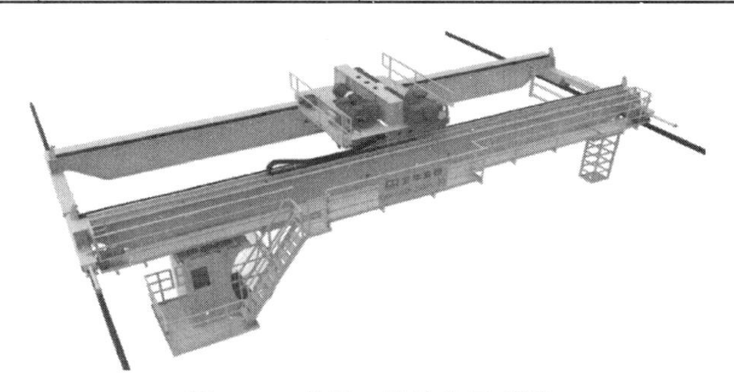

图 7-22　整机三维结构示意图

7.2.2.2　起升机构设计

起升机构为卷扬式结构，主要技术参数见表 7-2，采用两套起升绞车，分别驱动一组吊钩。每套起升绞车采用单电动机、单减速器、单卷筒、双制动器方案，具有自重轻、高度低、振动和噪声小、运行平稳、不啃轨、配置合理、传动效率高、能耗低等优点。起升电动机采用 SEW 公司生产的起重机专用变频电动机，工作制为 S1 连续工作制，防护等级为 IP55，绝缘等级为 F 级，具有热保护功能。起升减速器为 SEW 全密闭硬齿面型，性能可靠，承载能力强，工作噪声小；减速器箱体为整体式箱体，强度高、性能好，同时密封性能好，不漏油；减速器齿轮精度等级为 DIN 6 级。

卷筒采用 Q345-B 钢板卷制而成，卷绕绳槽采用热轧制辊压成型，最大限度地降低因制造误差造成的卷筒重量偏差，毛坯件加工前进行退火以消除应力。主吊钩组采用双排滑轮吊钩组，水平漂移量小，定位精确；吊钩钩头采用 DG34CrMo 钢锻造而成，强度高、尺寸小，使用方便，吊钩可以 360°旋转，有防止滑脱的安全扣。

表 7-2　起升机构技术参数

工作级别		M5
钢丝绳拉力		285kN
钢丝绳直径		ϕ24mm
绳速		9.6m/min
卷筒	底径	ϕ1075mm
	有效容绳量	660m
电动机	型号	DVE280S6(IP55)
	标牌功率	55kW(S3 60%)
	转速	998r/min
减速器	型号	M4PHT90-315-123
	速比	315
制动器	型号	USB3-I-EB220/50-450×30
	制动力矩	2×550N·m

7.2.2.3　运行机构设计

小车运行机构采用了两台 SEW 三合一驱动装置并配套变频调速系统进行变频驱动，启、制动平稳。小车车轮材料采用 65Mn 锻件，车轮踏面和轮缘内侧进行淬火处理，硬度达到 300～380HB；车轮组采用镗孔直接装车轮结构。运行机构设有端部缓冲器及安全止挡装置，同时设有端点限位保护。

7.2.2.4　安全冗余制动设计

起升机构制动采用机械制动和控制制动两种方式。控制制动采用电气式制动，机械制动采用电力液压制动器或电磁制动器，可在突然断电的情况下有效制动卷筒，保证重物不溜钩。平衡臂上还安装有钢丝绳防断保护装置，当钢丝绳发生断裂时，平衡臂失衡，触动开关，机构断电，避免负载自由坠落，如图 7-23 所示。

7.2.2.5　电气控制系统设计

电气控制系统采用 PLC 变频控制，主令控制器、超重限制保护装置、限位开关、超速开关等信号均送至 PLC，由 PLC 程序处理后，发送指令控制各机构动作。为满足 X/Y 方向姿态控制，采用西门子 S7-300 PLC 变频器，同时在起升机构设计有与卷筒同轴的绝对值编码器，卷筒端部带有高度限制器，高度限制器上布置有绝对值编码器，通过 PLC 的逻辑模糊计算功能控制变频器的输出频率，实现两套起升绞车受载均匀、同步作业。还设计有起重机状态监测系统，可显示实时位置参数。

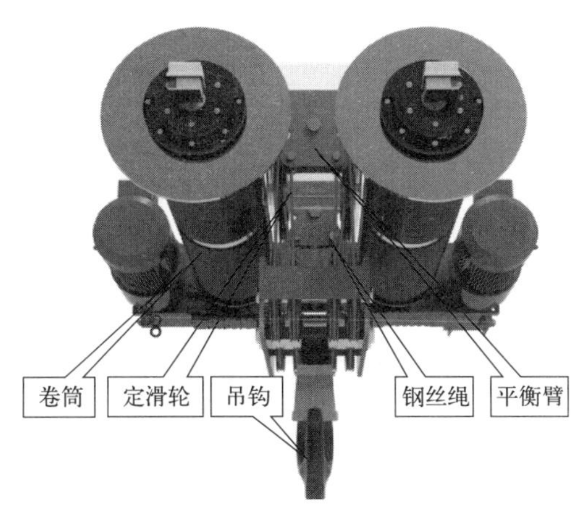

图 7-23　钢丝绳防断保护装置三维示意图

7.2.2.6　起重机吊装姿态控制设计

如图 7-24 所示，对起重机吊装姿态控制进行了分析。

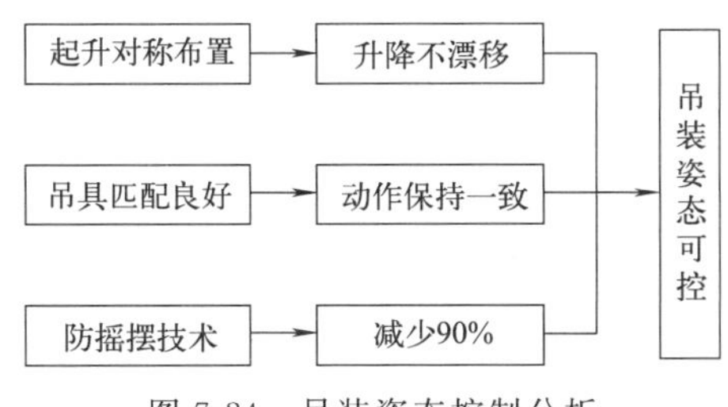

图 7-24　吊装姿态控制分析

(1) 吊钩升降不漂移技术，解决垂直方向姿态控制问题

① 起升对称布置。起升机构如图 7-25 所示，主要部件——电动机、减速器、卷筒等均采用了具有冗余安全特性的对称结构设计、双系统工作方式，可有效避免起升过程中的不稳定性，确保垂直姿态的控制。

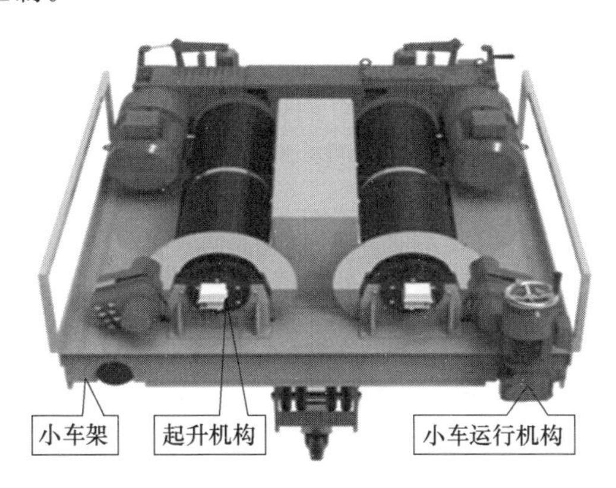

图 7-25　起升机构对称设计三维示意图

② 四绳对称缠绕系统。如图 7-26 所示的四绳对称缠绕结构设计可以保证四根钢丝绳能均衡地分配载荷，并在其中一根钢丝绳损坏时，另外三根钢丝绳能承受住全部载荷，并维持

吊具的平衡，防止正在起吊的重物偏斜、坠落。

钢丝绳对称缠绕方式还可以保证吊钩组始终处于起升机构的中心位置，升降过程中吊钩不旋转、无漂移，有效提高起重机的搬运精度。

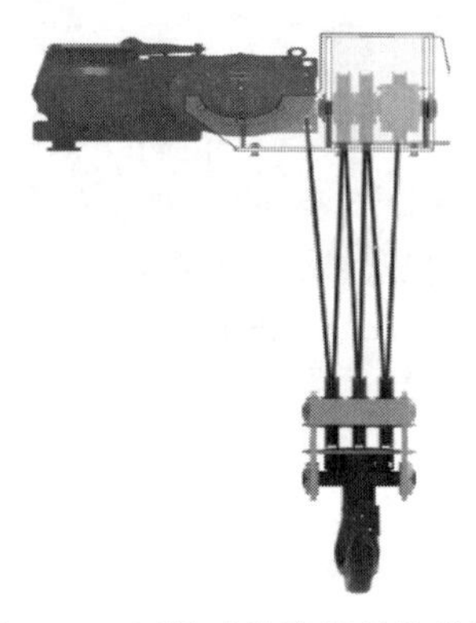

图 7-26　四绳对称缠绕结构设计

（2）防摇摆技术研究，解决水平 X、Y 方向运行姿态控制问题

首次提出了独特的、不同于单摆的控制模型及四种相互关联的高端数学模型，通过研究非对称平衡三相幅值衰减向量防摇摆控制计算方法，实现了对起重机载荷的最佳防摇摆控制；同时，加入弹性模板非线性插值计算法，增加了载荷摇摆特性数学模型的精准度，大幅度提高了防摇摆控制精度；通过“速度-位置”多变量集合控制，使起重机大小车的自动定位及载荷的防摇摆得以同步实现；配合电气驱动及运行系统参数替代自学习控制和目标位置无限逼近控制，提高了起重机运行的平稳性和自动定位控制的精度，减少了在 X、Y 方向上运行时 90%的摇摆幅度，减少了操作时间，提升了吊装安全性。

（3）吊钩姿态及匹配性研究，解决重心不稳产生的姿态不可控问题

① 基于 MEMS 技术的姿态控制技术。如图 7-27 所示，惯性导航系统具有体积小、功耗低等优点，在许多领域得到了应用。对惯性导航技术在起重机吊钩运动姿态检测中的应用进行了分析与研究。针对起重机吊钩这一特定系统，进行了建模，建立了室外不同工况影响模型，如图 7-28 所示，对其运动状态进行了分析，确定了需要测量的物理参量。根据四元数理论建立了微分方程，并由此计算姿态矩阵，从而求得姿态角。MEMS 陀螺仪和 MEMS 加速度计作为惯性导航系统的主要传感器件，它们的精度直接影响整个系统的精度。针对 MEMS 陀螺仪的漂移问题，引入 MEMS 磁性传感器对偏航角进行校正，通过多传感器数据融合算法，提高了姿态角检测的精度。完成了整个系统的软件的编写与调试，并验证了方案的可行性。

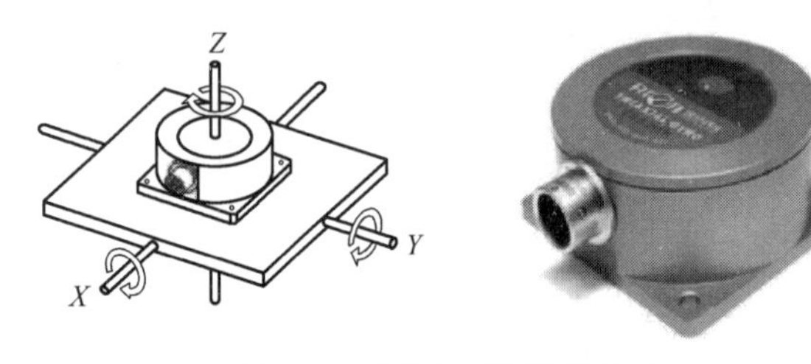

图 7-27　MEMS 陀螺仪外观

② 吊具匹配性技术。如图 7-29 所示为吊具匹配性分析。为进一步控制吊具姿态，吊具选用时必须慎重考虑吊具的末段和辅助附件及起重设备相匹配的问题。如图 7-30 所示，该

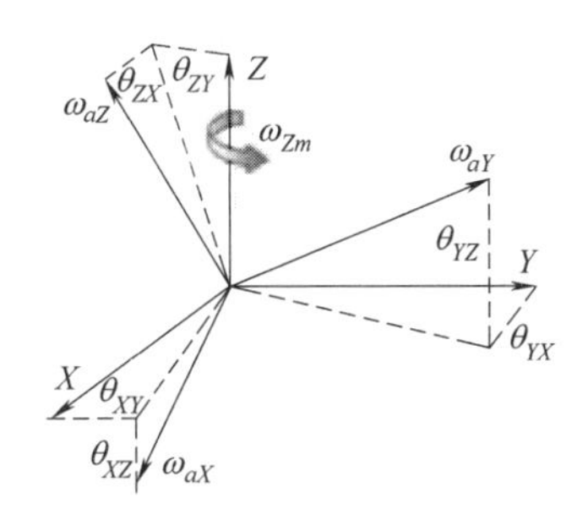

图 7-28　室外不同工况影响模型

起重机设计了专用吊具，采用对称性布置、双滑轮结构设计，吊钩组具有钩头锁定功能，当工作需要时，可通过设置在吊钩螺母上的定位销孔将吊钩钩头锁定在 0°、90°和 270°状态，防止转运时物品与钩头一起旋转。起重机吊钩组轭板上设置有辅助连接板，当起重机进行转运作业时，通过辅助连接板将吊具和吊钩连接起来，控制吊具使之与吊钩的动作保持一致。

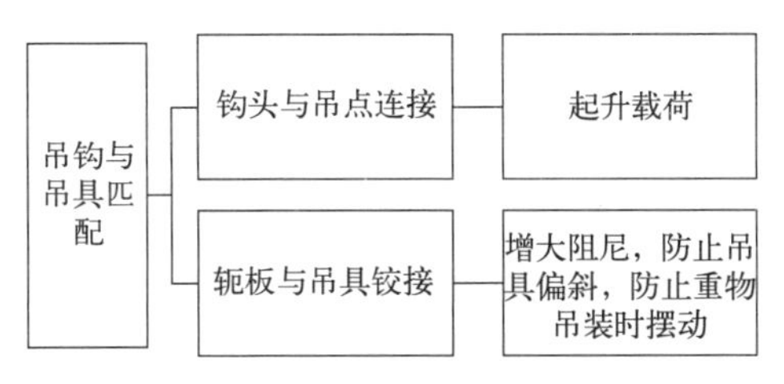

图 7-29　吊具匹配性分析

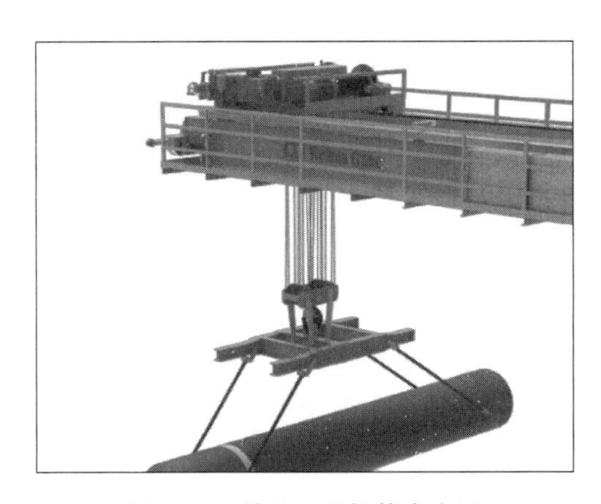

图 7-30　吊具匹配性技术应用

7.2.2.7　防漏油、洁净度技术

如图 7-31 所示，对起重机主要漏油点进行了分析，并采取了预防措施。

（1）防漏油吊钩横梁设计

吊钩横梁上表面采用凹形结构，防止推力轴承的润滑油从吊钩横梁的边缘漏出。吊钩横梁的通孔内部加工了两道沟槽，上面一道放置弹性密封圈，下面一道放置毡圈，可防止推力轴承中的润滑油从下部流出。

（2）采用高强度铸型尼龙材料做滑轮体

采用高强度铸型尼龙材料做滑轮体，内装具有自润滑密封的满装圆柱滚子轴承，具有自

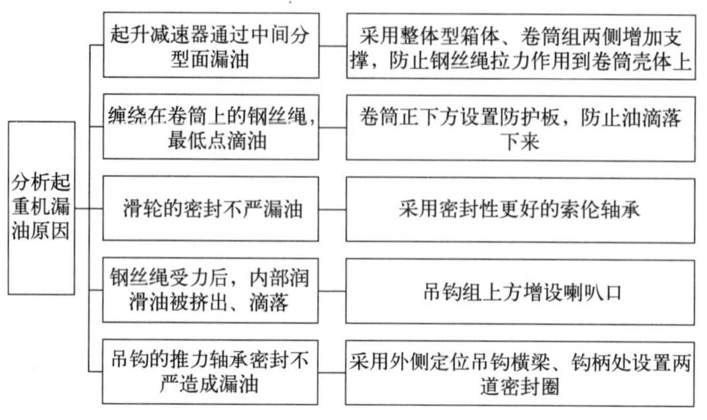

图 7-31　漏油原因及解决方法

润滑特点。轭板采用 WELDOX960 高强度板制作，钩头采用 80 号 T 级，同时可有效避免金属滑轮生锈带来的粉尘问题及铁锈脱落对环境的污染问题。

7.2.3　结论

该汽轮机泵房洁净起重机相比传统起重机具有较高的技术性能要求，经安装检测，该起重机所有技术指标满足预计要求及用户要求，提高了客户的工作效率，为企业开拓了市场，并赢得了市场先机。该起重机在姿态控制技术、洁净度控制技术等方面取得了一定的突破，起重机性能稳定、运行状态平稳，赢得了用户的好评。

7.3　基于模块化主梁的超大跨度桥式起重机结构设计

由于现代制造领域对物料搬运安全性和可靠性的特殊要求，尤其是近年来随着世界经济快速发展，大型仓库、车间等不断涌现，对大跨度起重机的需求十分迫切。加之大跨度起重机设计难度大、生产工艺复杂、安装运输难度大等特点，使核工业领域的大跨度起重机的研发工作举步维艰。为保证设计无差错、生产制造无误差以及安装运输准确无误，采用新原理、新方法、新技术、新工艺生产核工业领域用的大跨度起重机已迫在眉睫。国内一些企业针对核工业领域用的大跨度起重机进行了研发和创新。例如，河南卫华重型机械股份有限公司成功研发了基于组合式主梁的 70m 跨度的桥式起重机，使用效果良好，获得用户好评。

7.3.1　要解决的关键技术

（1）解决超大跨度桥式起重机分段设计合理性及结构优化的问题

由于厂房对起重机总重有严格限制，起重机的主梁如何做到最优的截面尺寸以满足使用及限制条件，桥式起重机如何分段处理才能满足运输、制作及受力最优的要求是研究的主要内容。

（2）解决温度变化引起大跨度桥式起重机跨度与厂房跨度变化不同导致的啃轨问题

为了保证大跨度桥式起重机安全、平稳地运行，根据设计方提供的大跨度桥式起重机所在厂房的结构图及厂房结构随温度变化引起厂房跨度变化的特性曲线图，通过分析对比大跨度桥式起重机跨度随温度变化引起跨度变化的特性曲线，证实两者并不是完全吻合的。如何采用一种可靠的温度-位移检测系统，快速、准确地将温度-位移信号不间断地传输给控制系统，并实时调整目标跨度是研究的主要内容之一。

（3）解决大跨度桥式起重机负载引起主梁挠度不同导致定位精度低的问题

高精度定位是用户对大跨度起重机的首要要求。由于受厂房基础条件限制，对大跨度桥式起重机总重有严格限制，主梁不可能做到足够大。在 70m 超大跨度桥式起重机中，挠度最大可达到 70mm，远远不能满足定位精度要求；相同载荷在主梁的不同位置，主梁的挠度也不完全相同。如何在满足总重及使用要求的前提下，使大跨度桥式起重机能够将不同负载以及处于不同位置的同一负载快速、准确地定位到用户所需的位置是研究问题之一。载荷-位置-位移曲线要反馈到中央处理器，需要开发新程序。

（4）三维空间位置实时检测及反馈

起重机工作过程包含大车运行、小车运行、起升机构上下运行。为了实现搬运的精细调整，起重机要点动，位移要小。控制起重机在立体空间的运行，并将位置数据实时反馈给中央处理器，需要开发新的控制系统。

（5）解决起吊过程中吊物大幅度摇摆的问题

所有柔性起升机构都要面对一个“顽疾”——起升摇摆，减少甚至防止起升摇摆是起重机精确定位的基础。传统起重机有采用刚性导柱实现起吊重物防摇摆的，也有增加起升导向机构减少摇摆的。这些方法制作安装复杂，后期往往不能维护，而且在核工业中，起升高度一般特别高，由于刚性导柱外形庞大、安装粗糙，具有很大的安全隐患。

（6）解决大跨度桥式起重机载荷不同制动距离不同的问题

所有起升机构均存在相同的问题：载荷大，起升机构制动距离长；载荷小，起升机构制动距离短。传统起重机采用的方法是尽可能降低起升机构的速度，并采用配套的变频控制技术，以减小对制动距离的影响，这种方法不仅效率低，而且制动距离不稳定，难以满足核工业领域对高定位精度的要求，无法满足智能识别、反馈控制的条件。

（7）解决大跨度桥式起重机大车同步性差、稳定性差的问题

对于大跨度桥式起重机，由于载荷位置不同，其两侧的大车电动机的运行特性不同：载荷端电动机的转速较慢，另一端较快，运行不同步。传统起重机常采用水平轮导向的方法实现同步运行，这种方法常用于小吨位、小跨度起重机。对于核工业领域用的大跨度桥式起重机，如果只采用增加水平轮，由于侧向力很大，对厂房结构有很强的破坏性，并且制作复杂，不易维护，存在很大的安全隐患。在大跨度桥式起重机上实现大车电动机运行的同步，仅仅依靠机械方法是不能解决的。

（8）解决大跨度桥式起重机在生产制造中存在变形大、装配精度差的问题

对于大跨度桥式起重机，由于受结构件重量、运输条件及装配精度的限制，在工艺文件编制时存在大量的精度控制要求难以满足的情况。常规产品没有此类苛刻的条件限制，不具备参考性。通过合适的工装及高精度的加工设备及合理的工艺文件来解决生产制造中所产生的各种问题。

7.3.2 产品的整体结构设计和技术参数

综合以上问题，研发了 QD50/20T-70M A5 高定位精度、70m 超大跨度起重机，参数见表 7-3。

表 7-3　产品主要技术参数

项目参数	数据	
额定起重量/t	50/20	
跨度/m	70	
整机工作级别	A5	
起升高度/m	26/27	
起升速度/(m/min)	0.38～3.8/0.6～8	
小车运行速度/(m/min)	3.2～32	
大车运行速度/(m/min)	4～40	
机构工作级别	小车 M5	大车 M5
电气控制	整机 PLC+变频控制	

7.3.2.1　总体方案

首先满足高安全性能、高定位精度要求。整体结构如图 7-32 所示，主要考虑钢结构布置、小车机构布置、大车机构布置、移动司机室布置，综合考虑控制方法（采用全变频+PLC 系统）、整机的防护保护、自动定位系统的安装方法等。

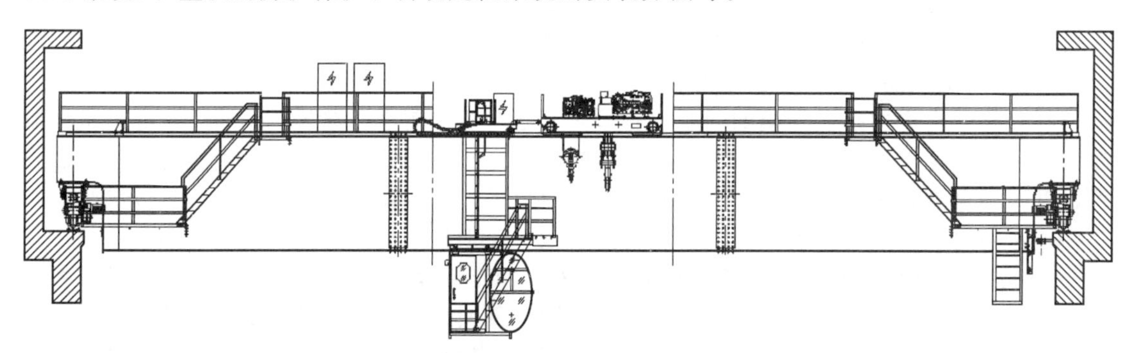

图 7-32　总体方案

7.3.2.2　桥架布置方案

传统桥式起重机由于跨度较小、定位精度要求不高，均不考虑环境温度对跨度造成的影响；而核工业领域定位精度要求高，厂房结构要求严格，设计单位提供了当地气候条件变化下厂房钢结构跨度的变化曲线，70m 超大跨度起重机跨度受温度变化影响较为明显，其温度-位移变化曲线与厂房变化曲线并不完全吻合，如不考虑，安全隐患大。如图 7-33 所示，主梁采用三段式模块化设计、销定位法兰连接方式，通过 ANSYS 三维建模分析，理论上确定了在不同温度下主梁结构在跨度方向的伸缩量。自主开发了自适应液压调整技术，即在制造过程中，每辆主台车处安装有液压传动系统，可根据中央处理器指令对 70m 超大跨度桥式起重机运行台车进行跨度方向的调整，以使不同温度下起重机跨度与厂房跨度相一致。根据大跨度起重机挠度大、不同载荷及相同载荷在不同位置挠度不同的特点，通过大量理论及实验数据的对比分析，并将结果数据存储在处理器中，根据在实际应用中载荷的大小及相对位置，通过中央处理器将结果数据补偿在起升机构高度仪中，得到更高的运行定位精度。

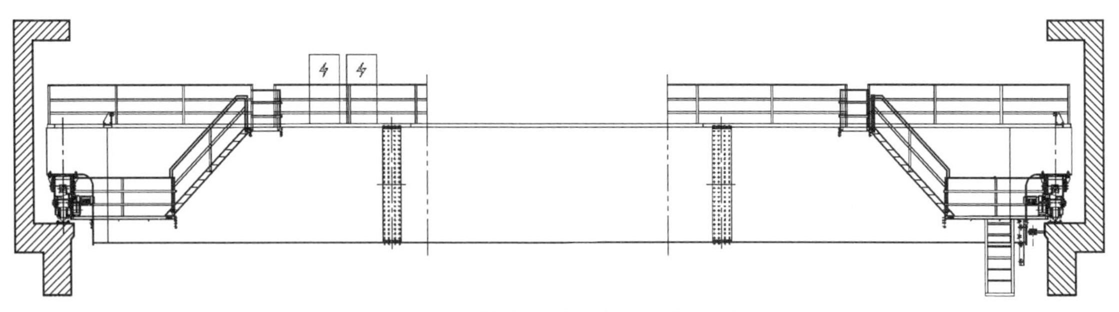

图 7-33　模块化分段主梁桥架设计

7.3.2.3　小车机构的布置

采用电动机与减速器直连的结构形式，传动链少，传动效率高，安全性能高，既提供了安全、可靠的起升条件，又在尽可能压缩成本的情况下减小了外形尺寸，扩大了起重机的作业范围。

起升机构采用一种刚性法兰卷筒组，解决了轴承安装时轴承座轴向间隙及卷筒组在运行过程中的变形造成的卷筒轴向上的自由端窜动对机构的影响，而且机构拆装方便，使用维护过程中的工作量很小，再次装配时，只需要通过定位螺栓定位后进行螺栓连接，对装配精度没有特别的要求。整机在试验台上进行了静载和动载试验，如图 7-34 所示，各项指标满足技术要求。

图 7-34　正在试验台上检测的 70m 超大跨度桥式起重机

7.3.3　关键技术设计方案

7.3.3.1　解决能量回馈难题，实现节能减排

起重机在下降过程及减速运行中，起升电动机的发电量往往较大，电动机处于再生制动状态（发电状态）。当电动机处于发电状态时，变频器上直流母线的电压会升高，当升高到设置的电压阈值时，回馈单元将投入使用，回馈制动是能够利用多余直流电能的一种制动方式。当变频器直流回路的电压超过上限值时，回馈单元能把直流电逆变为三相交流电，反馈给电源，回馈单元可以把电动机在下降过程中所产生的再生电能回馈到电网，无须再使用外接制动电阻，节能环保，故起升机构采用“变频器＋回馈制动单元”的控制系统。

7.3.3.2 小车运行机构设计

小车运行机构采用起重机专用三合一减速电动机装置驱动，如图 7-35 所示，其结构紧凑、维护方便，变频系统可提供平滑的加速特性和多种运行速度，启制动平稳、操作简洁、定位准确。车轮组采用整体式车轮组，由于采用特殊的支撑面设计，该车轮组可以非常方便、快捷地从端梁中退出更换，而不需要特殊的工具。起升机构零部件特点见表 7-4。

表 7-4 大跨度桥式起重机起升机构零部件特点

零部件	硬齿面减速器	钢管卷筒	轧制滑轮	65Mn 锻造车轮	端梁、小车架（整体加工）
备注	硬齿面安全性高、噪声小	钢管卷筒性能好、安全性高	轧制滑轮性能有保证、寿命长	锻造车轮使用寿命更长	车轮等安装精度高，防止跑偏和啃轨

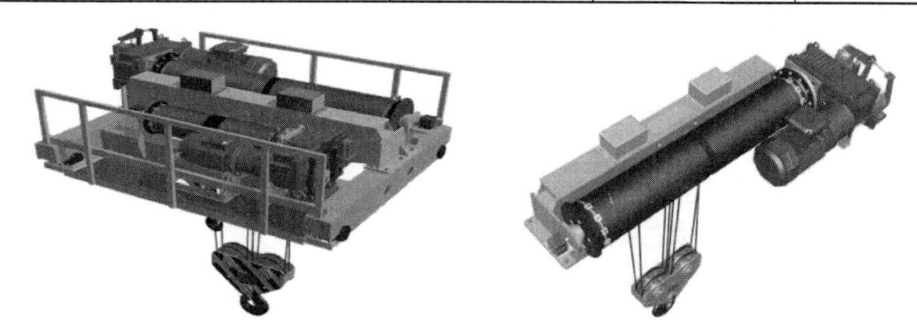

图 7-35 直联式的小车及起升机构

7.3.3.3 起重机运行机构采用自适应纠偏技术，满足同步运行要求

由于跨度大，而且吊物位置及大小不确定，桥式起重机跨端每侧所受载荷也不尽相同，电动机运行特性的差别将导致运行中跨度两端运行速度不一致，造成“啃轨”的发生。要实现 70m 超大跨度桥式起重机自纠偏与强制纠偏相结合，就要采用起重机大车自动纠偏控制系统，在大车车轮上加装增量编码器及在端梁下部增加水平轮机构。在各车轮上安装增量编码器，用于检测两根轨道上车轮旋转量的差值，然后反馈给控制系统，由 PLC 对电动机转速进行强制改变，实现车轮运行的同步。在端梁下部安装水平轮结构，如图 7-36 所示，用于抵消大车偏斜运行产生的水平偏斜力，也可起到导向作用，防止车轮外缘磨损，最终实现车轮运行的同步。

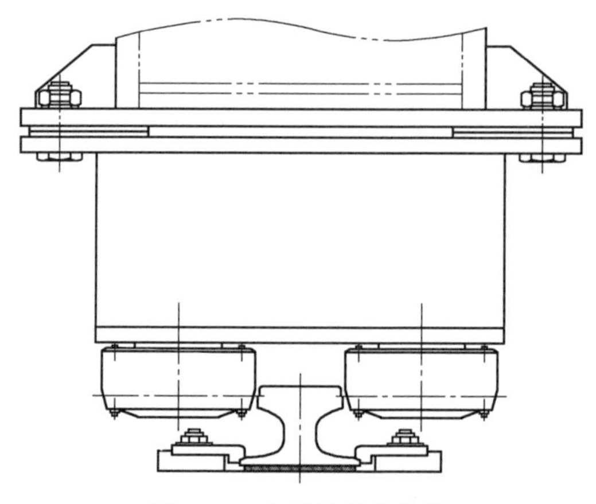

图 7-36 水平轮结构设计

7.3.3.4　移动司机室的设计

大跨度桥式起重机由于小车运行距离大，操作人员视野范围小，因此一般应进行移动司机室操作或地面遥控操作。常规起重机独立移动司机室主要位于主梁下方，需要单独配备轨道、滑线、运行机构等，制作工艺复杂且运行故障点多，不推荐使用。非独立移动司机室是一种与小车机构连接在一起的移动司机室，安装在副小车上，副小车与主小车之间采用铰轴连接，在主小车运行时司机室跟随副小车一起移动，操作人员可更清楚地看到吊钩的运行和地面指挥人员的手势，使起重机的操作更具实际意义，如图 7-37 所示。在移动司机室的连接架上增加设计橡胶弹性缓冲垫，将减少移动司机室运行过程中产生的冲击晃动，增加操作人员在移动司机室内的舒适感。移动司机室与副小车之间采用框架结构连接，具有极高的可靠性、安全性和稳定性。

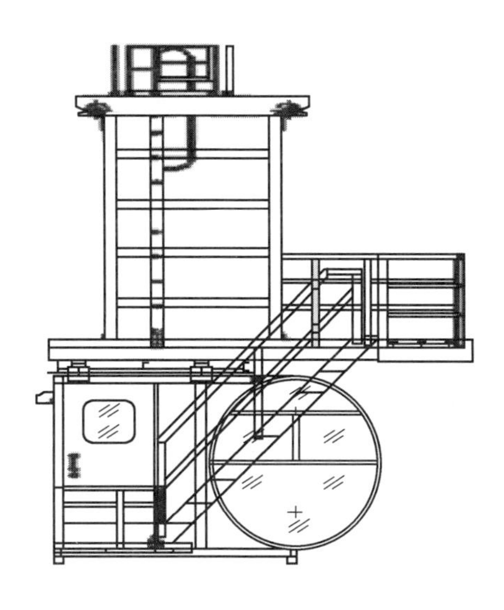

图 7-37　移动司机室

7.3.3.5　电气控制系统的设计

起重机全车采用变频控制，使用西门子 S7-300 可编程控制器，其通过 Profibus-DP 实现与变频器之间的通信，起升卷筒加装增量编码器，用于吊钩起升高度的测定。大小车运行方向使用倍加福 WCS 位置编码系统来测定。同时，起重机增加了工控上位机，用来实现对整机的监控及记录。基于以上设备，电气控制系统具备以下功能：①电气防摇摆功能；②自动定位功能；③三维空间位置检测功能；④过程控制保护及安全监控功能；⑤下降制动距离高度补偿功能。

（1）电气防摇摆功能设计

防摇摆功能基于 PLC＋变频器，通过建立起重机载荷摆动的数学模型，明确吊重摆幅与大小车运行加减速之间的关系，变频器实时调整运行速度以消除摇摆。电气控制系统如图 7-38 所示，消除了等待载荷停止摇摆的时间，使起重机的工作效率提高为原来的 1.3 倍以上，同时提高了起重机操作运行的安全性，降低了对吊物和作业区域人员产生伤害的风险。

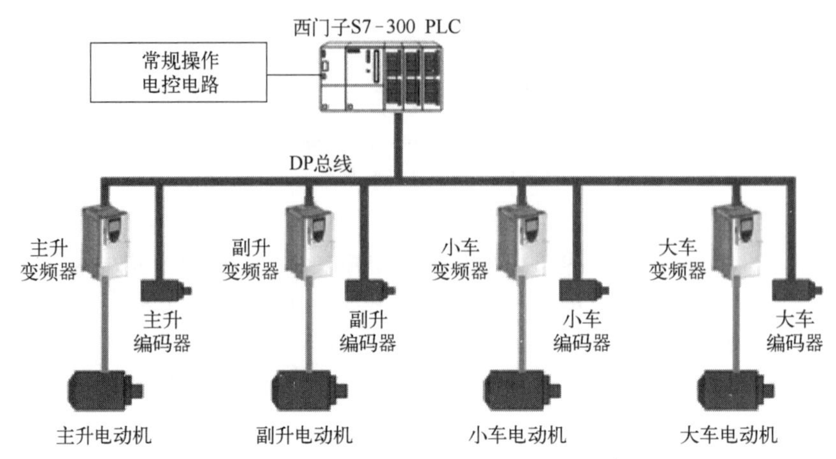

图 7-38　电气控制系统

（2）高精度定位装置，满足物料搬运高准确性要求

自动定位系统采用直线位置编码系统来进行位置测定。其是通过 U 形读码器以红外光对射方式阅读编码尺。把读码器放在编码尺上，每隔 0.8mm（WCS3B），或 0.833mm（WCS2B），读码器就会探测到一个新的位置，它无须参考点/原点，而且没有时间延迟，就能计算出位置值/位置信息和诊断数据，并通过接口模块（Profinet，Profibus）在各种网络中传输，最终送至控制器。在引导触轮上设计有清洁刷 WCS2-GT-BR，运行过程中可自动清洁编码尺。

（3）三维空间位置检测

起重机配备有工控上位机，可实现起重机全方位三维运行的监控。通过 Pro-E 软件或 SolidWorks 软件绘制出起重机的三维图纸，下载到工控机中进行显示。起升机构上增量编码器以及大车 WCS 编码系统反馈回来的位置，通过 PLC 处理传输到上位机中，在上位机中进行起重机运行的三维显示，并实时显示起重机各机构的运行状况，可方便查询及下载。通过设计起重机完整的闭环系统，实现运行机构、起升机构三维空间的位置检测和反馈。

（4）安全监控及过程控制保护

起重机配备的工控上位机能够实时显示起重机的运行信息及故障信息，能够实现安全监控，如图 7-39 所示。起重机为自动控制，具备各种保护措施，如位置检测保护、信号接收同步保护、单一故障保护等，以确保起重机自动控制系统能够正常运作。

（5）下降制动距离高度补偿功能

起重机上存储有不同载荷下起升机构的制动距离参数，根据起重机应用中实际的载荷量读取相应的数值，并根据所要求的移动距离通过处理器对制动距离进行数据补偿，以满足对高精度定位的要求。

7.3.4　结论

该产品的多项技术创新点在国内外属于独创，对超大跨度起重装备的研发和技术创新起到了积极作用，全方位地提升了国内企业超大跨度起重装备的设计和制造水平，填补了国内技术空白，实现了对进口产品的替代。

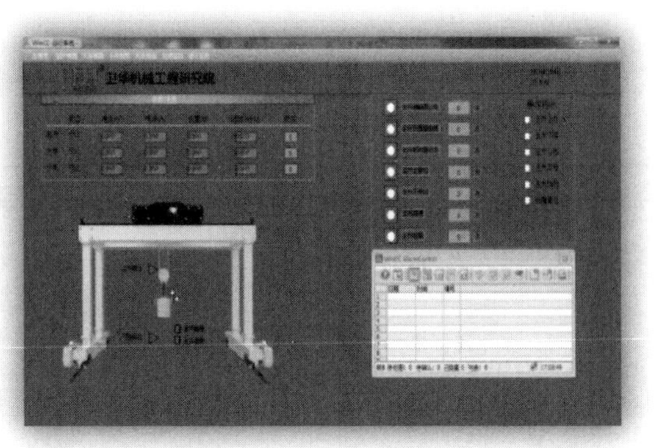

图 7-39　多维度安全监控系统

7.4　基于信息化管理的铁路货场集装箱门式起重机

随着我国“一带一路”倡仪的推进，我国与周边国家的贸易往来越来越频繁，带动了内陆货物运输量的迅速增长。现代化的集装箱运输要求高效、安全、快速，然而我国大部分铁路货运站的集装箱装卸设备相对简单、传统，集装箱在运输过程中的识别、流转仍然依赖于货单这个媒介，集装箱的信息收集、跟踪监控以及供应链管理总体处于手工或半手工状态，作业效率低，难以满足日益增长的装卸作业需求。针对现代集装箱物流业对专业集装箱装卸设备的需求，在对物联网技术、起升机构防摇系统、电气控制系统和信息管理系统进行了深入研究的基础上，研发出的产品具有信息化和自动化程度高、防摇效果好、可实现远程操作及群控作业、绿色节能、经济性好等特点。

7.4.1　产品设计整体思路及关键技术

产品整体结构如图 7-40 所示。该产品综合运用物联网技术、具有自主知识产权的世界首创的复合防摇摆技术、PLC 和变频控制技术、信息化管理技术、能量回收综合利用技术等开发而成。利用射频识别技术，采用读写器实时读取集装箱上的电子标签信息，通过无线通信网络将相关信息自动传输到中央信息系统，结合起重机上的 GPS 设备和起重机自定位技术，实现对集装箱的识别和定位，可以实现货物位置的优化分配及堆场空间的合理利用。产品在工作中的实际应用如图 7-41 所示。

7.4.1.1　基于 RFID 自动识别的集装箱起重机物联网技术

（1）基于射频识别技术（RFID）的电子标签采集技术

集装箱信息的采集、跟踪和监控及供应链管理在集装箱运输过程中至关重要。本节采用射频识别技术读取集装箱上的电子标签以采集集装箱信息，如图 7-42 所示，通过无线通信网络传输到中央信息系统。起升机构和大小车运行时，采用编码器实时采集吊具的三维位置信息，结合 GPS（全球定位系统），通过对吊具的定位实现对集装箱位置的定位，以及对集

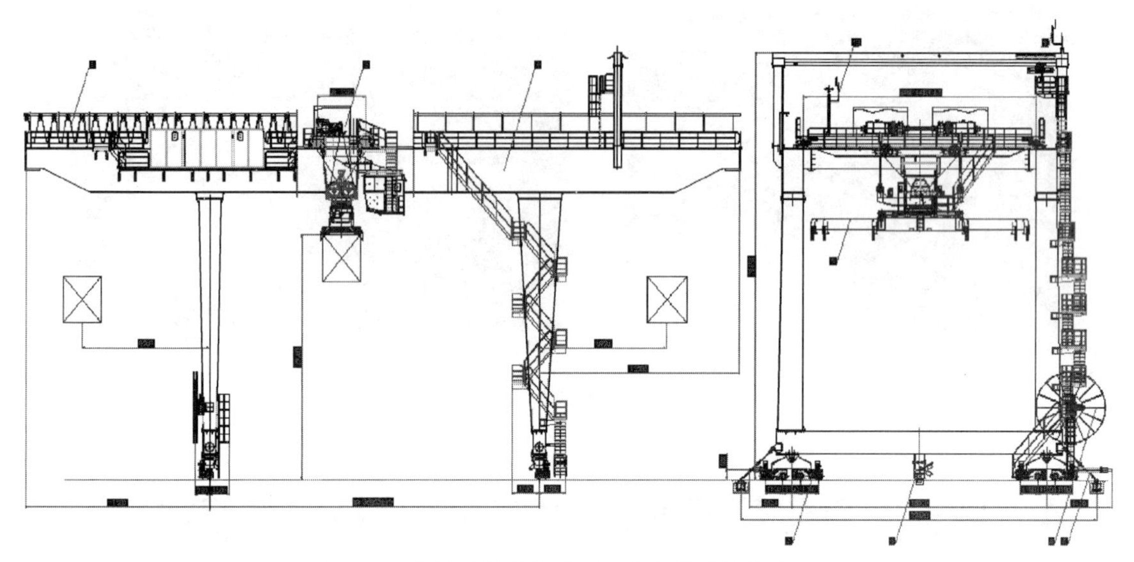

图 7-40 铁路集装箱门式起重机整体结构示意图

图 7-41 工作状态的铁路集装箱门式起重机

装箱的全程追踪、信息共享和可视化供应链管理，从而消除集装箱在运输过程中可能产生的错箱、漏箱事故，保证运输的安全性和可靠性，实现货物位置的优化分配，全面提升集装箱物流的服务水平。

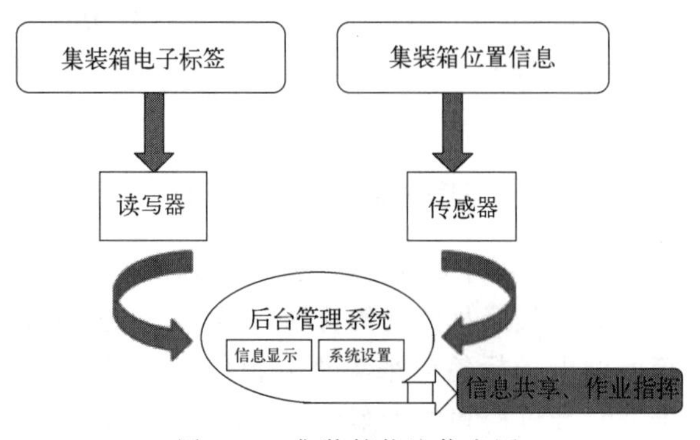

图 7-42 集装箱物流信息图

（2）码头管理系统（TOS）

箱位检测和堆场管理系统（PDS）如图 7-43 所示。通过图形化堆场仿真，可以实时确认操作箱位置，及时了解堆场的工作状态，使任务调度更加合理。通过与 STS、ARMG 进行数据通信，指挥 STS、ARMG 作业。

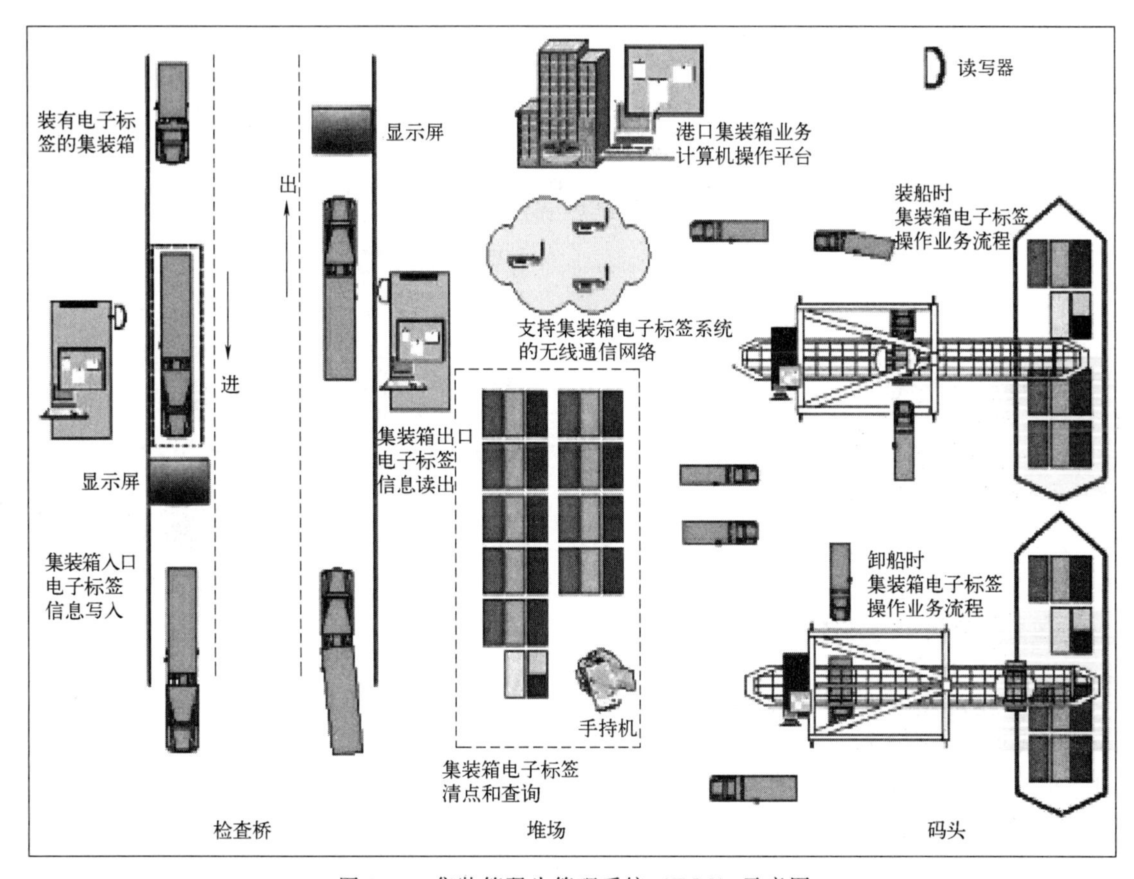

图 7-43　集装箱码头管理系统（TOS）示意图

（3）铁路集装箱起重机管理系统（ARMG-MS）

铁路集装箱起重机管理系统（ARMG-MS）管理整个堆场所有 ARMG，把 TOS 相关调度任务解析为 ACCS 可识别的宏指令，调度 ARMG 进行各类集装箱操作，使同一个堆场内的多台 ARMG 能够协同作业。

ARMG-MS 依据合适的任务调度策略保证 TOS 任务高效执行，依据合适的规则分配设备保证任务可靠执行、负载均衡，实时动态安全控制机制保证设备运行安全、流畅、高效。

7.4.1.2　电气机械复合防摇摆系统

本小节讲解一套世界首创的电气机械复合防摇摆系统，同时优化设计了起升防摇摆一体式起升缠绕系统，既满足防摇摆的要求，又可省去单独的防摇摆缠绕系统，简化了机构，提高了机构的可靠性和稳定性。

（1）世界首创的十二绳防摇摆钢丝绳缠绕系统

该防摇摆钢丝绳缠绕系统集起升与防摇摆功能于一体，独特的缠绕方式使十二根钢丝绳在小车和吊具之间的四个平面内形成六个等腰三角形斜拉，如图 7-44 所示。其中，吊具上架四个角点处有四个滑轮，使从小车卷筒上垂下的钢丝绳穿过滑轮后形成小车方向的斜拉，而在小车上布有导向滑轮，将钢丝绳引向大车运行方向，最终利用螺旋扣将钢丝绳端固定在吊具上架上。由于钢丝绳在各个方向的斜拉对称并且钢丝绳拉力相等，当起升机构正常起升时，十二根钢丝绳共同、均匀受力，保证吊具的平稳起升。如图 7-45 所示，当吊具和集装箱沿大车或小车方向摆动时，吊具的水平移动造成摆动方向上的钢丝绳拉力不平衡，合力总是使吊物趋向反向摆动，形成防摇摆效果。由于此防摇摆系统是利用摇摆自身产生的物理变化起作用，因此防摇摆作用直接、明显，干扰因素少。相比独立式机械防摇摆系统，此缠绕方式集起升和防摇摆功能于一体，结构简单，维护量小，可靠性高，整体防摇摆效果突出。

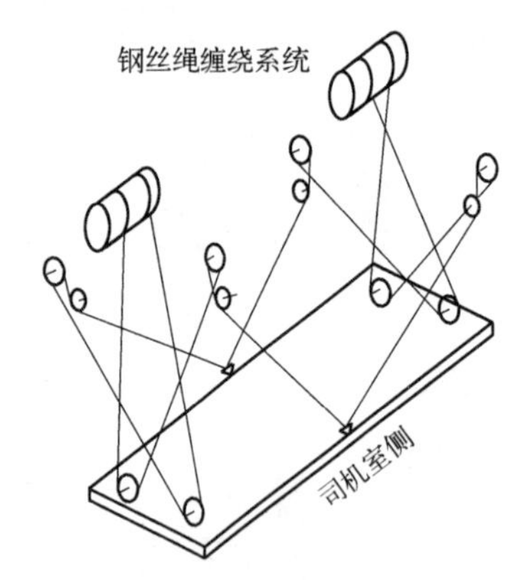

图 7-44　十二绳防摇摆钢丝绳缠绕系统

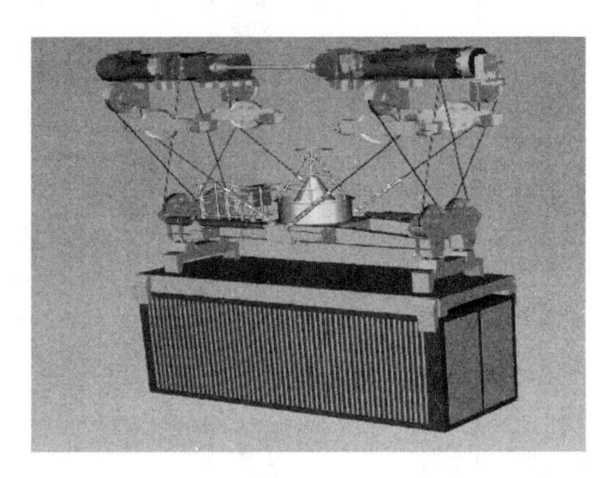

图 7-45　十二绳防摇摆起升机构

（2）国际领先的电气防摇摆技术

该成果采用基于弹性模板的非线性插值计算法、非对称平衡三相幅值衰减向量防摇摆控制计算方法、速度和位置双变量防摇摆自动定位同步控制、减速过程运行距离在线重复迭代自学习控制、变减速度单侧无限逼近速度和位置双变量反馈控制等技术，建立了实际起重机载荷摇摆的精确数学模型，实现了实测起重机载荷摇摆特性和理想悬挂物摇摆特性的数据融合及运行速度平滑变化，并应用于起重机载荷防摇摆控制，实现了预定目标位置一次到位、无须位置重复调整、自动定位位置误差无限小的精确自动定位控制，定位误差小于 5mm，摇摆幅度减少 95％以上，硬件控制原理如图 7-46 所示，为智能化“起重机器人”的研发奠定了基础，整体技术处于国际领先水平。

7.4.1.3　基于 CMS 的起重机信息化控制管理系统

该成果集成了物联网等多种信息系统，机构运行可以实现精确定位，同时整机信息管理水平高，集成难度大。

（1）先进、高效的电气控制系统

该成果创新性地采用常规的 PLC＋变频器＋普通电动机控制方案，以 PLC 作为控制器，采用位置、速度双变量反馈控制方法，实现了起重机的防摇摆自动定位控制，如图 7-47 所示。防摇摆自动定位控制系统在控制执行机构运行时，不需要生成执行机构的运行轨迹，只需计算输出运行机构即时的目标速度，通过变频器和电动机驱动，控制执行机构的运行。

（2）起重机管理系统

集装箱门式起重机功能复杂，在设备运行过程中有许多机构的运行状态需要实时监控，

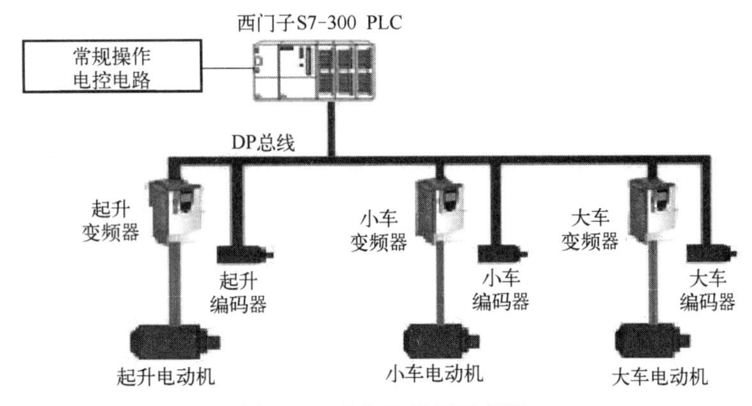

图 7-46　电气防摇摆示意图

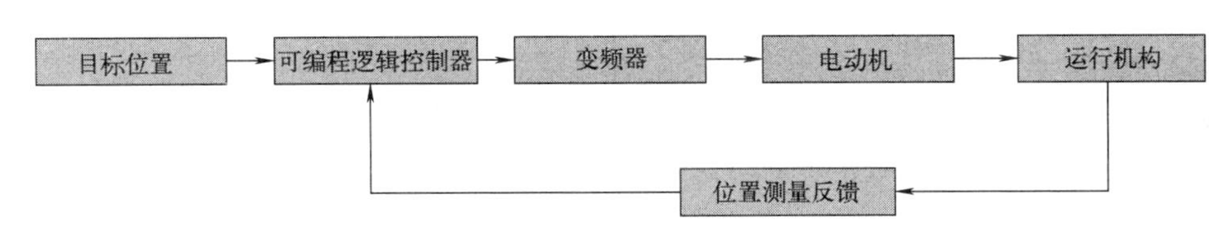

图 7-47　自动定位控制系统原理示意图

对起重机信息管理提出了很高的要求。起重机采用带有必要的传感器及变送器的起重机管理系统（CMS），如图 7-48 所示，它能够与可编程逻辑控制器（PLC）联合工作进行连续的监控、诊断及依附于起重机操作系统的数据采集，状态与驱动性能［包括交流供电、交流电动机控制、操作控制、安全联锁及必要的元件（如电动机、卷筒等）］信息被获取并显示在屏幕上，以评估起重机的机械装置。

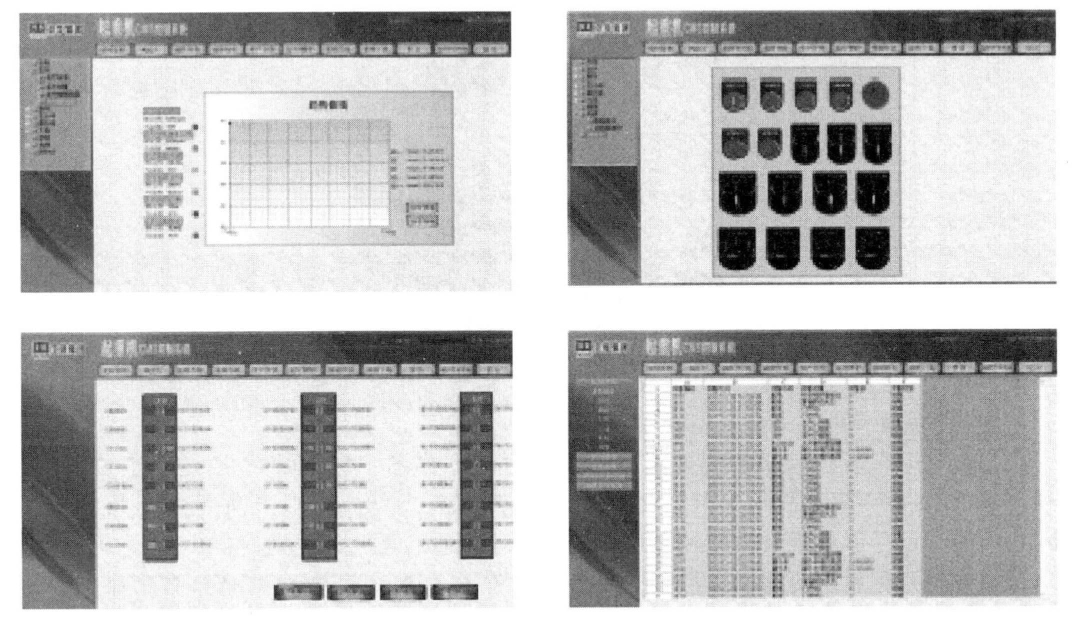

图 7-48　起重机管理系统

其详细功能如下：

① 记录电气系统及子系统的状态与操作日期，实时监控对起重机固有功能起关键作用

的基本元件及钢丝绳润滑系统。任何起重机机构与元件的工作状态都实时显示在屏幕上。

② 对起升机构、大车运行机构、小车运行机构电动机的温度进行监控，并一直显示在屏幕上。对所有电动机的操作电压、电流及速度也进行监控。用于报警与关断各自系统及元件的限定值能够由安装工程师很容易地进行调整。

③ 所有安全联锁装置、制动器、换气扇、电气房与高压房的空调、急停开关等的状态及故障显示在屏幕上。

④ 将上述提到的状态数据储存起来并易于回查，以便诊断故障。故障前及故障发生时所选择的起重机的功能信息也进行存储。提供故障诊断与帮助界面，以提示维修技术人员故障的种类及排除措施。故障诊断功能附带一个专家系统，可以帮助缩小故障范围到具体的元件、联锁装置及开关等。这个系统结合了企业多年积累的起重机制造经验，可以解决大部分常见问题并提出解决这些问题的措施和建议。起重机所发生的故障都可以被记录下来以备后期随时查看。

⑤ 起重机管理系统能够提供操作数据，如根据尺寸与重量统计的集装箱数量，起重机操作及闲置时间，主起升电动机、小车电动机及大车电动机的工作小时数，起重机使用时间及集装箱操作速度等。这些数据可以根据时间范围形成趋势图。所有数据都可被储存起来并在屏幕上查看或打印。

(3) ARMG集装箱防撞控制系统

针对集装箱轮廓采用了激光扫描智能识别技术，如图7-49所示，防护区域的形状可以任意设置，并且可以由上位机根据不同工况切换不同形状，防止装卸、运行过程中产生“碰撞”。

图7-49 激光防撞系统

(4) 集装箱卡车（集卡）引导信息化系统

在集装箱卡车装卸区配备集卡引导信息化系统，如图7-50所示，通过集卡位置信息、交通灯和LED数字显示提示集卡位置与正确停靠位置在大车方向上的距离偏差值，引导集卡司机向前、向后移动集卡，使集卡快速、准确地停靠到正确的位置。

该引导信息化系统的信息提示合并在作业任务信息提示交通灯和LED数字显示中。平面X、Y轴误差率小于5cm，满足集装箱卡车内外双车道定位的要求。

7.4.1.4 大车运行自动纠偏、平衡台车架等技术的应用

自主开发的大车纠偏装置，利用电气技术检测两侧大车运行状态，调整两侧大车运行速

图 7-50　集装箱卡车引导至吊装区域

度，可有效防止偏斜运行，避免“啃轨”现象的发生。

7.4.2　与国内外同类技术比较

本成果设计研发的基于物联网技术的十二绳防摇摆集装箱门式起重机利用射频识别技术（RFID）、精确自动定位技术采集集装箱上的电子标签信息和位置信息，通过无线通信网络把它们自动传输到中央信息系统，进而控制起重机的作业。利用采集到的信息，可以对集装箱的运输过程进行全程追踪、信息共享和可视化供应链管理，大大提高了起重机作业的自动化程度。自主开发了十二绳防摇摆起升机构，通过钢丝绳缠绕的方式在小车和吊具之间的四个平面内形成六个等腰三角形，结合自主发明的电气防摇摆技术，很好地实现了起重机在大车、小车两个方向上的防摇摆。经检测，额定载荷时，箱底离地面 2.5m 以上，大车或小车全速运行，正常刹车制动，停车后 5s 内，吊重最大摆动幅度控制在±50mm 以内，防摇摆效果远优于国际通行的±100mm 标准。整机采用智能监控管理系统进行整机运行数据的收集管理，实现实时状态监测和故障诊断。

7.4.3　结论

该成果在物联网技术、信息化集成管理调度技术、视觉识别技术、电气防摇摆＋十二绳防摇摆结构设计技术方面属世界首创，企业收获哈萨克斯坦 IGT 公司、RHC 公司等多批订单，实现了“中国制造”走向世界。设备投入运营后，用户反映良好，为内陆的铁路集装箱枢纽建设提供了性能可靠的物流装备，为我国“一带一路”倡议的推进提供了有力的支撑，实现了较大的经济效益和社会效益。

7.5　具有能量回收特性的内转子永磁同步电动机无齿轮传动起重机结构设计

目前的各种起重机械中，由感应电动机配合减速器构成的驱动系统占据绝对主导地位。近年来，随着具有快速电流跟踪功能的变频装置、DSP 信号处理器以及高性能钕铁硼永磁材料的出现，永磁同步电动机及其控制技术发展迅速，其易用于低速直接驱动，可省去齿轮减速装置。永磁同步电动机无齿轮传动已成为起重机械发展的趋势。

与感应电动机驱动方案相比，如表 7-5 所示，永磁同步电动机驱动方案具有高效节能、高功率因数、无须减速器、节省空间等优点，而且由直驱型低速外转子永磁同步电动机构成的起重机驱动系统可以带来系统级的性能提升，这些已经成为行业共识。目前的问题已经不是哪种电动机性能优劣的问题，而是如何使永磁同步电动机系统适用于各种起重机械的问题。

表 7-5　与感应电动机驱动方案比对

参数	永磁同步电动机驱动	传统起重机(感应电动机驱动)	欧式起重机(感应电动机驱动)
起吊吨位/t	20	20	20
额定功率/kW	22	22	22
额定电压/V	380	380	380
额定转速/(r/min)	17.5	17.5	17.5
额定电流/A	36.5	44.7	44.7
速度调节范围	可实现无级调速	不能实现	不能实现
微速运行	可实现精确定位，低速 1∶30 运行	速比超过 1∶10 即不能实现	速比超过 1∶10 即不能实现
空载超速	1.5 倍超速	1.4 倍超速	1.4 倍超速
频繁启停	频繁启停对电动机无影响	频繁启停电流大，电动机发热大	频繁启停电流大，电动机发热大

7.5.1 永磁同步电动机设计关键技术

永磁同步电动机的体积或转矩/功率密度由转矩能力决定。在额定转矩确定的情况下，一方面可以通过电动机优化设计减小体积或改善转矩/功率密度；另一方面，电动机体积或转矩/功率密度与电动机中所采用的永磁材料的性能及材料用量密切相关。

目前最适合此电动机的永磁材料是钕铁硼永磁材料。近几年随着钕铁硼永磁材料价格的下降，钕铁硼永磁材料已经具有非常高的性价比，这也是可以研制直驱低速永磁同步电动机的必要前提条件，使研制具有了可行性。

在电动机设计中，可以选择磁能积大于等于 40MGOe（$1MGOe=7958kJ/m^3$）的钕铁硼永磁材料，其具有较高的性能，同时温度范围又能够满足电动机的需求，如 SH 或 UH 温度等级的钕铁硼永磁材料。钕铁硼永磁材料温度等级的选择是与电动机的电磁设计和散热设计相关的，通过温度场计算可以精确地确定。

另外，电动机性能和成本与电动机中所采用的永磁材料的用量密切相关。由于要求该电动机的转速要非常低，并且具有非常高的转矩密度，电动机设计中需要合理选择电动机结构，并且在电磁场计算基础上进行精确的电动机性能仿真，优化电磁参数和关键波形。关键的电动机设计内容包括电动机齿槽配合及绕组结构形式设计、高电磁负荷电动机设计、主磁场波形设计、强电枢反应磁场作用下的永磁抗失磁计算、定位转矩抑制等。

通过合理的电动机设计及优化，可以做到在保证电动机性能的同时，永磁材料用量尽可能少，以有效降低电动机的成本。根据电动机尺寸要求及技术指标，给出了两个电动机初步设计及计算方案，包括不同齿槽配合的分布式绕组电动机设计方案与集中式绕组电动机设计方案。通过电磁场计算，两个方案均可以实现电动机额定性能指标。如图 7-51、图 7-52 所示。

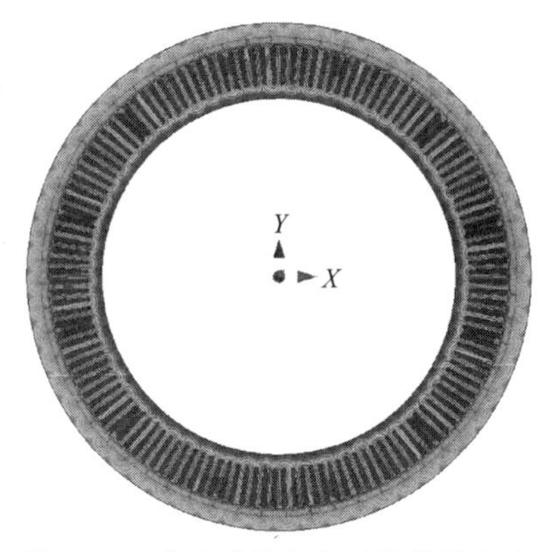

图 7-51　分布式绕组电动机设计方案

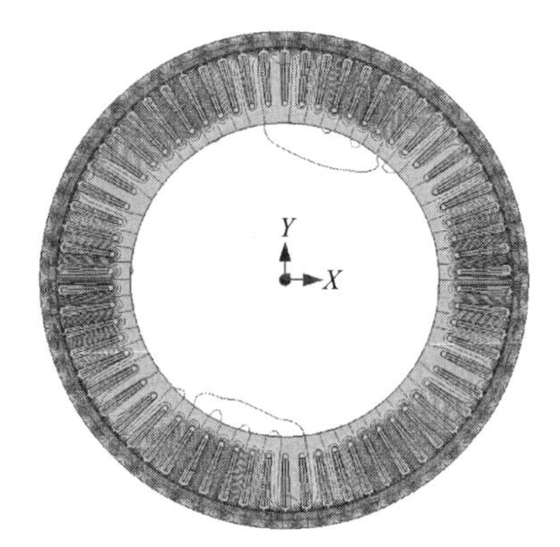

图 7-52　集中式绕组电动机设计方案

7.5.2　基于永磁同步电动机的起重机关键结构设计

采用永磁同步电动机的桥门式起重机的主要结构设计包括起升机构设计、小车架结构设计、大车运行结构设计和运行控制设计几个方面，即主要为使用电动机的结构部分的设计如起升运行、小车运行和大车运行的结构设计和运行控制。一般情况下，起升机构采用永磁同步电动机直驱设计最重要也最普遍，其关键设计包括小车架、内置型电动机、电动机内置型主提升机构、永磁电动机专用变频控制系统、内置能量回收单元等。

7.5.2.1　整体设计方案确定

经前面内容的对比分析，并通过与外转子永磁同步电动机比较（表 7-6、表 7-7），确定采用卷筒内置型电动机结构设计方案，即采用稳定的常规内转子永磁同步电动机结构，如图 7-53 所示，卷筒单侧可拆卸，完全不同于外卷筒转子结构形式，且易于制造、安装和已标准化，并可有效降低对卷筒制造形位精度的要求和对壁厚的要求，大幅度缩小小车架体积，在保证吊车卷筒整体尺寸不变的前提下，简化传动链。

表 7-6　外转子与内转子永磁同步电动机特点比较

序号	对比指标	传统起重机	欧式起重机	外转子永磁同步电动机起重机	内转子永磁同步电动机起重机
1	额定电流/A	44.7	44.7	36.5	36.5
2	速度调节范围	定速运行	定速运行	无级调速	无级调速
3	空载超速	1.4 倍超速	1.4 倍超速	1.4 倍超速	1.5 倍超速
4	带载启动	有下滑	有少量下滑	带载启动不下滑	带载启动不下滑
5	带载停车	冲击大	冲击大	无冲击	平缓、无冲击
6	系统体积及重量	体积大，占用空间大	体积较传统起重机略有减小，占用空间大	滚筒直径大，高度及重量大	体积小，重量轻
对比结论：永磁电动机直驱起重设备在额定电流、速度调节范围、空载超速、带载运行能力、系统体积及重量等关键指标方面均优于国内外其他同类产品					

图 7-53　内转子永磁同步电动机结构示意图

7.5.2.2　内转子永磁同步电动机的设计参数

结合桥门式起重机的使用工况和技术要求，以 20t 起重机为例，内转子永磁同步电动机的主要技术参数见表 7-7。

表 7-7　20t 起重机用内转子永磁同步电动机设计参数

主要技术参数	指标	主要技术参数	指标
起吊吨位/t	20	效率/%	94.16
额定功率/kW	22	功率因数	0.9774
额定转矩/N·m	12000	电流/A	36.5
额定电压/V	380	启动转矩倍数	1.5
额定转速/(r/min)	17.5	最大转矩倍数	2

7.5.2.3　小车架结构设计

传统起重机小车架结构采用高速电动机＋减速器＋制动器＋联轴器的结构形式，如图 7-54 所示，系统传动链长、机械损耗大、故障率高、占用空间大，无论是在体积、重量、能耗、寿命方面，还是在使用、安装、维护方面都没有优势。

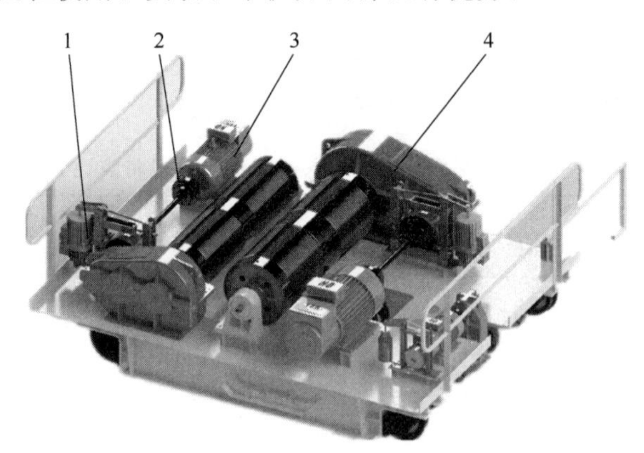

图 7-54　传统起重机小车架结构

1—制动器；2—联轴器；3—电动机；4—减速器

内转子永磁同步电动机内置于卷筒中，具有体积小、重量轻、传动链短等特点，没有了传统起重机的高速电动机、减速器、制动器、联轴器等配套件，如图 7-55 所示，由电动机卷筒 1、集成制动器 2 组成，制动采用多级盘式制动方式，保留了永磁同步电动机高效节能、低振低噪、易安装、免维护的优点，同时卷筒与电动机壳体相互独立，方便设备维护、拆卸。

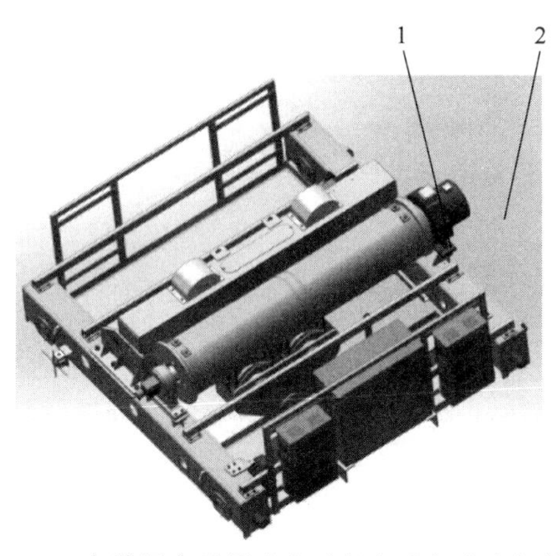

图 7-55　内转子永磁同步电动机起重机小车架结构

1—电动机卷筒；2—集成制动器

7.5.2.4　起升机构设计

与传统起升机构相比（图 7-56），内转子永磁同步电动机起升机构由于采用内置型电动机结构，大幅缩小了设备体积，如图 7-57 所示，在保证起重机卷筒整体尺寸不变的前提下，简化了传动链。

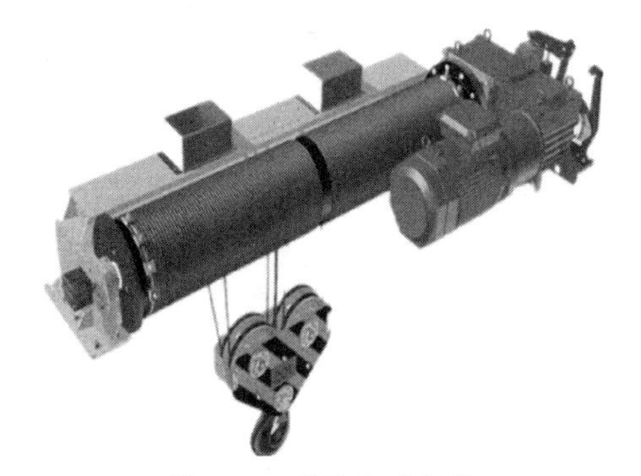

图 7-56　传统起升机构

图 7-57　内转子永磁同步电动机起升机构

7.5.2.5　卷筒结构设计

如图 7-58～图 7-60 所示，卷筒结构近似于常规起重机的卷筒结构，主要由内转子永磁同步电动机 1、卷筒 2 组成。卷筒的主要技术尺寸、结构和参数均按照常规产品的参数设计。由于采用了内转子永磁同步电动机，因而需要在卷筒内部增加卷筒固定及传动连接结构，同时兼顾散热性设计。

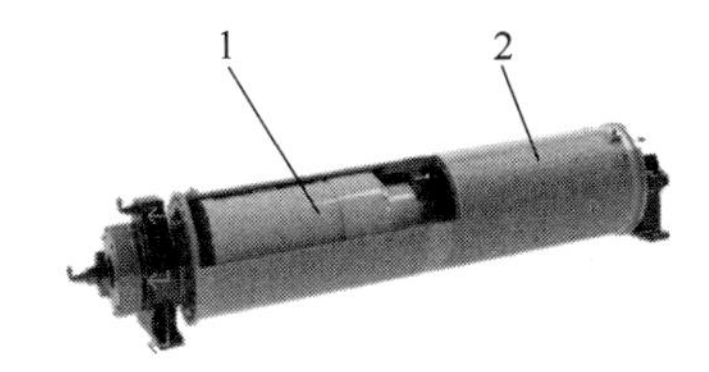

图 7-58　内转子永磁同步电动机卷筒设计示意图

1—内转子永磁同步电动机；2—卷筒

图 7-59　内转子永磁同步电动机与卷筒拆解设计示意图

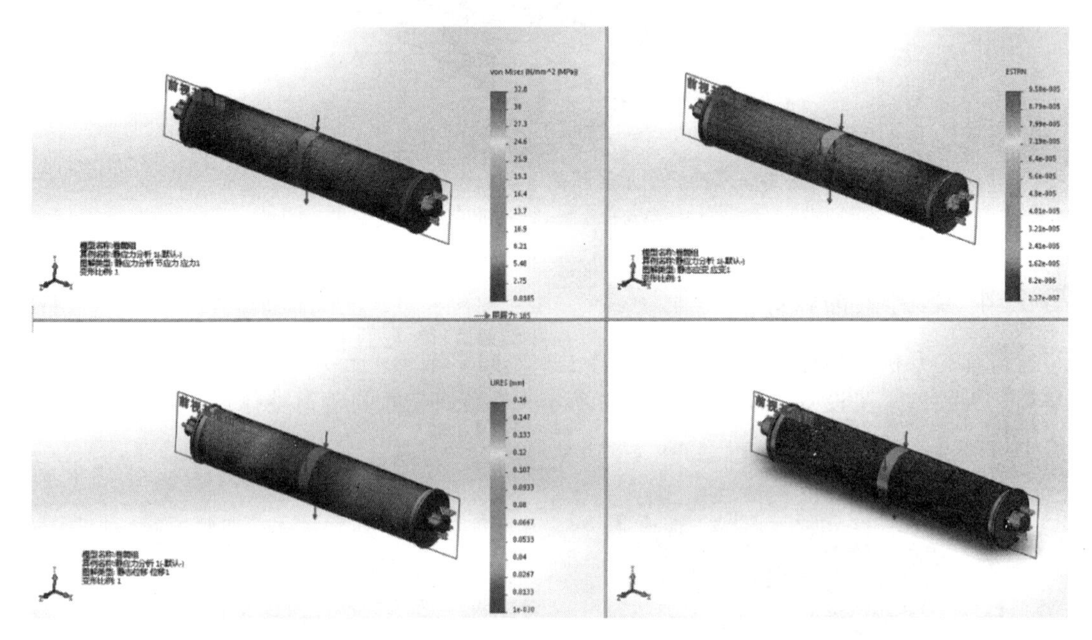

图 7-60　内转子永磁同步电动机与卷筒仿真分析

7.5.2.6　变频器控制方案设计

电气控制部分采用四象限专用变频器，如图 7-61 所示，具有可集中控制，启动、运行、停止平稳，无机械冲击，无冲击电流，自动化集成度高等特点。电动机发出的电能全部通过四象限变频器逆变回电网，可在同一时间、同一内网中，被回收能量的设备实时消耗掉。

图 7-61　专用变频器

7.5.2.7　配套件设计选型

卷筒、轴承座、轴承等关键零部件采用现有常规结构，同尺寸，互换性好，经实际验证不存在可靠性问题。

7.5.2.8　独特的电能回收装置，储存下放电能再利用，节能效果显著

电能回收装置连接于变频器直流母线侧，采用锂电池、超级电容等进行储能，储能系统实时在线，能量全部储存于回收单元中供下次提升时消耗，下放储能后，随即被提升消耗，电能转换率高。

如图 7-62 所示，其工作原理为：下放重物时，电动机处于发电状态，电能通过变频器反馈至直流母线并被电能回收装置吸收储存；提升重物时，电动机优先消耗电能回收装置中的能量，做到电能随储随用，节电效果显著。回收装置电能不足时，控制回路自动转入工频电源工作并进行电能补充。

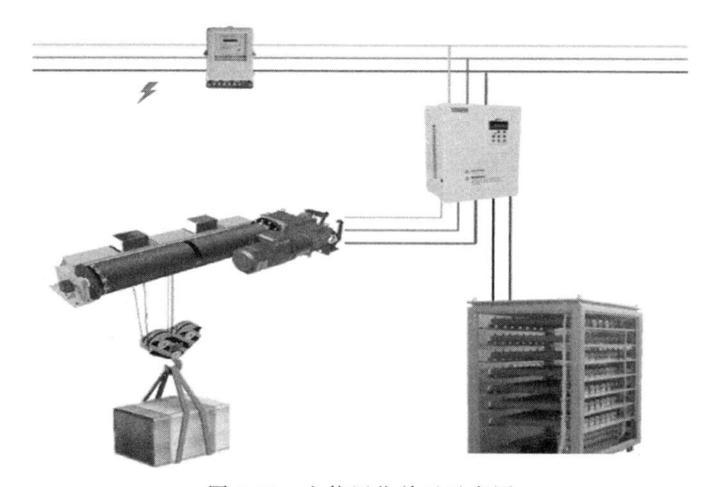

图 7-62　电能回收单元示意图

7.5.2.9　安全监控系统设计

利用上位机技术，如图 7-63 所示，实现运行数据和参数的智能化实时监控，确保安全性的提升。

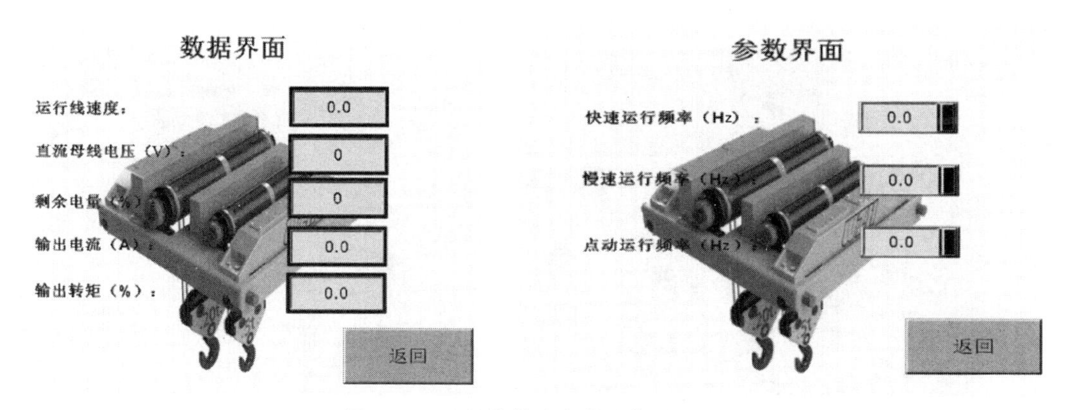

图 7-63　运行数据及参数监控界面

7.5.3 产品的检测

按照《起重机设计规范》（GB/T 3811—2008）中动载1.1倍、静载1.25倍的要求，搭建了试验台，如图7-64所示，对产品主要技术参数进行检测，主要技术参数见表7-8。

图7-64 起升载荷实验台

表7-8 内转子永磁同步电动机起重机主要技术参数检测表

试验项目	试验内容	实验数据
空载试验	空载额定运行速度(5.8m/min)	空载电流 2.1A
噪声测试	滚筒侧方1m远	61.2dB
振动测试	电动机机壳振动	1.3mm/s
负载试验	起吊额定负载(20t)	额定负载电流 34.8A
过载试验	起吊1.25倍额定负载(25t)	过载电流 43.3A
低速试验	1/30额定转速下额定负载(0.2m/min)	额定负载电流 35.0A 1.25倍负载电流 42.1A
超速试验	空载1.5倍额定转速	超速 8.7m/min
零速悬停试验	打开抱闸,在额定负载(20t)下零速悬停,在1.25倍额定负载(25t)下零速悬停	额定负载悬停电流 29.0A 1.25倍负载悬停电流 34.5A
温升试验	额定负载不间断运行3h	温升 80K
多次启停试验	额定负载每小时启停60次	频繁启停对电动机温升无影响

电流波形如图7-65所示：启动时电流逐渐增大，无冲击、尖峰电流；停机时电流逐渐减小，可实现平稳停车。

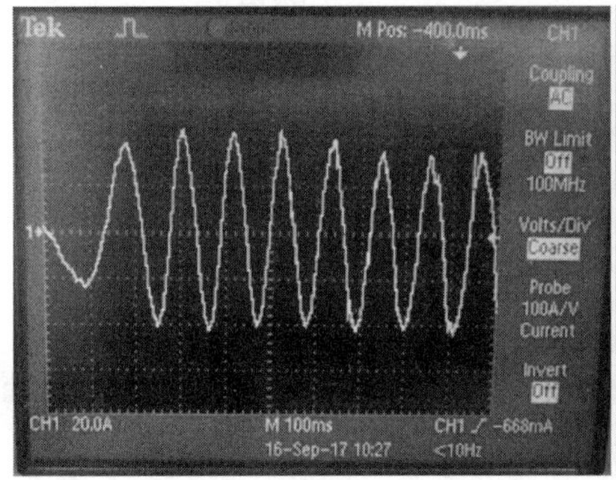

图7-65 试验电流波形

电压波形如图 7-66 所示：电动机启动时具有初期励磁功能，启动平稳，不冲击抱闸；停机时延时切断输出，维持电动机转矩，防止溜车。

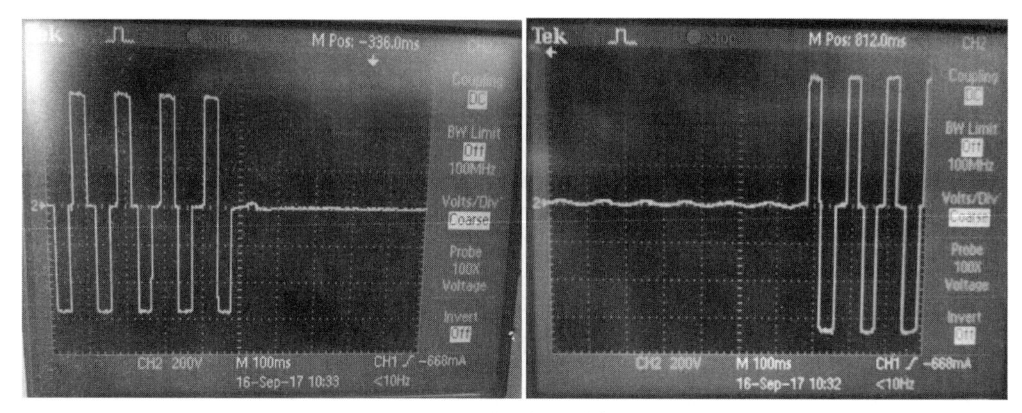

图 7-66　试验电压波形

7.5.4　结论

采用永磁同步电动机来驱动起重机的机构简化了机械结构，而且低碳环保、高效节能。永磁同步电动机的应用，将使起重机行业更新换代，物料搬运更加节能、高效，并形成新的经济增长点。

7.6　可伸缩式电动悬挂起重机结构设计

传统的电动悬挂起重机都是运行在一跨车间的两根工字钢轨道上，电动葫芦在起重机主梁下部运行，有效作业区域限制在一跨范围内。随着工业发展，标准化厂房基本为多联跨，各跨间生产工序需协同作业或流水线作业，这就要求相邻两跨间的被吊物跨区域转移，现有电动悬挂起重机不能解决此问题，只能通过平板车或叉车等进行二次搬运，既增加额外设备又费工、费时。针对上述问题，设计了一种可伸缩式电动悬挂起重机，通过伸缩梁机构的合理布置和结构设计，实现电动葫芦跨区域作业，增大了起重机的作业范围，提高了起重机的利用率，减少了额外搬运设备的采购成本，缩短了产品搬运时间，提高了工作效率。

7.6.1　产品整体结构设计思路

考虑到该起重机具有伸缩功能，主梁结构设计为工字钢结构，其是承载负载和安装反滚轮的主要结构。电动伸缩梁同样设计为工字钢结构，作为一种可调整伸缩梁结构形式，通过反滚轮与主梁装配在一起。反滚轮共为两组，为对称三滚轮结构，反滚轮上面的两个滚轮悬挂在主梁工字钢下部上表面，起到悬挂负载的作用，下面一个滚轮与主梁工字钢下部下表面配合，具有反向支撑作用。为确保伸缩过程的受力平衡和稳定性，在伸缩梁上平面设计有反向支撑滚轮，反向支撑滚轮为单滚轮结构，使用时滚轮上表面与主梁最下部平面接触，其主要作用是当伸缩梁受载后，通过反向支撑，克服伸缩梁受力后产生的“力矩”，提高伸缩梁和主梁的承载能力。由于伸缩梁通过反滚轮和反向支撑滚轮与主梁连接在一起，因此伸缩梁可以沿主梁方向进行双向移动，达到增长“吊臂”长度的作用。设计过程中，为减轻起升机构重量，采用电动葫芦作为起升机构。

7.6.2 具体机构设计特点

如图 7-67 所示，该可伸缩式电动悬挂起重机主要由大车运行机构 1、主梁 2、电动伸缩梁 3、反滚轮 4、反向支撑滚轮 5、电动葫芦 6 组成。大车运行机构 1 为由电动机、减速器、车轮组成的运行机构，通过螺栓连接方式安装在主梁 2 上，其作用是带动起重机实现运行；主梁 2 为工字钢结构，为起重机主要承载受力部件，大车运行机构 1 安装在主梁两端，组成本起重机基本钢结构框架；电动伸缩梁 3 也为工字钢结构，作为一种长度延伸结构，电动伸缩梁 3 通过两组反滚轮 4 与主梁 2 装配在一起，可以实现电动伸缩梁 3 沿主梁 2 的双向伸缩移动，达到“吊臂”长度伸缩可变的效果；反滚轮 4 为三轮对称滚轮结构，使用时上面两个滚轮起负载和滚动作用，下面一个滚轮起反向支撑和滚动作用，上下滚轮夹持在主梁 2 工字钢下支撑面，两组滚轮通过螺钉连接方式固定在电动伸缩梁 3 两端工字钢的上表面上；反向支撑滚轮 5 为单滚轮结构，其主要功能是当电动伸缩梁 3 受力后，起到对电动伸缩梁 3 的反向支撑作用，克服负载力矩，反向支撑滚轮通过螺钉连接在电动伸缩梁 3 的一端，滚轮上表面与主梁 2 下表面配合，当电动葫芦 6 运行至左端时，反滚轮 4 向上反推来防止起重机倾翻，使起重机平稳运行，起到支撑和滚动的作用；电动葫芦 6 为起重机起升机构，其悬挂在电动伸缩梁 3 上，起到起升负载的作用，与其他机构构成起重机的整体结构。

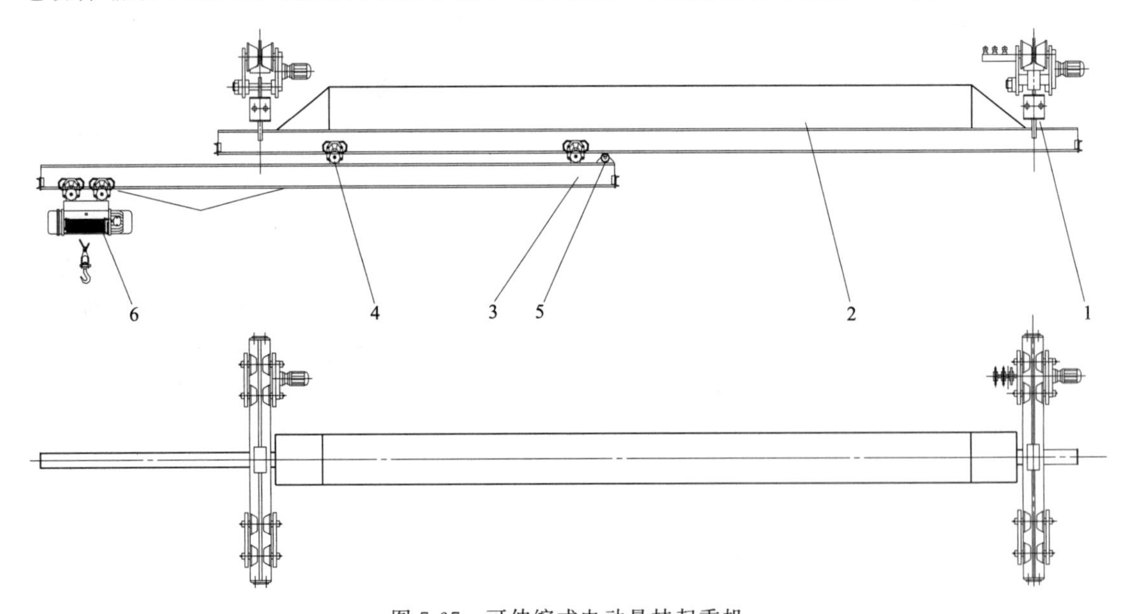

图 7-67 可伸缩式电动悬挂起重机

1—大车运行机构；2—主梁；3—电动伸缩梁；4—反滚轮；5—反向支撑滚轮；6—电动葫芦

起重机通过在主梁下方增加伸缩梁结构，利用反滚轮和反向支撑滚轮既能承载又能滚动的特性，实现伸缩梁在起重机主梁上的双向伸缩，在工作时使“吊臂”得到有效延伸，实现电动葫芦的跨区域作业。起重机不使用时，通过减少起重机空间伸出长度来保证生产作业空间。

7.6.3 效果

该起重机采用悬挂伸缩梁设计，通过伸缩梁与主梁之间的移动，充分利用伸缩梁的“伸缩”功能，实现变跨距负载的起升，满足起重机跨区域作业需求，增大了本起重机的作业范围，提高了本起重机的利用率，提高了工作效率。

7.7 基于多组同步抓取智能控制技术的轧辊换辊起重机结构设计

当前轧钢生产线正在进行产业升级改造，传统的换辊是由起重机单个吊运更换，效率非常低，因而对自动换辊起重机需求急剧增加。国内在自动换辊起重机研制方面还是空白，主要依靠国外进口。自动换辊起重机急需进行关键核心技术的研发，打破轧钢生产线换辊起重机技术的国外垄断。

基于上述原因，研发了基于多组同步抓取智能控制技术的轧辊换辊起重机，通过大数据、互联网及云计算实现起重机工作的“透明化”和“智能化”，起重机在使用过程中，PLC 与远程总控中心通过网络通信，远程总控中心只需下达开始命令，起重机自动管理系统便按照整个工艺流程自动执行整个工艺动作，在关键节点配合轧辊控制系统协同工作，共同完成整个轧辊更换的任务。该起重机推动了起重机向智能化、数字化方向发展，实现了起重机的全自动无人操作。

7.7.1 多组同步抓取智能控制起重机整体结构设计

7.7.1.1 整机结构设计

该产品整机主要由大车 1、桥架 2、起升机构 3、电气设备 4、液压吊具 5 等组成，如图 7-68 所示。本起重机采用双梁、双轨、双小车的结构形式，每套小车上均设有一套独立的传动系统。通过中控机及 PLC 编程控制，变频器采用 ABB ACS880 系列，采用 DTC 控制模式，加装 DP 通信卡用于与 PLC 进行实时数据交换，增加编码器卡实现了闭环控制，最终实现了起重机数控、高效、智能化运行。

7.7.1.2 起升机构设计

起升机构采用两套对称布置的固定小车结构，采用双电动机、双变频器的整体控制方案。此方案在满足起重机定位的同时又能实现很高的同步精度。小车上布置有集成传动系统，如图 7-69 所示，主要由电动机 1、定滑轮组 2、卷筒组 3、减速器 4、钢丝绳固定装置 5、支持制动器 6 等组成。两小车通过压板固定在桥架的主梁上，压板固定间距可以微调，在安装时对小车的间距根据吊具进行微调。

起升机构设置有两个以上的同步吊点，如图 7-70 所示，通过多股钢丝绳交叉互绕，辅助保证吊具防摇摆。在两卷筒的一端安装有绝对值编码器，可有效检测吊具的起升位置和起升高度，实现吊具的动态精度检测。

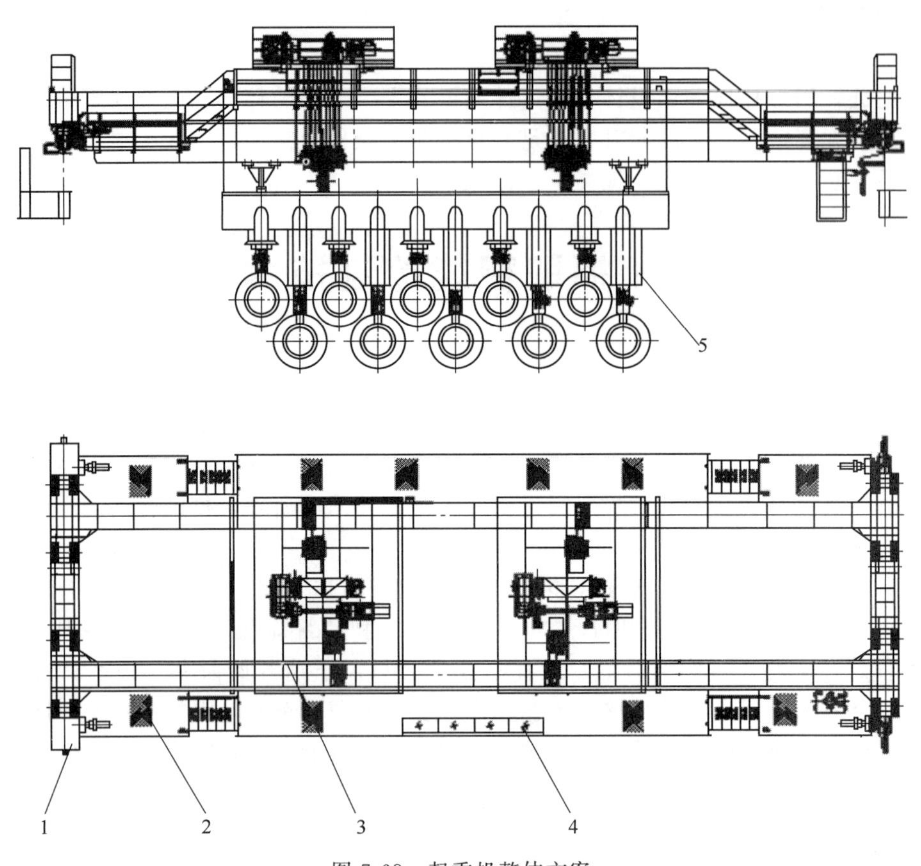

图 7-68　起重机整体方案

1—大车；2—桥架；3—起升机构；4—电气设备；5—液压吊具

起升机构采用变频控制系统，起升吊具上备有 3 个拉绳编码器，通过 PLC 编程控制运算，实现对吊具水平度的检测，当吊具偏斜度超过允许范围时，发出报警信号，人工干预进行吊具的调整。

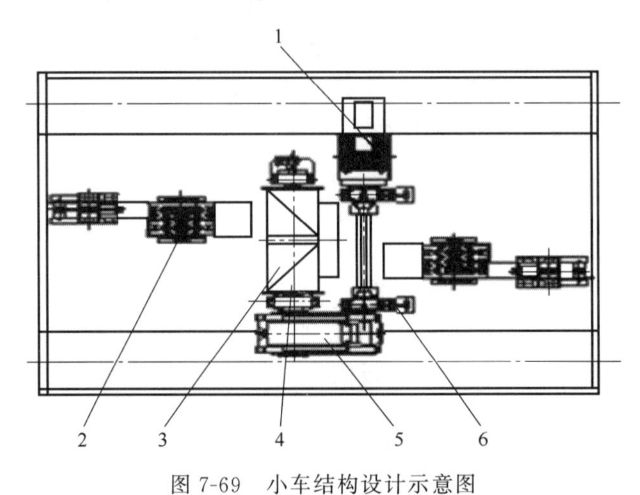

图 7-69　小车结构设计示意图

1—电动机；2—定滑轮组；3—卷筒组；4—减速器；5—钢丝绳固定装置；6—支持制动器

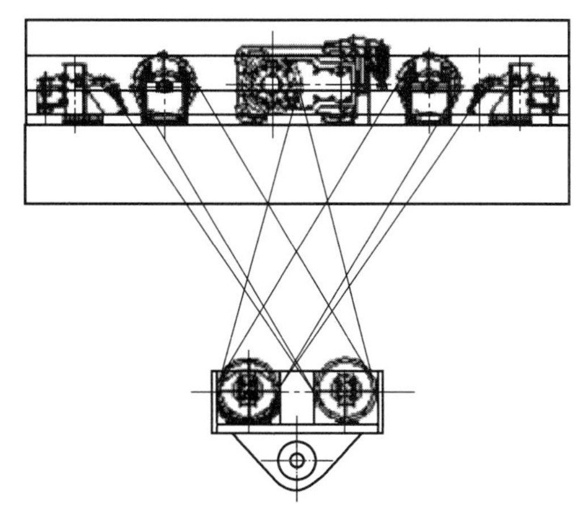

图 7-70　吊点机构示意图

7.7.1.3　智能化吊具设计

智能化吊具如图 7-71 所示，该吊具是起吊换取轧辊的关键设备，上面主要布置了错位动滑轮组 1、吊梁 2 及吊取轧辊的夹钳装置 3。错位动滑轮组如图 7-72 所示，实现了多股钢丝绳的多向缠绕，初步保证了吊具的水平度。为控制多组夹钳的同步性，吊梁上安装了一套液压系统，夹钳上面安装有监控系统，可在线查看吊具的多种运行状态。

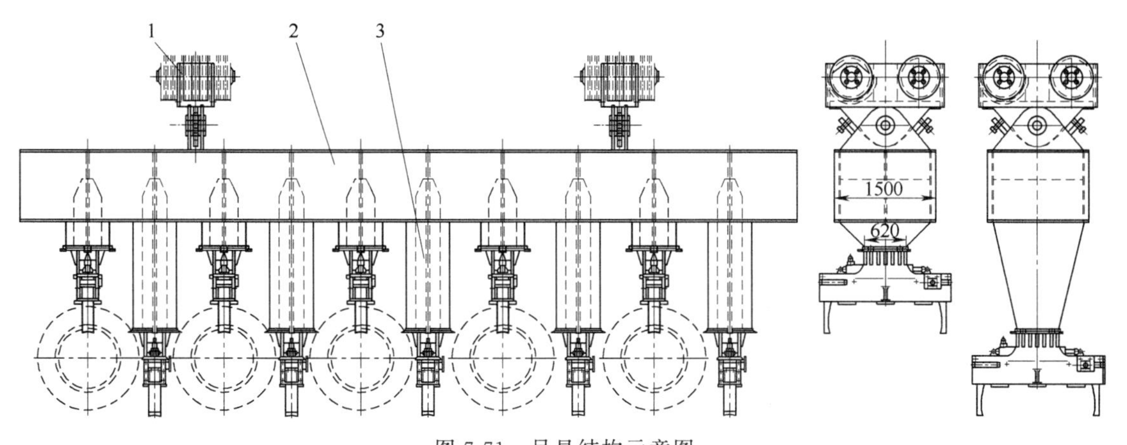

图 7-71　吊具结构示意图

1—错位动滑轮组；2—吊梁；3—夹钳装置

当夹钳开始工作时，执行的动作顺序如下：启动执行命令后，液压动力单元启动（此时不加压）——→当执行打开夹具指令时，油缸伸出，夹具对中打开——→当执行夹取指令时，油缸缩回，夹具对中收拢。

夹取装置具有机械对中与限位、液压自锁、自适应夹取（实时压力检测）、智能纠偏（夹取压力与位移检测）功能；每个夹具的打开和闭合均设有传感装置并联锁，确保各夹具的作业安全。

7.7.1.4　运行机构设计

大车运行机构（图 7-73）由 16 个车轮作为起重机的支撑，采用四套独立的三合一驱动

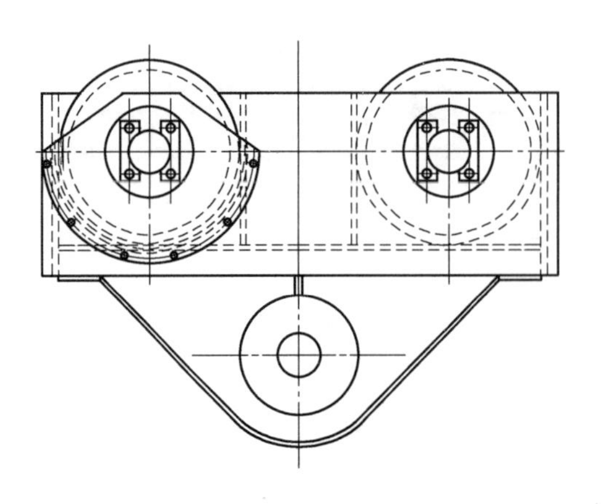

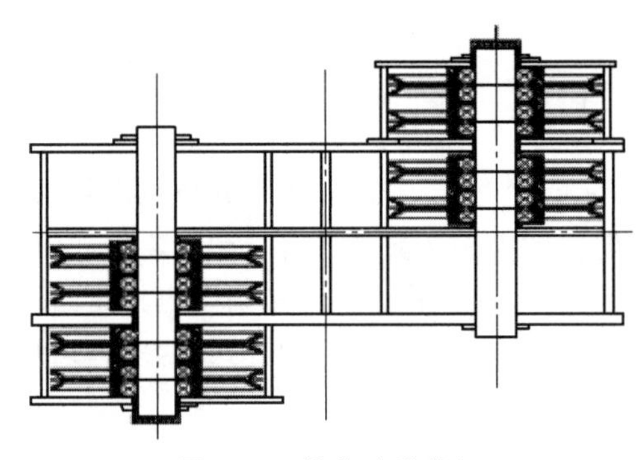

图 7-72 错位动滑轮组

装置并配套变频调速系统对起重机分别进行驱动，在运行机构上加装有一种水平轮组，驱动轮比为1∶4。减速器硬齿面，静音设计，密封好，不漏油，免维护。起重机采用水平导向装置，同时端梁上加装线性编码器，配合自主研发的自学习同步纠偏控制系统，可实时监测大车运行的直线度，避免大车走偏。

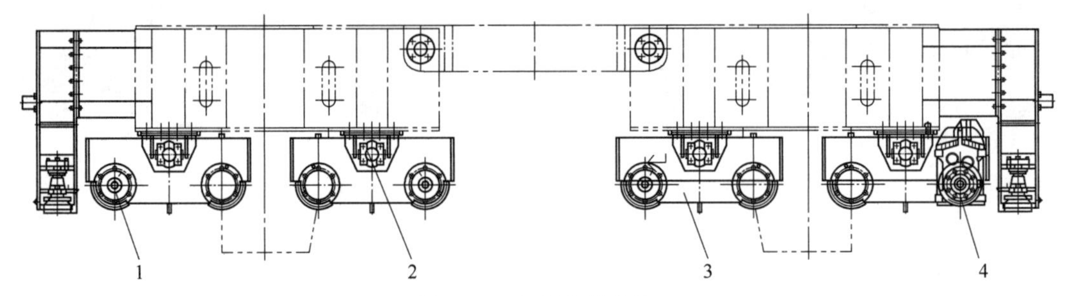

图 7-73 大车运行机构

1—车轮；2—铰接轴；3—台车架；4—三合一减速器

7.7.2 集成自动化控制技术

7.7.2.1 整机控制技术

整机采用 PLC＋变频器＋编码器＋触摸屏的系统解决方案，同时配合以太网与上层控制系统对接数据实现总体全自动控制。系统控制网络基于高性能、高可靠性的现场总线(Prifibus-DP)，PLC 依托现场总线实现了信号采集、位置采集以及控制指令的发送等高实时性的处理计算。采用机器视觉的钢卷吊自动识别装置和方法（发明专利 ZL2016103765767），通过机器视觉识别技术实现全自动运行过程中的识别和运行调整。

如图 7-74 所示，操作人员通过远程监控平台对整个库区进行监控。监控画面中显示起重机的运行状况及任务工作单的执行过程，可人工干预作业并查询历史任务完成情况。

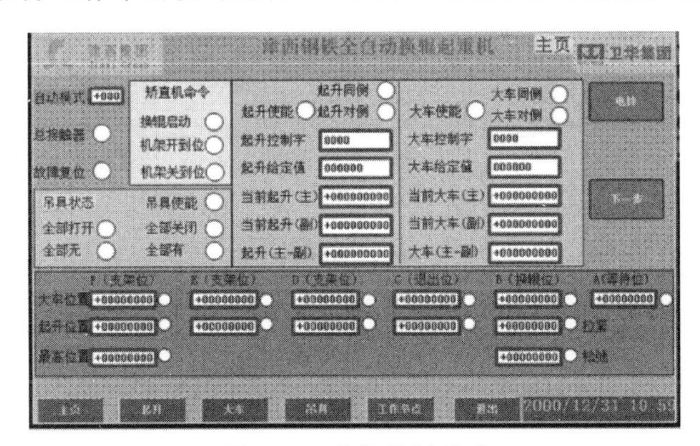

图 7-74　整机控制画面

7.7.2.2　三维空间定位控制技术

三维空间定位控制技术包含被吊物品的外形检测，空位探测，实际存放位置的一维、二维、三维认址和定位方法，以及起重机吊具的一维、二维、三维认址和定位方法。该起重机采用线性编码器，根据生产的工艺，设计多种运行路线。图 7-75 为点位的分布情况。可实时监控起重机的运行状态及位置信息，同时位置具有可调节性。可通过人机界面进行点位的标定，以方便其位置的重新设定。

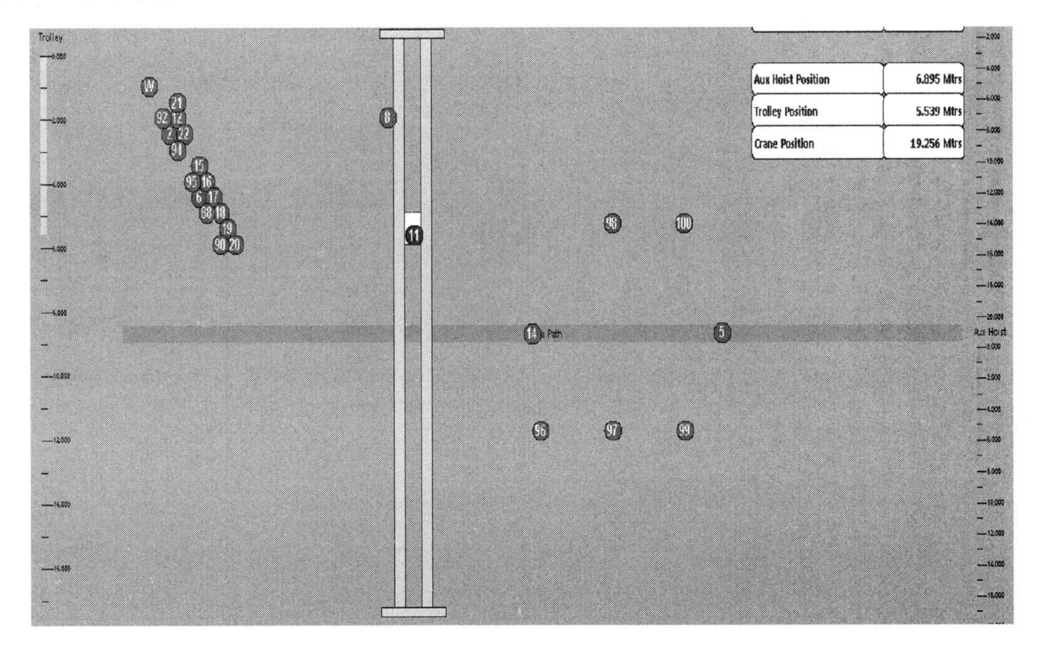

图 7-75

POSITIONS READINGS	
Hoist Position	6.964 Mtrs
Aux Hoist Position	6.896 Mtrs
Trolley Position	8.843 Mtrs
Crane Position	24.246 Mtrs

SENSORS READINGS	
Hoist Enc Reading	11464
Aux Hoist Enc Reading	11352
Trolley Enc Reading	17928
Crane Enc Reading	32323

POSITION 1	
Hoist Position A	6.000 Mtrs
Trolley Position A	2.000 Mtrs
Crane Position A	2.000 Mtrs
POSITION 2	
Hoist Position B	6.000 Mtrs
Trolley Position B	2.500 Mtrs
Crane Position B	2.500 Mtrs
POSITION 3	
Hoist Position C	7.000 Mtrs
Trolley Position C	3.000 Mtrs
Crane Position C	3.000 Mtrs
POSITION 4	
Hoist Position D	7.000 Mtrs
Trolley Position D	8.812 Mtrs
Crane Position D	40.590 Mtrs

POSITION 5	
Hoist Position E	11.148 Mtrs
Trolley Position E	8.812 Mtrs
Crane Position E	40.590 Mtrs
POSITION 6	
Hoist Position F	8.500 Mtrs
Trolley Position F	4.500 Mtrs
Crane Position F	4.500 Mtrs
POSITION 7	
Hoist Position G	7.000 Mtrs
Trolley Position G	2.009 Mtrs
Crane Position G	17.585 Mtrs
POSITION 8	
Hoist Position H	9.977 Mtrs
Trolley Position H	2.009 Mtrs
Crane Position H	17.585 Mtrs

POSITION 9	
Hoist Position I	9.500 Mtrs
Trolley Position I	6.000 Mtrs
Crane Position I	6.000 Mtrs
POSITION 10	
Hoist Position J	7.000 Mtrs
Trolley Position J	5.715 Mtrs
Crane Position J	19.360 Mtrs
POSITION WAITING	
Hoist Position WAIT	8.000 Mtrs
Trolley Position WAIT	1.000 Mtrs
Crane Position WAIT	1.000 Mtrs

AUTO FUNCTION SETTINGS	
Hoist Up Slow Height	0.200 Mtrs
Hoist Down Slow Height	0.450 Mtrs
Hoist Safe Zone Height	7.000 Mtrs
Crane Safe Path	8.8500 Mtrs
Positioning Accuracy	0.025 Mtrs
Hoist Up Slow Height 2	0.200 Mtrs

图 7-75　三维空间定位控制机的信息界面

7.7.2.3　关键工作区域及工作过程全自动监控及预警控制技术

在产品使用过程中，起重设备要与其他设备实现协调同步。PLC 与上层管理系统以及触摸屏采用工业以太网进行数据交换，实现了上层管理指令的下发和数据检测功能。起重机与矫直机 PLC 之间通过工业以太网进行关键点和保护信息等的交换，起重机在得到矫直机指定状态后执行对应的动作，将完成后的状态反馈给矫直机，最终实现起重机与矫直机的无缝对接换辊，如图 7-76 所示。

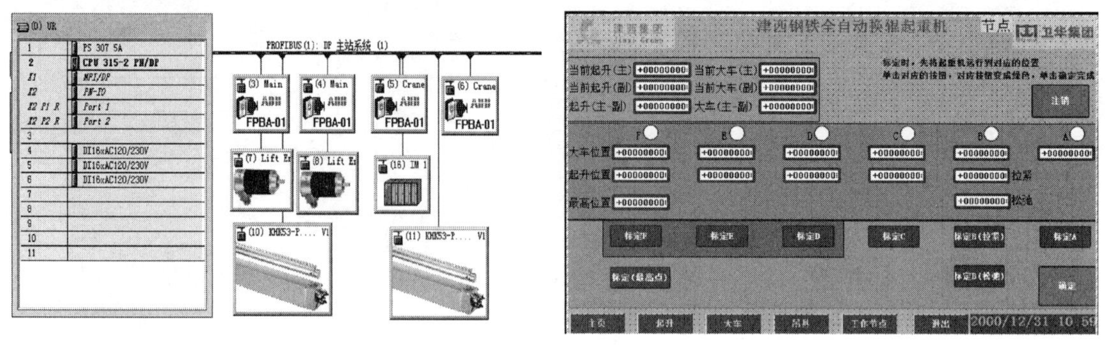

图 7-76　工作区域信息监控界面

7.7.2.4　吊具防摇摆控制技术

基于十二绳承载双向防摇摆技术，采用创新型错位布置的动滑轮组及丝杠钢丝绳微调结构，实现了多组钢丝绳多向缠绕，保证了多组液压吊具的平衡及水平度，同时研发了电气防摇摆技术，开发了吊具摇摆程度的运算程序，实现了吊具运行过程中的动态检测和修正，如图 7-77 所示。

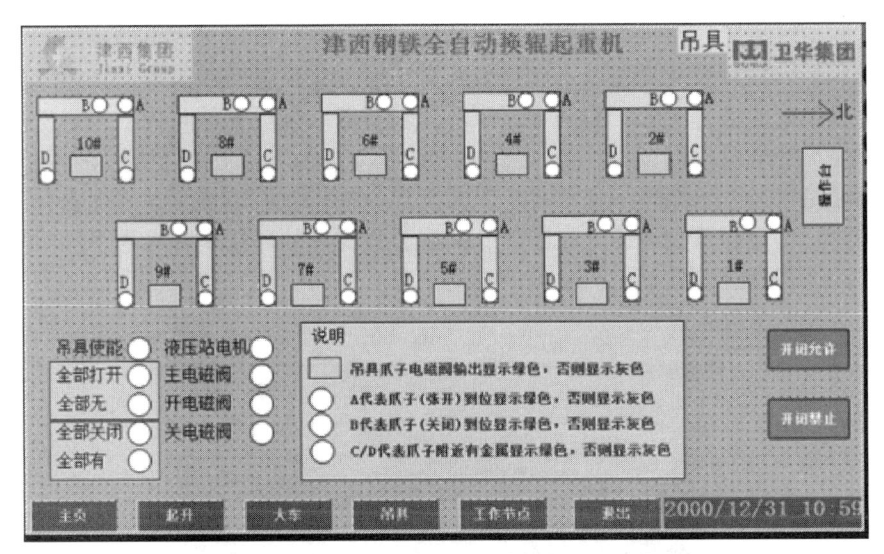

图 7-77　吊具状态控制画面

电气防摇摆关键技术：

① 非对称平衡三相幅值衰减向量防摇摆控制计算方法，实现了对起重机载荷的最佳方向摇摆控制。

② 弹性模板非线性插值计算方法，增加了载荷摇摆特性数学模型的精准度，大幅提高了防摇摆控制精度。

③“速度-位置”多变量集合控制，使起重机大小车的自动定位及载荷的防摇摆得以同步实现。

④ 电气驱动及运行系统参数替代自学习控制和目标位置无限逼近控制。提高了起重机运行的平稳性和自动定位控制精度。

7.7.2.5　编码器结构选型

针对起升机构定位精度高的要求，采用拉绳增量编码器测量位置，此种测量方法能够屏蔽钢丝绳磨损以及机械磨损产生的位置误差。大车定位采用 SICK 的线性编码器，此种位置测量为物理绝对位置的测量，不存在因为打滑和累计产生的误差，而且满足钢铁行业高粉尘、高电磁干扰的工作环境要求。

7.7.3　结论

根据市场调研，多组同步自动换辊专用起重机在国内还处于空白，该起重机集合了液压传动、精确定位、自动控制、机械防摇摆等多项技术，能够实现多达 10 组轧辊的同时更换，大大提高了矫直机上轧辊更换工作的效率，填补了国内自动换辊起重机的空白，打破了国外的垄断，具有良好的经济效益和社会效益。

7.8　全自动垃圾起重机关键技术问题及解决方案

随着我国城镇化程度的不断提高，城镇生活垃圾对环境的污染问题日趋严重，解决城市生活垃圾问题迫在眉睫。垃圾处理如果采用填埋方式，不仅占用了大量的土地，而且严重污染地下水资源。利用垃圾焚烧发电不仅有效减少了垃圾对环境的污染，而且还产生了大量的电能，是垃圾处理的大势所趋，有利于国家环保和节能减排政策的积极推进和实现。而垃圾起重机作为垃圾焚烧发电的核心设备（图 7-78），决定着整套系统的运行效率。目前我国的垃圾起重机还是通过人工操作来完成各个工艺工程，操作人员不仅劳动强度大，而且工作环境很差。同时，垃圾起重机由于处在高温、潮湿、强腐蚀的环境中，容易出现故障，影响正常工作。因此，研制能够处理生活垃圾的自动化程度很高的垃圾起重机，已成为国内节能环保和垃圾焚烧发电的关键课题。

图 7-78　正在作业的垃圾起重机示意图

7.8.1　国内外垃圾起重机应用现状

我国垃圾焚烧发电起步较晚，用于垃圾处理的专用处理设备较少，多采用通用起重机配上专用抓斗作为垃圾搬运设备。控制方式多为手动或半自动方式，还需要操作人员手动方式辅助，不能实现远程控制和全自动化运行，效率低下，操作人员工作环境恶劣，智能化、自动化技术还有待突破。国外许多厂商能够生产全自动垃圾起重机，而且形成了系列。比较著名的有芬兰 KONE、德国 DEMAG、法国 REEL、美国 P&H、日本三菱等，这些厂商不仅设计制造了全自动、远程控制的垃圾起重机，而且设计了专门用于搬运木屑、纸屑、甘草、鸡粪及焚烧炉渣的起重机。最大的垃圾起重机日处理量达 1500t，起重量为 14t，跨度为 28m，抓斗容积为 $10m^3$。国内垃圾发电企业为了提高发电效率和日处理垃圾量，不得不高价引进国外的垃圾起重机。从国外引进垃圾起重机不仅价格高，而且运行和维护费用也较高。同时，由于我国生活垃圾含水量高、热值低，没有经过分类处理，国外引进的垃圾起重机并不能很好地工作，而且故障率较高，售后服务响应慢。基于上述原因，研制适合我国国情的全自动垃圾起重机替代进口设备已成为当务之急，也引起了国内众多起重机企业的高度重视。

7.8.2　全自动垃圾起重机技术上需要解决的难题

根据我国生活垃圾的特点和垃圾处理企业的工艺流程，全自动垃圾起重机应具有以下功能：通过上位机系统实时测试和显示垃圾池任意位置存放垃圾的高度；任意地划分垃圾池的区域和在上位机上显示出每个区域；自动识别每个区域的最高点，自动到最高点抓取垃圾；实现自动移料、自动混料、自动上料、自动统计任何时间的进料量和实际焚烧量；实时监视垃圾起重机的运行状态，对运行信息归档，可进行历史数据查询等。需要解决的关键技术问题包括以下几个方面。

（1）垃圾高度及区域的动态显示问题

实时测量、存储和显示各个位置的垃圾高度信息是实现垃圾起重机自动运行的关键问题。由于我国的生活垃圾含水量高，没有经过分类处理，所以垃圾在焚烧前必须经过发酵处理、混合搅拌等工序。而混合发酵、自动上料、新进的料进行暂存等一系列过程必须对垃圾池进行区域划分。由于受垃圾池的尺寸以及垃圾的多样性和非等高等因素的影响，操作人员在操作室内不能很好地判断垃圾池各个位置的高度。如果操作人员在坡度很大的位置抓料，抓斗倾翻、钢丝缠绕的可能性就很大。因此，动态显示、测量垃圾池内各个位置的垃圾高度十分必要。

（2）垃圾起重机精确定位和防摇摆问题

垃圾起重机在搬运垃圾到达指定目标位置时，由于受大车及小车加减速的影响，垃圾抓斗会出现摇摆现象。过大的载荷摇摆为快速装卸料和规定作业动作的执行带来较大的困难。当载荷摇摆时，卸载作业就不能进行。近 20 年来，先后开发并应用了电气防摇摆控制技术的公司有 Innocrane（芬兰）、SmartCrane（美国）、CePlus（德国）、ABB（瑞士）、SEOHO（韩国）等。但其防摇摆技术在垃圾起重机上没有得到广泛的应用和推广。因此当需要起重机进行精确定位作业时，只有依靠熟练的操作人员通过手动点动的方式控制大小车的运行速度来消除载荷的摇摆，这严重影响了生产效率，且不利于垃圾起重机自动化搬运作业的实现。

垃圾起重机实现自动化作业的一个先决条件是垃圾起重机必须具有防摇摆自动定位控制功能。只有将物料自动地搬运到目标位置，并且保证物料没有摇摆现象，垃圾起重机作业的自动化才能得以实现。

（3）不同高度引发的钢丝绳缠绕问题

在抓料过程中，由于抓斗钢丝绳松得太狠和抓取位置的垃圾坡度太大，会造成抓斗倾斜甚至侧翻，这将严重导致钢丝绳缠绕问题。由于垃圾池的环境恶劣，现场解决钢丝绳缠绕问题十分困难，所耗费的时间很多。因此，因钢丝绳缠绕导致的停车问题将严重影响垃圾的处理工作，这也是垃圾起重机实现全自动运行的“瓶颈”问题，经常造成垃圾起重机停车，影响生产效率。

（4）自动化工艺问题

重点是整个工艺、工艺运行及自动化运行的工步控制与协调，自动移料、自动混料、自动上料等工艺过程的协调。

（5）投料堵塞料斗问题

向焚烧炉料斗中自动投料是实现垃圾起重机自动运行的关键技术之一，如果不能很好地投料，就有可能造成料斗堵塞。由于垃圾池潮湿，刺激性和有毒气体较浓，所以人工清理十分艰难。这将严重影响垃圾焚烧的效率。

7.8.3　正在研究的技术方案

7.8.3.1　垃圾池中各个位置堆放垃圾高度的测量和显示的研究

为了准确测出垃圾堆放高度和提高整套系统的可靠性，将传感器冗余技术用于垃圾不同区域高度的测量。对多个传感器测得的数据进行处理和筛选，将偏差较大的测量数据筛选出来，从而保证了所测数据的准确性。由于采用了冗余技术，如果部分传感器损坏，可以使用其他传感器测量，这保证了垃圾起重机的高效运行，减少了因故障而停机的时间。将传感器测得的数据传到 PLC 系统中，PLC 再将测得的数据传到上位机中，并在上位机的相应位置以颜色的深浅显示出垃圾堆放的高度。全自动垃圾起重机实时测量并显示各个位置堆放垃圾的高度，如图 7-79 所示。

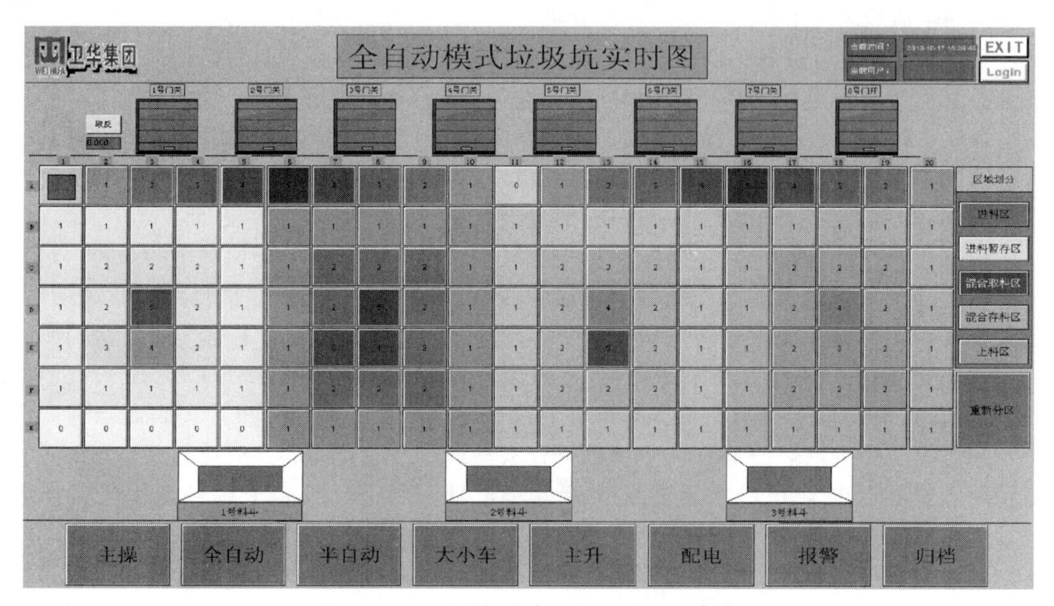

图 7-79　显示垃圾池内垃圾的位置和高度

7. 8. 3. 2　垃圾池区域的任意划分和划分区域标示的研究

垃圾池的区域划分是实现垃圾起重机全自动运行的基础。首先将垃圾池划分为许多方格和进料区、进料暂存区、混合取料区、混合放料区、上料区，选择预分的区域，再选择方格，相应的方格就属于相应的区域。每个区域以颜色的不同来区分，每个方格所属区域可以是任意选择的。为了保证垃圾起重机能自动地判断合适的垃圾抓取位置，具体方法是将垃圾储存坑虚拟地划分为 $1m^2$ 单位的网格，在垃圾起重机作业时对整个垃圾储存坑实时扫描，记录垃圾坑各网格内的物料高度，然后以颜色的变化表示对应网格内垃圾的高度，垃圾起重机自动进行选择对比，计算出最优的抓取点。

7. 8. 3. 3　精确定位防摇摆技术的研究

拟采用以下措施和方法。

（1）全新的起重机电气防摇摆控制理论和方法

在垃圾起重机的实际应用中，由于成本、安装、维护及其他技术因素的限制，要实现载荷摇摆角的精确测量及反馈非常困难，因而需要测量载荷摇摆角的闭环反馈控制方法不适用于垃圾起重机电气防摇摆控制系统。最新技术采用了简单实用、易于推广的开环控制方案，通过对垃圾起重机大小车和抓斗的运行位置进行实时监控和反馈，获得精确的抓斗空间三维位置，配合变频器控制和防摇摆功能，同时在各机构中增加定点调整装置，保证了定位精度。图 7-80 所示为采用开环控制方案的垃圾起重机电气防摇摆控制系统的原理示意图。

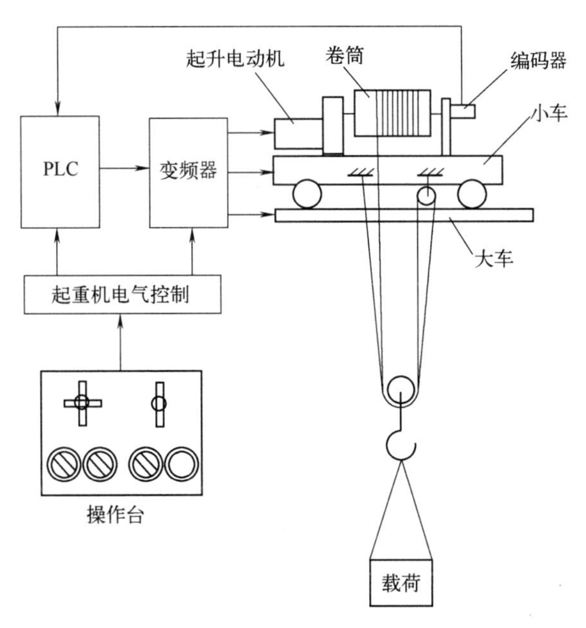

图 7-80　防摇摆控制系统原理示意图

该技术针对不同的起重机有不同的穿绳方法、不同的固定支点、不同的吊具设计，因而垃圾起重机载荷有不同的摇摆特性，把简单单摆的理想摇摆特性同起重机载荷的实际摇摆情况综合起来，建立了高度贴近垃圾起重机载荷实际摇摆特性的数学模型，提高了防摇摆控制精度和控制效果。

（2）将精确定位与防摇摆技术有效结合

垃圾起重机的基本任务是把载荷搬运到目标位置，对于由刚性机械驱动的载荷，早已有成熟的自动定位控制方法和技术。但对于由柔性钢丝绳悬吊的垃圾起重机载荷，其自动定位控制必须在有效的防摇摆控制的基础上进一步开发研究出来。起重机载荷的防摇摆自动定位控制问题不是防摇摆控制和自动定位控制两个问题的简单组合，而是一个综合在一起、难度更大的控制问题，因此通过各种新型算法和智能控制技术将两种技术进行有效结合，以确保“垃圾起重机运行全自动化”的实现。

（3）经济实用的起重机电气防摇摆自动定位控制系统

采用常规的 PLC＋变频器＋普通电动机的控制方案，如图 7-81 所示，以 PLC 作为控制器，采用位置速度双变量反馈控制方法，实现垃圾起重机的防摇摆自动定位控制。防摇摆自动定位控制系统在控制执行机构运行时，不需要生成执行机构的运行轨迹，只需要计算输出运行机构即时的目标速度，通过变频器和电动机的驱动，控制执行机构运行。该技术使用 PLC 控制程序来实现垃圾起重机防摇摆自动定位控制理论和方法，并由 PLC 计算输出执行

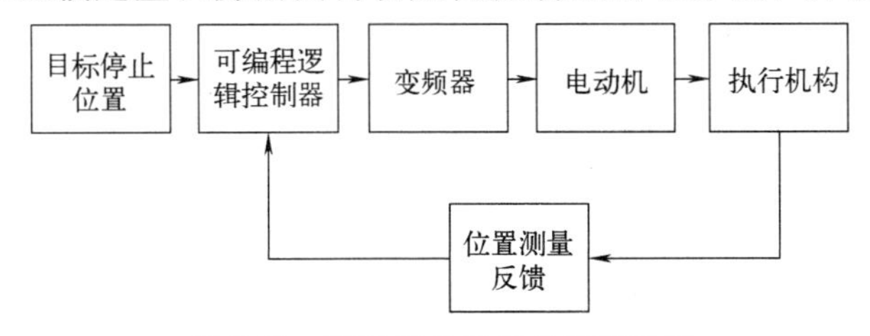

图 7-81　防摇摆自动定位控制系统

机构的目标速度，使执行机构在停止的同时能够满足以下两个控制要求：一是精确地到达指定的目标位置；二是垃圾起重机载荷不摇摆。

经检测，采用该技术的起重机载荷摇摆幅度减少 95% 以上，自动定位的控制精度达到 5mm 以内，消除了等待载荷停止摇摆的时间，使垃圾起重机转变为“垃圾起重机机器人”，实现了垃圾搬运全自动控制。

7.8.3.4 抓斗钢丝绳防缠绕的解决措施

全自动垃圾起重机根据采集到的垃圾池各个位置的垃圾高度信息自动寻找每个区域的最高点，自动到指定区域的最高点抓取垃圾，在抓取过程中实时测量抓斗距垃圾的高度。通过抓取最高点及抓斗距垃圾的高度来避免抓斗倾斜造成的钢丝绳缠绕问题（图 7-82），这样减小了因钢丝缠绕而被迫停车的概率。

图 7-82 垃圾起重机抓取垃圾作业示意图

7.8.3.5 对全自动工艺过程进行优先级分类

全自动垃圾起重机要完成自动移料、自动混料、自动上料、垃圾高度测量等工艺过程，每个工艺过程优先级的高低关系着垃圾起重机能否实现全自动运行。全自动垃圾起重机上料优先，其次是移料，再次是混料等。因此，按照优先级编制程序，使垃圾起重机按照程序完成全部工作。

7.8.3.6 编制无限逼近人工投料方式的程序解决堵料问题

在人工操作垃圾起重机向料斗投料的过程中能够很好地避免垃圾堵塞料斗的问题，通过数据比较和模拟操作人员投料的过程，编写相应程序模拟人工投料的实际动作，利用无限逼近人工投料方式的程序完成全自动垃圾起重机的自动投料过程。

7.8.3.7 数据归档和监控技术

运用组态软件创建能够实时反映垃圾起重机三维位置和抓斗状态的实时监控界面，如图 7-83 所示，对垃圾起重机关键部件的状态进行实时、动态的监视，对垃圾起重机的主要参数和报警信息进行归档、查询和报表打印，从而实现对作业的实时动态仿真和监控。

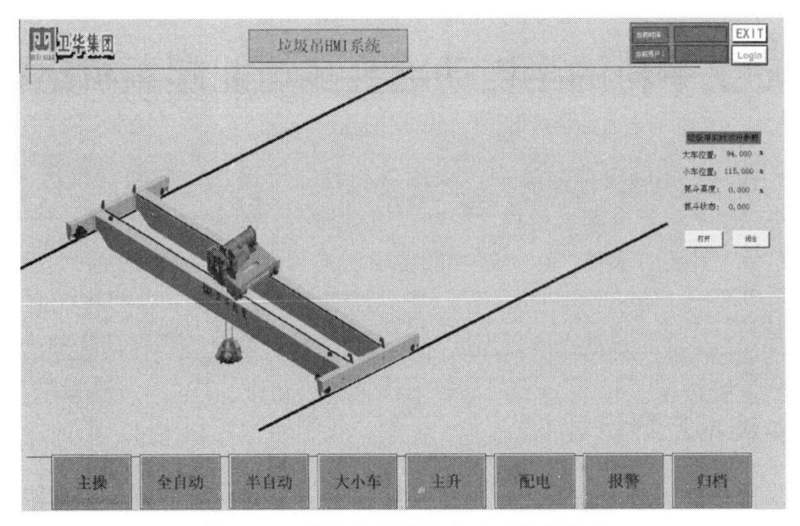

图 7-83　垃圾起重机作业三维监控界面

7.8.3.8　远程操控技术

通过仿真、视频、传感器和自诊断系统，借助互联网技术使全自动垃圾起重机不仅具有本地控制功能，而且具有通过广域网进行远程操控的功能，如图 7-84 所示。

图 7-84　垃圾起重机作业过程中的集中控制

7.8.4　结论

当前循环经济的产业化为垃圾焚烧带来了巨大的市场前景，《中华人民共和国循环经济促进法》中明确指出，发展循环经济应当遵循的方针之一是“政府推动、市场引导，企业实施、公众参与”。在此基础上，《中华人民共和国可再生能源法》等法规更加强调对该产业的推动、扶持和规范，从而加快了垃圾焚烧发电产业的发展。因此，积极研究适合我国国情的全自动垃圾起重机是垃圾焚烧发电的一个关键配套技术要点。作为垃圾焚烧发电上料系统的核心设备，全自动垃圾起重机技术的应用与发展将有力地促进垃圾焚烧发电技术在国内的应用发展，同时也将带动物料搬运全自动化技术的推广与应用，促进国家节能减排政策的有效实施，具有广阔的应用前景和良好的示范作用。

7.9 自动上下料的全自动冶金多功能起重机结构设计

目前，在一些特种钢的冶炼过程中，从原料处理、干燥、焙烧到钢水进入炉顶保温仓，由于其工艺的特殊性，需要全部采用程序控制。该过程不但要求起重机在规定时间内完成规定位置动作的工作循环，还要求整个运行过程能精确定位、全自动智能化控制。但由于关键技术制约，目前使用的类似起重机在某些动作上可以实现自动化，整个过程不能完全脱离人工操纵，因此全自动冶金多功能起重机的研发已经成为制约整个冶金工序自动化的一个关键因素。

7.9.1 整体技术方案设计

为了确保该起重机能够实现精确定位、自动化、安全可靠地工作，在整机技术设计方面采取以下整体技术方案：起升机构采用两套起升控制系统，充分考虑安全的冗余性；设计机械防摇摆吊具，吊具应具有自动挂钩、脱钩功能；具备自动定位电气防摇摆功能；具备安全监控、过程控制保护功能，以实现自动控制过程。

7.9.2 主要技术参数

起重机主要技术参数见表 7-9。

表 7-9 主要技术参数

参数	数值	
额定起重量/t	50	
整机工作级别	A8	
起升高度/m	40	
起升速度/(m/min)	2～19.8	
小车运行速度/(m/min)	3.5～35	
大车运行速度/(m/min)	5.2～52	
机构工作级别	小车 M8	大车 M8
最大轮压/kN	232	
备注	全车 PLC＋变频控制	

7.9.3 主要结构设计特点

7.9.3.1 主起升结构设计

由于该起重机应用于冶金行业，需要吊取盛料装置内的原料，因此在主起升结构设计时需要考虑安全因素，并且要求工作级别较高，起升速度较快，电动机功率较大。如果采用传统的单电动机驱动方式，则会导致电动机型号很大，起升机构布置时需要增大减速器型号以加大中心距，导致小车长、宽、高外形参数庞大，直接影响客户的厂房投入，安全性较差。因此，该起重机起升机构采用双起升机构安全冗余的设计思路，如图 7-85 所示，即主起升机构为两套驱动系统，采用双电动机、双减速器、单卷筒的机械拖动结构，当其中一套驱动系统发生故障时，另一套驱动系统在额定起重量下完成一个工作循环。

两台主起升机构的减速器均采用具有进口技术的小壳体减速器、空心轴套装结构，由卷筒组两端轴承座支撑、固定，整体加工，保证了机构的精确定位、卷筒组拆装的方便，而且在任何时候都不存在减速器与卷筒组不同心的情况。为确保起升过程的同步，在主起升机构设计中采用了起重机主起升机构同步控制技术，利用两台变频器控制机械耦合的两台电动机，实现了两台电动机运行时的力矩平衡，达到起升同步的目的。

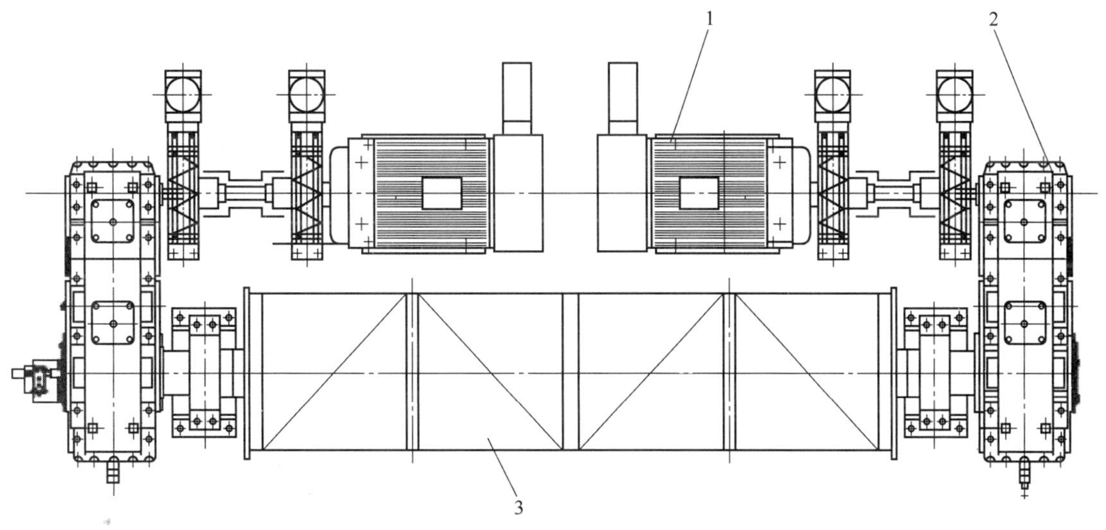

图 7-85　双起升单卷筒机构示意图

1—电动机；2—减速器；3—卷筒

7.9.3.2　吊具机构设计

为了实现起重机的全自动上下料，针对该起重机设计了一种自动挂取、脱放的电动吊具，采用独特的电动铰杆机构实现原料包的挂脱，以及吊具与负载的锁死、脱开动作。该吊具结构如图 7-86 所示。吊具采用一台电动机和三合一减速器 3 作为动力装置，带动导杆 2 产生回转，从而使四个铰杆机构 1 产生位移，四个铰杆分别连接着四个锁销，当吊具下降接近货物时，通过吊具上的导向板继续下降滑入货物销孔，铰杆机构推动锁销转动 90°，将货物锁死吊起。脱钩时，锁销反向转动 90°，退出销孔。吊具的铰杆机构在各个目标轨迹位置都装有限位装置，对到位情况及时反馈。电动铰杆系统的工作原理见图 7-87。

为了更好地提高工作效率，除下文提及的电气防摇摆功能外，还可在吊具上采取机械防摇摆的措施，即采用“三角式”钢丝绳缠绕系统，使吊具框架的每条边都受到多段钢丝绳的约束，吊具在多个平面内对称地两边受力相等，可保证吊具在水平方向受到的合力为零，从而实现机械式防摇摆功能。

为防止误操作导致电动机冲击破坏铰杆机构，在电动机与铰杆之间装配有摩擦式力矩限制器，吊具到位后电动机不停止工作就只能空转，可以避免电动机烧坏以及机构损伤带来意外事故。

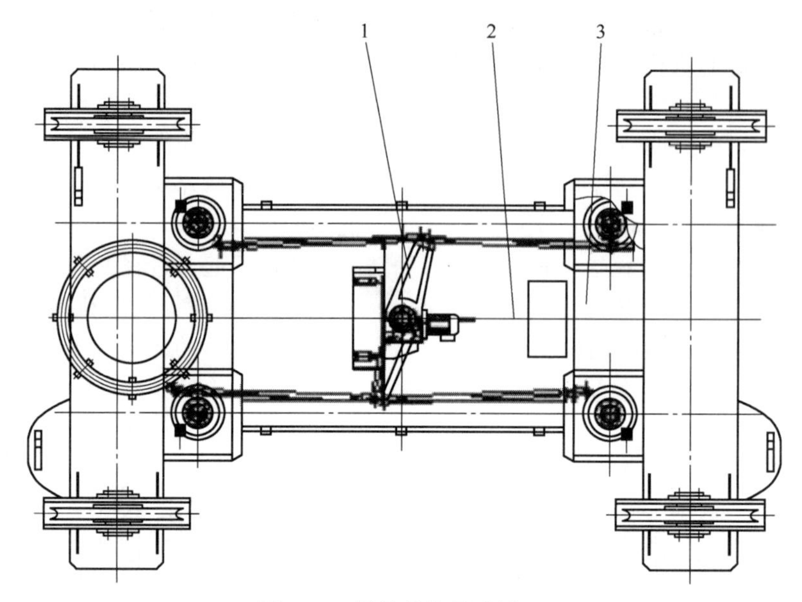

图 7-86　吊具结构示意图

1—铰杆机构；2—导杆；3—减速器

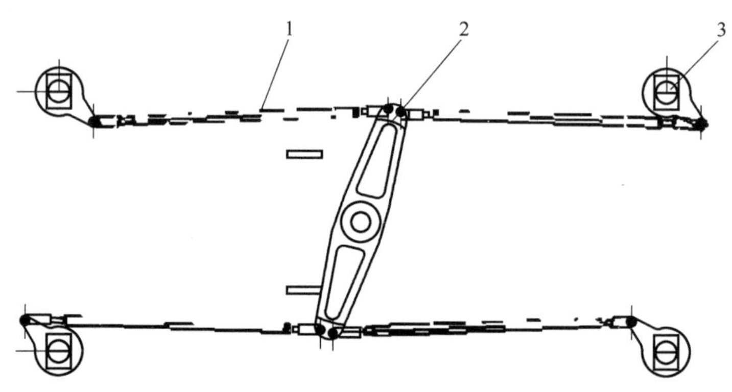

图 7-87　电动铰杆系统原理图

1—铰杆；2—导杆；3—锁销

7.9.3.3　电气控制系统设计

起重机全车采用变频控制，使用西门子 S7-300 可编程逻辑控制器，通过 Profibus-DP 实现与变频器的通信，起升卷筒加装增量编码器，用于吊钩起升高度的测定。大小车运行方向使用倍加福位置编码系统（WCS）来进行位置测定（图 7-88）。同时，起重机增加了工控上位机，以实现对起重机的控制监控及记录，实现起重机自动控制、自动取料功能，电气防摇摆功能，自动定位功能，安全监控功能，过程控制保护功能等。主要电气控制方式和原理如下。

（1）自动控制、自动取料功能

该起重机使用西门子 S7-300 可编程逻辑控制器，可实现自动控制。使用 SCL、STL、LAD 语言或 FBD 语言对自动控制过程即自动控制工艺流程进行程序编写。信号传输采用 Profibus-DP 通信协议或以太网或工业无线网络，实现对自动抓料、放料信号的采集。

（2）电气防摇摆功能

防摇摆功能是通过建立起重机载荷摆动的数学模型，明确吊重摆幅与大小车运行加减速之间的关系，根据操作指令及起重机的实时运行状况计算出能消除摇摆的起重机大小车运行速度。变频器根据所要求的速度，通过电动机驱动起重机大车和小车的运行，从而精确地消除起重机负载的摇摆现象。

（3）自动定位功能

自动定位系统采用倍加福位置编码系统来进行位置测定（图 7-88）。其通过 U 形读码器以红外光对射方式阅读编码尺，把读码器放在编码尺上，每隔 0.8mm（WCS3B）或 0.833mm（WCS2B），读码器就会探测到一个新的位置，它无须参考点/原点，而且没有时间延迟，就能计算出位置值/位置信息和诊断数据，然后通过 RS-485、SSI、CANopen 等通信接口直接传输给控制器或通过接口模块（Profinet，Profibus）在各种网络中传输，最终传输至控制器。为提高编码系统的可靠性，在引导触轮上配装了清洁刷 WCS2-GT-BR，用来清洁编码尺。

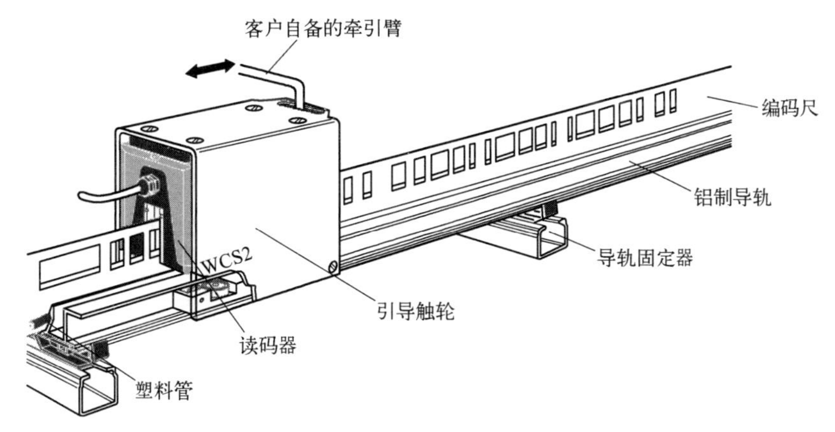

图 7-88　位置编码系统

（4）安全监控功能

起重机配备有工控上位机，可实现起重机全方位三维运作的监控。通过 Pro-E 软件或 SolidWorks 软件绘制出起重机的三维图纸，下载到工控机上进行显示。起升机构上增量编码器以及大车位置编码系统反馈回来的位置信息，通过 PLC 处理后传输到上位机，在上位机中进行起重机运行的三维显示，并实时显示起重机各机构运行的状况，具有起重机故障记录功能，可方便查询及下载。

（5）过程控制保护

起重机采用双冗余技术，具备两个控制系统。在其中一个控制系统出现故障时，起重机会自动切换到另一个控制系统，以避免起重机出现故障后不能运行，从而避免产生损失。同时，该起重机具备各种保护措施，如位置检测保护、信号接收同步保护、单一故障保护等，以确保行车自动控制过程中能够正常运作。

7.9.3.4　采用中控室控制

上料起重机的各种操作指令均在中控室发出，起重机本身具有对各个机构的运行距离进行检测的装置，由于原材料料仓在生产车间的位置固定，所以起重机到各个料仓的位置固定，利用各个料仓需要的加料信号，采用程序编排料砂料仓的加料顺序，起重机根据其运行距离的检测装置，自动运行到要加料的料仓，完成对料仓的加料，构成无人控制上料起重机的全自动运行。上料起重机具有高精度、全自动运行的特点，可以实现无人控制自动工作。

7.9.3.5 制动系统设计

为提高制动系统的安全性，每套起升装置均配置有三套制动器，分别为两套箍式制动器和一套盘式制动器，安装在电动机、减速器和卷筒端，安全制动效果可靠。

7.9.4 结论

该全自动冶金多功能起重机的研制成功，有效解决了特殊钢冶炼过程中的原材料自动上料问题，定位精度高、防摇摆特性好、自动化程度高，在实际使用过程中可实现无人操作，具有较高的推广应用价值。

7.10 小车下置式低净空双梁桥式起重机结构设计

传统的起重机结构如图 7-89 所示，卷扬机构设计在主梁上方的小车架上，其净空高度通常由小车架和卷扬机构叠加的高度决定。对于有净空高度要求的使用工况，国内桥式起重机一般采取降低减速器高度的方法降低起重机整车高度，达到低净空的设计目的。此种结构设计容易造成起重机受力复杂、应力集中及力学性能不稳定，同时增加了制造工艺的复杂性，而且起重机小车高度下降尺寸有限。为满足起重机高度降低的要求，需要设计一种新型起重机降低高度的方法来解决上述问题。

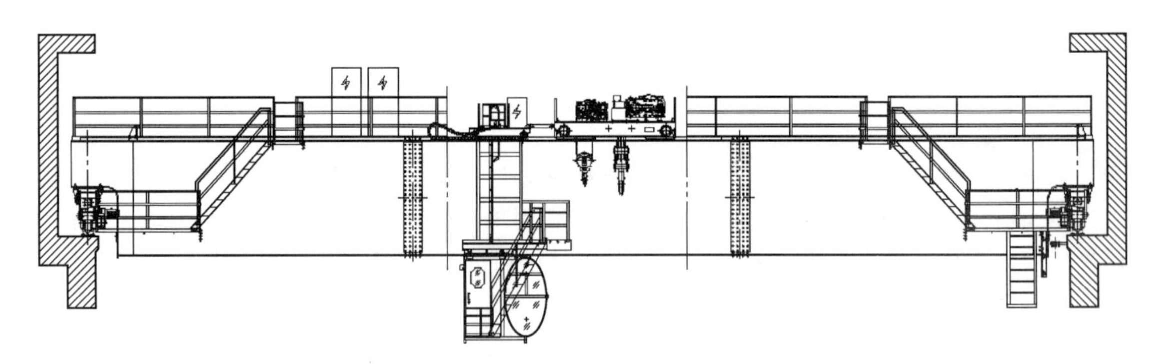

图 7-89 卷扬机构在主梁上方的传统起重机

7.10.1 设计思路

针对上述情况和起重机的结构特点，通过分析，在满足起重机最大起升高度的前提下，如果将小车设计在主梁下方，就可以有效解决上述问题，即将连接梁与两根端梁焊接起来形成矩形结构，悬挂梁与小车的整个起升机构连接，再将悬挂梁通过销轴悬挂在连接梁下面，将整个小车的起升机构悬挂在小车端梁的下方。此结构形式能够大幅度降低起重机的整车高度，满足降低起重机高度的要求。

7.10.2　整体结构设计方案

根据上述思路设计的起重机结构如图 7-90 所示，该结构主要包括悬挂梁 1 和 5、小车端梁连接架 2、小车及起升机构 3、小车端梁 4、主梁 6 等部件，采用了起重机小车起升机构与运行机构分离的结构形式。由于将小车及起升机构 3 悬挂在主梁 6 下部的中间，满足了降低起重机高度的设计要求。悬挂梁 1、5 均为矩形箱形梁结构，采用钢板焊接而成，通过销轴定位和焊接方式悬挂在小车端梁连接架 2 下面两侧，呈对称性结构，其功能是作为悬挂小车及起升机构的支架平台；通过螺栓连接方式，将小车及起升机构悬挂在悬挂梁 1、5 上；小车端梁连接架 2 为矩形箱形梁结构，采用钢板拼焊而成，通过焊接方式与两侧小车端梁 4 连接，形成矩形框架结构，其功能是悬挂悬挂梁 1、5 与起重机小车及起升机构 3，形成起重机小车悬挂支撑上平台；小车及起升机构 3 为钢板拼接的支撑平台结构，在其上安装电动机、减速器、卷筒起升机构等，其功能是组成起重机起升机构，控制吊物的起升下降，满足吊装要求；小车端梁 4 为矩形箱形梁结构，采用钢板拼焊而成，焊接在小车端梁连接架 2 两端，其功能一是与小车端梁连接架组成支撑平台，悬挂小车，二是安装小车运行机构，实现小车在主梁 6 上的运行功能；主梁 6 为矩形箱形梁结构，本设计采用双主梁形式，组成起重机桥架结构，在主梁 6 上安装有轨道，供安装在小车端梁 4 上的小车运行机构沿轨道带动吊物往复运行。

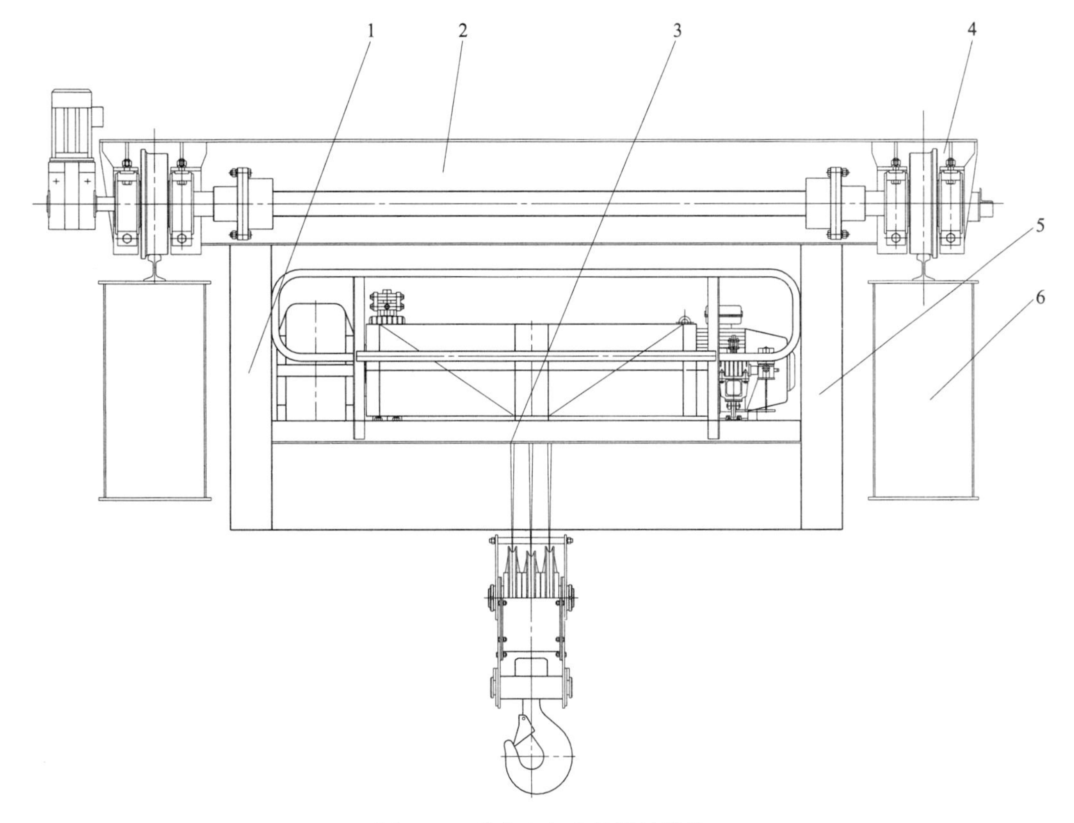

图 7-90　低净空起重机设计结构

1，5—悬挂梁；2—小车端梁连接架；3—小车及起升机构；4—小车端梁；6—主梁

7.10.3 效果

该产品研发成功后，在厂房有特殊要求的低净空领域得到广泛的推广应用，与现有起重机结构相比，该结构设计最大特点是在传统起重机的基础上，依托起重机小车的特征，采用端梁连接梁和悬挂梁将起重机小车起升机构悬挂在主梁下方的方法，达到大幅度降低整车高度的效果，最大程度地满足起重机主梁上方与钢结构厂房之间的高度要求，实现低净空设计的目的。

7.11 新型全液压港口轮胎门式起重机结构设计

随着我国经济的迅速发展和对外贸易的增长，大量的重型设备需要转场运输，轮胎门式起重机因安全、高效、快捷、方便等诸多优势而被广泛应用，并得以高速发展，成为物料搬运自动化的关键设备之一。特别是近年来内河码头及铁路堆场的建设，极大地促进了轮胎门式起重机的需求，也对轮胎门式起重机的效率及起重能力要求越来越高。与美、日、德等工程机械强国相比，国产起重机虽然保持着较大的市场占有率，但其寿命、可靠性、技术含量、附加值等需要提高。开发高技术含量的大吨位轮胎门式起重机，追赶并超越国外的同类型产品，是起重机行业刻不容缓的任务。

7.11.1 产品主要技术性能及技术参数

该产品主要结构见图 7-91、图 7-92，由车辆行走系统、车辆转向系统、卷扬起升系统、柴油发动机动力系统、液压系统、电气控制系统以及钢结构框架、滑轮组、钢丝绳、吊具等组成。自带的动力系统具有横行、纵行、以车辆几何中心为圆心原地 360°回转，前进、后退、制动以及卷扬起升功能，可以满足现场各种复杂使用工况。

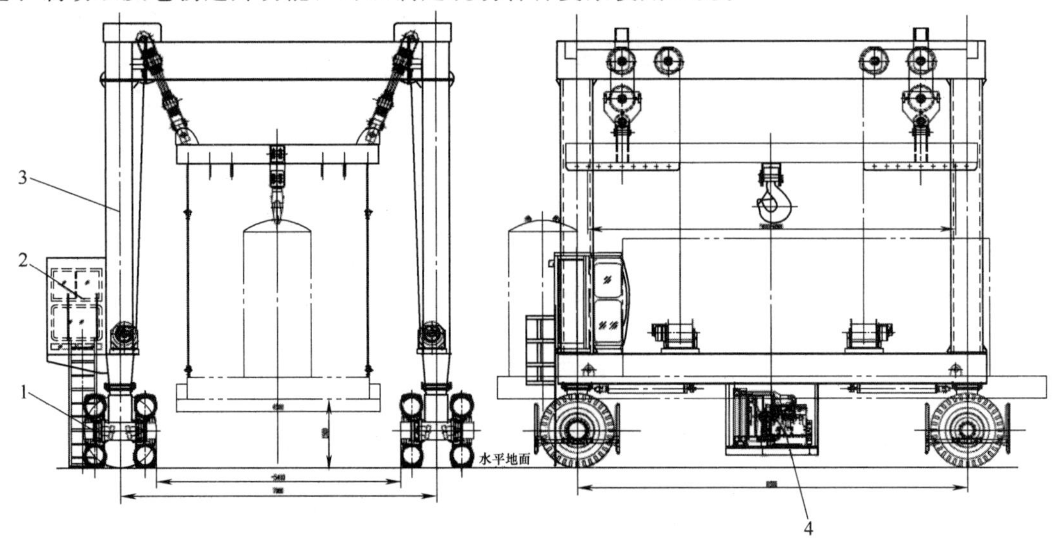

图 7-91 轮胎门式起重机整体结构

1—门柱；2—驾驶室；3—运行及回转机构；4—液压系统

图 7-92　轮胎门式起重机外观

产品主要技术参数见表 7-10。

表 7-10　产品主要技术参数

序号	项目名称		技术参数
1	车重		≤42500kg
2	货物重(含吊具)		≤1000000N
3	每个车桥配轮胎数量		2
4	驱动桥布置方式		对角布置驱动桥
5	车辆速度	空载平地行走速度	0～50m/min 无级调速
		重载平地行走及空载爬坡速度	0～25m/min 无级调速
6	车辆行走制动模式		行车制动+驻车制动
7	车辆转向模式		纵行、横行、以车辆几何中心为圆心原地 360°回转
			车桥空载转向,重载不转向
8	起升速度	重载	0～1m/min 无级调速
		轻载	0～2m/min 无级调速
9	发动机功率		82kW

7.11.2　产品主要特点

① 采用全液压驱动（含行走机构、转向机构、起升机构），液压传动系统的体积小、重量轻、惯性小、操作轻便、工作可靠；

② 适应各种没有电力供应的场所，自带动力系统，可用于水泥或沥青路面，场地适应性强、机动灵活；

③ 主要液压元件、电动机、减速器均采用进口产品，整机可靠性高；

④ 整机结构简洁，自重轻；

⑤ 运行机构具有横行、纵行、以车辆几何中心为圆心原地 360°回转、前进、后退、制动功能，以上所有功能均为液压驱动；

⑥ 驱动单元采用闭式液压回路，具有节能、高效、低噪声、安全、可靠的特点；

⑦ 采用四点起吊、三点平衡技术，能够在载荷重量分布不均的情况下，保证整个系统的平衡，不会出现四个吊点中任意一个吊点过载；

⑧ 控制单元采用先进的电液技术，所有系统的控制动作都是由电磁阀来完成的，不用人力来操纵各种阀组，提高了操纵的舒适度，降低了劳动强度，符合人机工程的要求；

⑨ 在每一组轮胎下都设有防爆胎倾翻装置，如图 7-93 所示，如果有一个或一组轮胎爆胎，防爆胎倾翻装置能够及时起作用，防止设备倾翻等事故发生；

图 7-93　防爆胎倾翻装置

⑩ 采用多吊点组合式吊具，该吊具沿横向有多个吊点，可以根据用户的需要现场调整吊点距离，满足不同吊装状态的使用要求。

7.11.3 液压系统原理

100t 轮胎门式跨运车的液压系统由一个开式液压系统和一个闭式液压系统组成，开式液压系统控制车辆的转向和起吊功能，闭式液压系统控制车辆的行走和制动功能。

为避免工作干涉，开式液压系统工作时，闭式液压系统不工作，此时闭式液压系统处于低压小流量（补油泵）待命状态，补油泵除了向闭式液压系统补油外，还向其他控制部分提供控制压力油，闭式液压系统主泵此时处于零排量状态，不向系统供油，行走液压马达不工作。

闭式液压系统工作时，开式液压系统不工作，开式液压泵为负载敏感泵，处于低压小流量待命状态。补油泵向闭式液压系统主泵比例电磁阀提供先导压力油，如果比例电磁阀一端的比例电磁铁得到电信号，比例电磁阀换向，先导压力油进入该比例电磁铁对应侧的变量缸，推动变量机构带动斜盘摆动，比例电磁铁得到的电流越大，斜盘摆动的倾角越大，主泵的排量就越大，主泵 A 油口向闭式液压系统正向供油，高压油进入行走液压马达 A 油口，驱动行走液压马达正向旋转，行走液压马达 B 油口回油进入主泵 B 油口。如果比例电磁阀另一端的比例电磁铁得到电信号，比例电磁阀换向，先导压力油进入该比例电磁铁对应的变量缸，推动变量机构带动斜盘反向摆动，比例电磁铁得到的电流越大，斜盘反向摆动的倾角越大，主泵的排量就越大，主泵 B 口向闭式系统供油，高压油进入行走液压马达 B 油口，驱动行走液压马达反向旋转，行走液压马达 A 油口回油进入主泵 A 油口。

7.11.3.1 液压转向工作原理

如图 7-94 所示，开式回路液压泵通过比例换向阀驱制四个转向油缸，转向油缸带动车桥，车桥带动轮胎，实现转向功能。

每个车桥的回转支撑内装有一个转角传感器，可以实时检测轮胎的转向角度，每个换向阀控制一个转向油缸，当某一个车桥先转到设定的角度时，该车桥内的转角传感器发出信息，使该换向阀比例电磁铁断电，比例换向阀回复中位，在停止向该转向油缸供油的同时，将该转向油缸锁定在此转向角度；没有转到设定角度的车桥，在转向油缸的带动下继续转向，直到四个车桥全部转到设定的转向角度，转向工作完成。车桥转向完成后方可进行下一个动作。

改变某一转向比例换向阀比例电磁铁电流的大小，可以改变该车桥的转向速度。通过电气控制系统，可实现车辆的三种转向模式，包括 0°（纵行）、90°（横行）、原地回转（以车辆几何中心为圆心原地 360°回转）。

图 7-94　液压推杆转向示意图

7.11.3.2　液压卷扬起升工作原理

开式回路液压泵通过比例换向阀控制四台绞车的液压马达，驱动卷筒卷扬起升货物，每个比例换向阀控制一台液压绞车，每台绞车的卷筒上装有转速传感器，与比例多路换向阀构成闭环自动控制系统。当转速传感器检测到某台绞车的转速高于其余绞车的平均转速时，闭环自动控制系统自动减小该绞车比例换向阀比例电磁铁的电流，使进入该绞车液压马达的流量减少，绞车卷筒转速降低到平均转速；当转速传感器检测到某台绞车的转速低于其余绞车的平均转速时，闭环自动控制系统自动增大该绞车比例换向阀比例电磁铁的电流，使进入该绞车液压马达的流量增加，绞车卷筒转速升高到平均转速，通过电液比例闭环自动控制系统实现四台绞车的同步升降。

卷扬升降分为重载低速和轻载高速两挡，每挡均可无级调速。液压马达为电控双级变量液压马达，在液压泵输出流量不变的情况下，电控液压马达的电磁铁通电时，液压马达处于小排量状态，此工况为轻载高速工况；电控液压马达的电磁铁断电时，液压马达处于大排量状态，此工况为重载低速工况。在这两种工况下，无级调整绞车比例换向阀比例电磁铁的电流，便可无级调整进入绞车液压马达的流量，从而无级控制绞车的升降速度。

7.11.3.3　液压行走工作原理

起重机行走时，闭式液压系统工作，补油泵在向主泵供油的同时，通过电磁阀向轮边减速器驻车制动器供油，解除驻车制动，行走液压泵驱动行走液压马达，行走液压马达驱动轮边减速器，轮边减速器驱动车轮，从而驱动起重机行走。闭式液压系统额定压力为 33MPa。

通过发动机油门控制发动机转速，或通过改变行走液压泵、液压马达的排量均可改变起重机行走速度与车辆的驱动力。调整发动机转速无级控制行走液压泵转速，选择挡位开关，有级改变行走液压马达排量，前后推拉行走控制手柄，无级调整行走泵排量与输出高压油的方向。通过以上这些方式的组合，可以在很大范围内调整车辆的行走速度与车辆的驱动力，还可以控制车辆的前进、后退以及顺时针、逆时针转向和原地回转，实现起重机的平稳加速、减速及行车制动。四个行走液压马达上均装有转速传感器，通过转速传感器检测行走液压马达的转速。

（1）直线行走功能

直线行走时，当转速传感器检测到某一个行走液压马达转速超过其余三个行走液压马达的平均转速时，转速传感器发讯，电控系统自动将该行走液压马达的比例电磁铁电流减小，则行走液压马达的排量增大，转速降低；当转速传感器检测到某一个行走液压马达转速低于其他三个行走液压马达的平均转速时，转速传感器发讯，电控系统自动将该行走液压马达的比例电磁铁电流增大，则行走液压马达的排量减小，转速升高。这样，通过闭环控制系统使四个行走液压马达的转速差值不超过设定的允许差值范围，保证起重机直线行走。车桥转向角处于0°时起重机纵行，相对于驾驶室前方视野方向，向前推行走控制手柄使起重机前进，向后拉行走控制手柄使起重机后退。车桥转向角处于90°时起重机横行，相对于驾驶室前方视野方向，向前推行走控制手柄使起重机向左前进，向后拉行走控制手柄使起重机向右后退。

（2）原地回转功能

车桥转向角处于原地回转状态，起重机原地回转时，转速传感器检测马达转速并反馈到闭环控制系统。只要使每个主动桥上外侧行走液压马达与内侧行走液压马达转速比不超过设定的允许偏差（1.26），便可实现起重机的原地回转功能。

起重机原地回转时，向前推行走控制手柄，起重机顺时针原地回转；向后拉行走控制手柄，起重机逆时针原地回转。起重机原地回转是为了在狭小的场地内改变起重机行走方向，一般转到一定的角度后，又改为直线行走，因此应选择低速挡缓慢回转。

7.11.3.4 液压制动工作原理

起重机行车制动采用液压系统中位制动功能，通过电液比例控制系统，减小行走液压泵排量的同时，增大行走液压马达的排量，降低车速。当行走液压泵的排量变为零时，起重机便可实现行车制动。

起重机停稳后，将“驻车制动”开关置于驻车制动开启位，驻车制动电磁阀换向，轮边减速器驻车制动器内的控制油经驻车制动电磁阀回油箱，摩擦片将轮边减速器输入轴锁定，实现驻车制动功能；关闭发动机后，驻车制动功能自动实现。当发动机工作但车辆不行走，如起吊货物防溜车时，将“驻车制动”开关置于驻车制动开启位。

按下急停按钮、猛踩刹车踏板或猛将行走速度控制手柄扳到中位，起重机均可实现紧急制动。

7.11.4 关键结构的有限元分析计算

该起重机的钢结构框架、绞车、吊具、车桥、轮胎、回转支撑等是载荷的主要承载部件，设计计算按均载工况考虑，结构强度计算考虑整体结构自重载荷、吊重、起升动载冲击、多功能吊具自重载荷等。钢结构设计计算依据 GB/T 3811—2008《起重机设计规范》，利用 ANSYS 有限元分析软件对起重机的主要受力结构件进行分析（图 7-95），根据计算结果对结构件的结构进行优化。

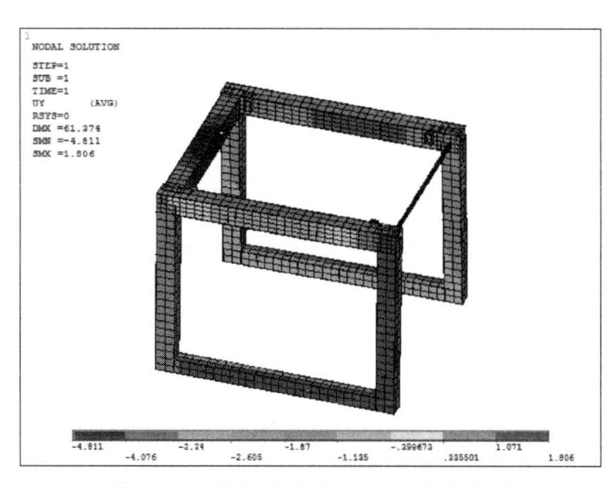

图 7-95　门架结构有限元分析应力图

主要结构件计算结果见表 7-11。

表 7-11　不同工况及载荷计算结果

载荷情况	GB/T 3811—2008	计算最大值	许用值	结论	备注
吊具满载	静刚度	3.9mm	7.95mm	满足	主梁
吊具满载	静刚度	5.0mm	7.0mm	满足	端梁
吊具满载	A	66.6N/mm^2	233N/mm^2	满足	端梁
吊具满载	A	53.0N/mm^2	233N/mm^2	满足	主梁
吊钩满载	A	55.0N/mm^2	233N/mm^2	满足	连接管
吊具满载/风载荷	B	96.0N/mm^2	259N/mm^2	满足	端梁
吊具满载/风载荷	B	70.0N/mm^2	259N/mm^2	满足	主梁
吊钩满载/风载荷	B	56.0N/mm^2	259N/mm^2	满足	连接管
实验载荷	C	83.2N/mm^2	283N/mm^2	满足	端梁
实验载荷	C	72.0N/mm^2	283N/mm^2	满足	主梁
实验载荷	C	65.0N/mm^2	283N/mm^2	满足	连接管
空载停车	C	120.0N/mm^2	283N/mm^2	满足	端梁
空载停车	C	21.0N/mm^2	283N/mm^2	满足	连接管
非常工况	C	161.0N/mm^2	283N/mm^2	满足	端梁
非常工况	C	101.0N/mm^2	283N/mm^2	满足	连接管

根据表 7-11 计算结果，该产品可完全满足用户使用要求，而且具有较高的安全系数，设计合理。

7.11.5　结论

该产品可广泛应用于货场或港口的物料搬运，由于四轮 360°阿克曼转向、吊装防摇摆等特性，具有物料搬运效率高、能耗低、节能环保的特点。其还可以吊装游艇等设施，满足大型设施的吊装转场维修需要。

7.12 狭小空间过轨起重机结构设计

磨煤机是火力发电厂的重要设备，其是否可正常使用对电厂的发电效率起到至关重要的作用，定期检修磨煤机、更换易损件是电厂维持生产的必要工作。此外，由于电厂“上大压小”升级改造、新建电厂安装大型磨煤机，磨煤机检修用的过轨起重机安装空间更狭小，常规的低净空过轨起重机已无法实现磨煤机的安装与检修，需要研发一种新的满足磨煤机狭小安装空间的过轨起重机，以满足磨煤机的安装与检修要求。

7.12.1 设计思路及整体结构设计

根据不同工况的使用要求，新型过轨起重机可设计成单梁和双梁两种结构形式。为解决空间狭小的问题，过轨起重机应设计为超低净空结构。过轨起重机端梁采用钢板拼制的“П”形结构，并做成拱形，此种结构可将起重机运行轨道包在端梁内部，从而降低起重机的高度。起重机主梁可采用工字钢，底部贴厚翼缘板，进一步降低主梁高度。为改善起重机的主端梁连接状况，驱动装置布置在主梁的正上方，起升结构采用双轨电动葫芦，葫芦本体和定滑轮梁独立设置，尽可能地提升吊钩；小车架采用拱形结构，使电动葫芦与起重机运行轨道留好安全距离后尽可能地接近；电动葫芦采用高强度钢丝绳，减小钢丝绳直径及定、动滑轮直径，吊钩采用高强度小吊钩。按照前述方案设计的单梁过轨起重机整体结构如图 7-96 所示，双梁过轨起重机整体结构如图 7-97 所示，可使过轨起重机吊钩中心到大车运行轨道底部距离大大缩小，满足狭小空间电厂升级改造或新建电厂大型磨煤机的安装与检修空间的需要。

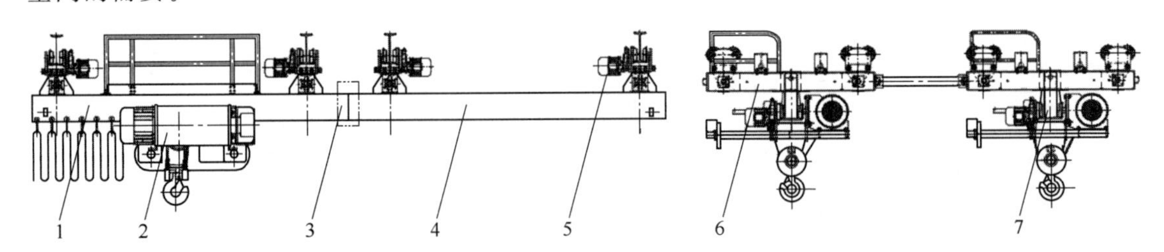

图 7-96 低净空单梁过轨起重机

1—主车；2—低净空电动葫芦；3—过轨装置；4—副车；5—驱动装置；6—端梁；7—主梁

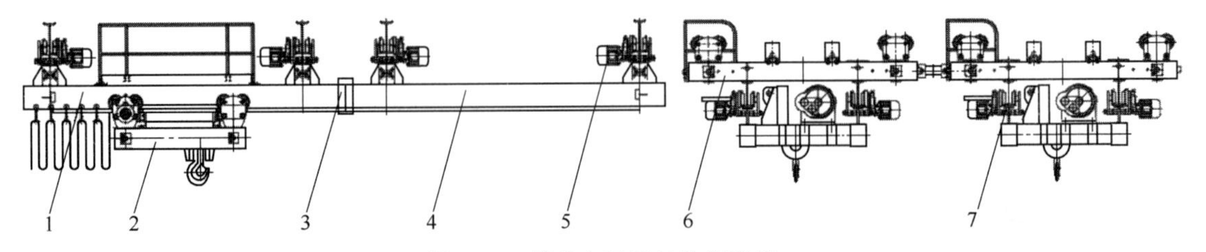

图 7-97 低净空双梁过轨起重机

1—主车；2—双轨电动葫芦；3—过轨装置；4—副车；5—驱动装置；6—端梁；7—主梁

7.12.2 关键结构设计

7.12.2.1 整体结构设计

如图 7-98 所示，研发的狭小空间过轨起重机结构主要由主车 1、双轨电动葫芦 2、过轨装置 3、副车 4、驱动装置 5、吊钩 6、端梁 7、起重机运行轨道 8、小车架 9、葫芦本体 10、定滑轮梁 11 和主梁 12 等组成。

研发的过轨起重机端梁 7 采用钢板拼制的“Π”形结构，并做成拱形，将起重机运行轨道 8 置于端梁内部；起重机主梁 12 采用工字钢，底部贴厚翼缘板，尽可能地降低主梁高度；为改善起重机的主端梁连接状况，驱动装置 5 布置在主梁的正上方；起升结构的双轨电动葫芦 2、葫芦本体 10 和定滑轮梁 11，采用独立布置的结构，此种结构可以尽可能地提升吊钩 6 的运行空间；小车架 9 采用拱形结构，使葫芦与起重机运行轨道留好安全距离后尽可能地接近；吊具采用高强度钢丝绳，减小钢丝绳直径及定、动滑轮直径，吊钩采用高强度小吊钩。

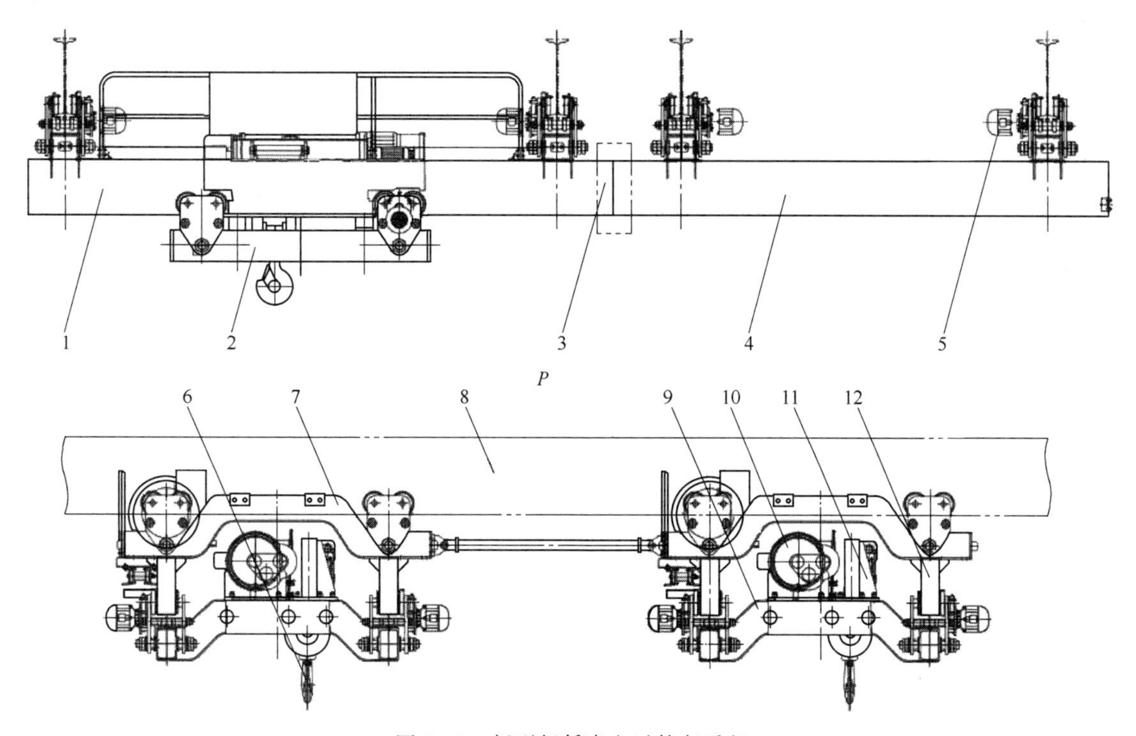

图 7-98　新型超低净空过轨起重机

1—主车；2—双轨电动葫芦；3—过轨装置；4—副车；5—驱动装置；6—吊钩；7—端梁；8—起重机运行轨道；9—小车架；10—葫芦本体；11—定滑轮梁；12—主梁

7.12.2.2 基于极限状态法的主梁优化设计

为满足狭小空间的尺寸使用要求，减小主梁界面尺寸，起重机主梁分为两节，中间连接处采用销轴铰接结构，并增加凹凸定位板，在铰接处水平方向布置有角钢，增加铰接处的水平刚度，通过多阶段振动频率和振型进行刚度优化计算（图 7-99），第三阶固有频率为

8.3849Hz 的桥架结构在垂直方向的固有频率大于 2Hz，满足《起重机设计规范》（GB/T 3811—2008）中对动态刚度的要求。同时，对主梁结构进行有限元和拓扑分析，如图 7-100 所示，采用位移-基频模型，经 93 步迭代计算后进一步对结构进行优化。经过优化的简支梁结构的重量由原始结构的 784kg 减至约 445.1kg，减轻了约 43.2%。拓扑优化后结构的基频约为 65.73Hz，载荷作用处 P 点的位移为−0.477mm，如图 7-101 所示，均满足约束要求。优化后的结构可以调节因制造、安装、温度等原因引起的误差，同时主梁高度可下降 12.5%，进一步降低了起重机高度。

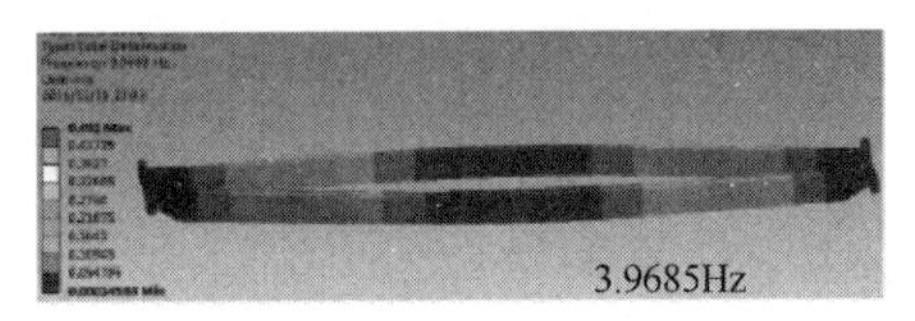

两主梁水平方向上反向左右弯曲振动

两主梁水平方向上同向左右弯曲振动

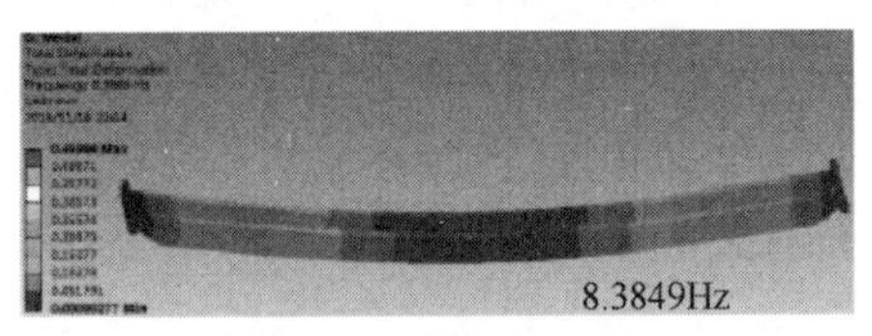

两主梁垂直方向上同向上下弯曲振动

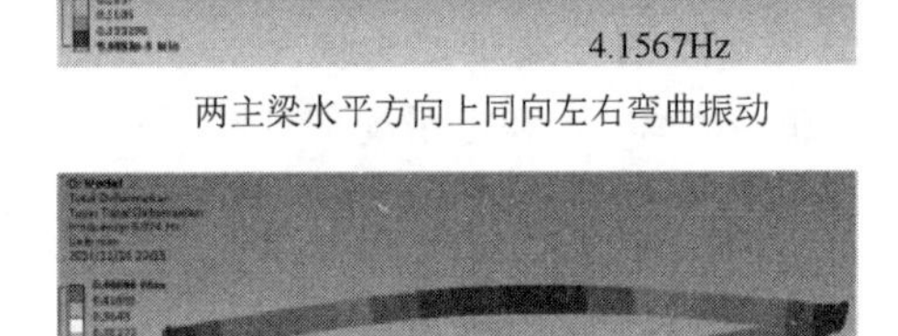

两主梁垂直方向上反向上下弯曲振动

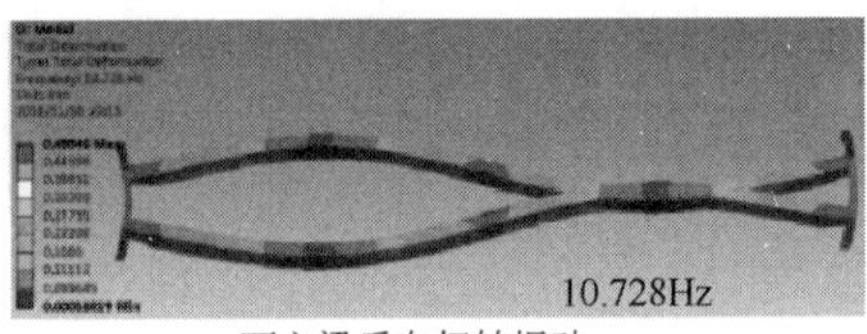

两主梁反向扭转振动

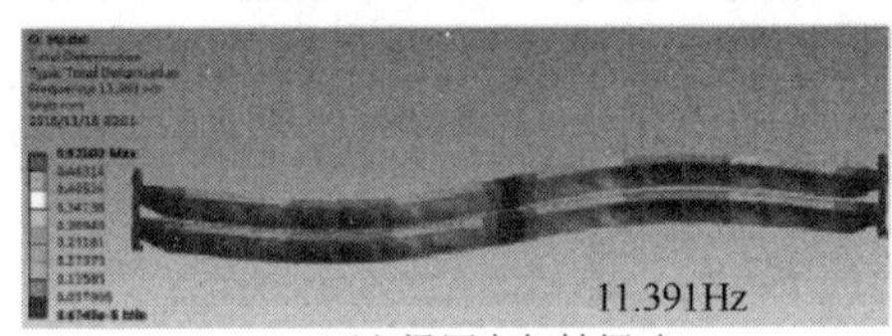

两主梁同向扭转振动

图 7-99　六阶振动频率及振型

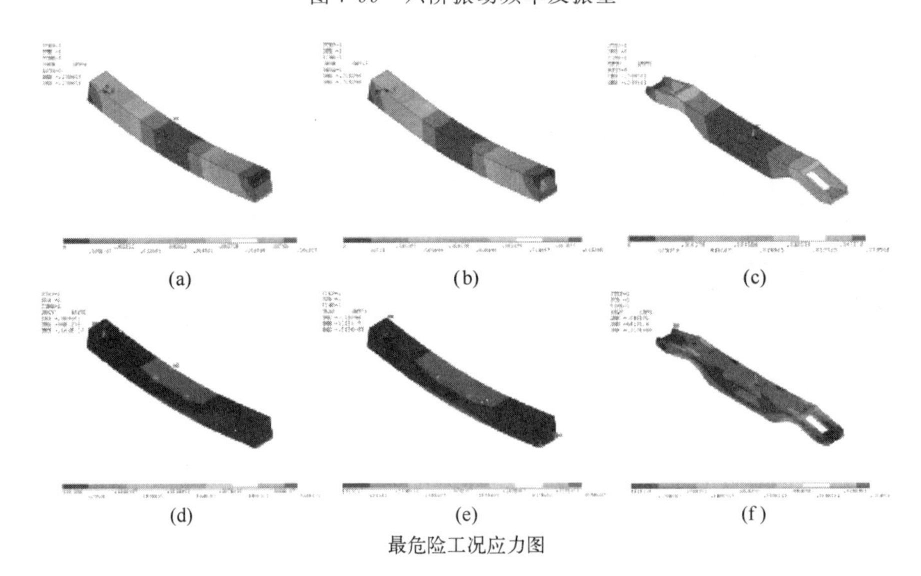

最危险工况应力图

图 7-100　主梁有限元和拓扑分析

7.12.2.3　端梁结构设计

端梁由金属结构、支撑轮组、水平导向轮组、驱动装置、缓冲车轮组成。金属结构由槽

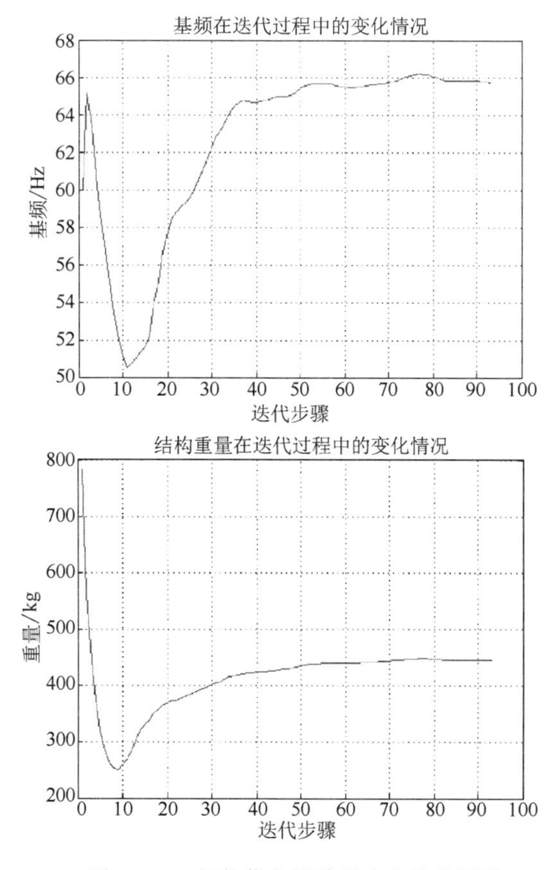

图 7-101　拓扑优化设计受力点位移情况

钢和方钢管焊接而成，构成受力载体。端梁上装有 4 组支撑轮和 4 组水平导向轮，每组支撑轮均设有平衡臂进行轮压调节。支撑轮、水平导向轮采用高强度尼龙制作而成，具有硬度高、耐磨损、噪声小、不产生火花、对轨道的磨损小等优点。驱动车轮采用聚氨酯制作，具有高摩擦性。

7.12.2.4　驱动装置设计

驱动装置由轮箱、连接架、车轮、锁紧螺母、碟形弹簧、三合一减速器等附件组成。轮箱由钢板折弯而成，两边还有轴承箱，车轮采用聚氨酯制作而成，具有高摩擦性。在轮箱的一侧装有锁紧螺母和碟形弹簧，通过碟形弹簧将车轮压紧在轨道上，车轮压力的大小可以通过锁紧螺母来调节。最后通过三合一减速器来驱动车轮，三合一减速器具有噪声小、免维护等优点。

设计实时过轨多支点起重机的关键是使起重机能实时（任何时间和地点）地完成过轨，减少转运零部件时间，提高生产效率。本过轨装置主要由自动对位系统、对接锁定系统和补偿系统三部分组成，可一键运行，具有对位精度高、速度快、自动化、智能化、效率高等优点。

7.12.2.5　实时过轨技术

通过以下三个系统完成起重机的实时过轨工作。

（1）自动对位系统

完成两台起重机的实时自动对位，为起重机的对接提供前提条件。自动对位系统由激光扫码器、条码尺组成，主要作用是确定两台过轨起重机的位置。两台起重机端梁上装有激光扫码器，轨道上贴有条码尺，两台起重机通过读取条码尺上的数据来确定起重机的位置，其中一台起重机向另一台起重机靠近，起重机通过电气控制系统进行自动对位。

（2）对接锁定系统

起重机完成对位后，通过电动推杆完成两台起重机的对接，同时带动锁定系统，使两台起重机锁定在一起，为零部件的过轨吊运提供安全保障。对接锁定系统分主动侧和被动侧两部分，主动侧由电动推杆、主动侧固定套筒、主动侧顶杆、主动侧安全缓冲挡板、限位装置等组成，被动侧由被动侧固定套筒、被动侧顶杆、压缩弹簧、被动侧安全缓冲挡板及限位装置组成。

（3）补偿系统

因车间轨道安装误差、起重机的制造误差、安装误差以及温度等的影响，可能会造成两台起重机之间的间隙过大，进而影响零部件的过轨吊运，而且安全性不高。而补偿系统就是用于补偿误差，调节两台起重机之间的间隙，为零部件的安全过轨提供又一道保障的系统。补偿系统主要由补偿器构成，其系统组成原理如图 7-102 所示，补偿器通过主动侧顶杆来带动。

当车间零部件需要进行过轨转运时，操作人员只需点动过轨遥控器上的过轨按钮，吊有需要过轨货物的起重机会自动与另一台起重机进行对位。起重机会通过端梁上的激光扫码器扫描轨道上的条码尺，进而确定自己的位置，另一台起重机也会通过条码尺来确定位置，两台起重机会将位置信号传回系统，通过系统分析，其中一台起重机会根据位置信号向另一台起重机靠拢。系统组成以 PLC 为核心，通过可编程逻辑控制器对输入的模拟量和开关量输入通道、传感器等进行逻辑判断，控制相应的接触器、继电器完成起重机的实时过轨。

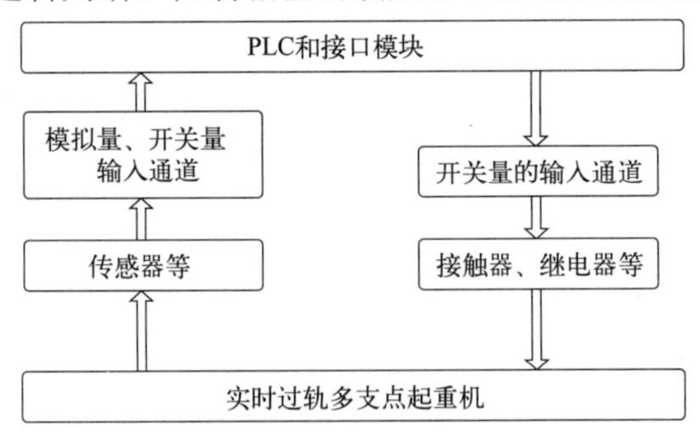

图 7-102　系统组成原理图

当两台起重机接近时，系统会降低运行速度，为精确对位做准备，通过激光条码定位系统，两台起重机的对位精度可以达到 2mm 以内，为后续过轨创造良好的条件。当两台起重机对位完成后，系统会将对位完成的信号反馈给对接锁定系统，此时该系统开始工作，通过电动推杆带动主动侧顶杆向被动侧顶杆移动，同时主动侧顶杆也会带动补偿器和安全缓冲挡板转动，当限位装置打开时，说明两台起重机的锁定已完成，同时安全缓冲挡板也已打开。补偿装置与主动侧顶杆通过连杆连接，当主动侧顶杆到达锁定位置时，补偿装置也已完成两台起重机的间隙补偿。这时两台起重机过轨前的准备工作已完成，且已连接成一个整体，同时系统会将锁定完成的信号反馈到主机，此时电动葫芦才可以工作，实现过轨转运零部件。

7.12.2.6 信息化集成应用技术

通过大数据、互联网及云计算技术实现起重机的“智能化”，推动起重机向智能化、数字化方向发展，实现起重机的自动操作。整机选配 PLC＋变频器＋编码器＋触摸屏的系统解决方案，同时配合以太网与上层控制系统对接数据实现总体全自动控制。系统控制网络采用高性能、高可靠性的现场总线 Prifibus-DP 标准，PLC 依托现场总线实现了信号采集、位置采集以及控制指令的发送等高实时性的处理。操作人员通过远程监控平台进行监控，监控画面中显示起重机的运行情况及任务工作单的执行过程。采用关键工作区域及工作过程自动监控及预警控制技术。起重机执行机构与 PLC 之间可通过以太网进行数据交换，将关键点和保护信息等进行交换，起重机执行机构在得到设定状态后执行对应的动作，将完成后的状态进行反馈，并可人工干预作业任务并查询历史任务完成情况，最终实现起重机的无缝对接过轨。

7.12.3 结论

新型过轨起重机是结合轻量化起重机的结构特点而研制的具有智能化扩展功能的起重设备。新型过轨起重机可以在车间任意地点过轨，节省车间中零部件的转运时间，效率高；采用实时过轨技术实现自动找正对位，对位精确，对位时间短；通过设计补偿装置，可以调节因制造、安装、运行、温度等因素引起的误差，减小两起重机之间的间隙，过轨时平稳、安全性高；由于空间尺寸小，满足小空间过轨的要求，以及磨煤机的安装与检修需求。

7.13 四梁六轨铸造起重机结构设计

为了确保铸造起重机的安全可靠性，控制非标起重机的重量，对“四梁六轨铸造起重机”的研究主要从以下几个方面展开：工作安全性、智能检测、高效工作。在各项性能指标满足用户要求的前提下优化结构，使外形更加美观。

320/80t 铸造起重机采用四梁六轨式双小车结构，由主小车、副小车、桥架、大车运行机构、320t 龙门吊具、80t 吊钩装置、司机室、附属钢结构、电气设备等组成。主小车分上、下小车两部分，主小车的 2 辆下小车分别在内部主梁的外侧腹板和外主梁的内侧腹板上方铺设的轨道上运行，且可在主小车下自由穿越，全程运行。主、副小车既可独立完成吊运，又可协同完成兑铁、翻钢包等工作。

7.13.1 起升机构及运行机构的设计

铸造起重机的主要性能参数见表 7-12。

表 7-12　铸造起重机的主要性能参数

项目	参数
起重量/t	主起升 320
	副起升 80
整机工作级别	A7

续表

起升高度/m	主起升 30
	副起升 30
起升速度/(m/min)	主起升 0.8～8
	副起升 1～10
小车运行速度/(m/min)	主小车 4～40
	副小车 4～40
大车运行速度/(m/min)	8～80
工作级别	小车 M6
	大车 M7
最大轮压/kN	主小车 315
	副小车 318
	大车 650
轨道型号	主小车 QU120
	副小车 QU100
	大车 QU120

通过与用户沟通，对其使用的工艺过程进行了详细了解，同时对用户提出的速度要求进行了校核，最终大车运行速度确定为 8～80m/min，小车运行速度确定为 4～40m/min。

起升机构和运行机构均采用冗余设计。主起升机构设置两套驱动装置。当其中一台电动机或一套驱动装置发生故障时，另一套驱动装置应能保证在额定起重量下完成一个工作循环。对于主起升机构的 4 根钢丝绳，当其中 1 根或位于对角线上的 2 根断开时，能保证钢包的稳定，不发生钢包的倾翻及坠落事故。起升机构设有限位并在高速和低速两侧装有编码器来测量运行速度。起升机构还加装了监控和摄像功能，实时监测超载超速作业、司机的操作过程、机构的运作情况以及吊运钢包的运动过程，以保证可靠性。

7.13.2 吊具的设计

起重机配备 320t 龙门吊具和 80t 吊钩。龙门吊具的升降要保持平衡，运行过程中不发生倾斜。吊钩在两个方向自由摆动，板钩和横梁之间增设吊叉，避免大车运行机构启、制动时吊钩承受异常的侧向载荷。

7.13.3 主梁结构

主梁采用宽型偏轨箱形梁，具有较好的垂直与水平刚度。为避免由于集中轮压引起的主梁的疲劳破坏，在轨道下采用了 T 形钢，大大提高了主梁的寿命。大车运行机构和主要电控设备均安装在主梁内，整体结构紧凑，造型美观。

7.13.4 桥架

桥架由 2 根外主梁、2 根内主梁、连杆和端梁铰组成。主小车的 2 辆下小车分别在内主梁的外侧腹板和外主梁的内侧腹板上方铺设的轨道上运行。80t 副小车在 2 根内主梁的内侧腹板上方铺设的轨道上运行。小车轨道处的腹板上部有 1 根轧制的 T 形钢，以避免承轨处角焊缝出现疲劳裂纹。内、外主梁之间的端部用铰接接头连接，2 根内主梁和连杆连接在一起。这种结构的桥架可通过其铰接式端梁使车轮之间的距离加大，改善厂房集中受力状况，避免使用多重平衡臂的结构形式，从而降低厂房高度，使起重机自重减轻，减少工程投资。

7.13.5 电气控制系统设计

320t 四梁六轨铸造起重机是钢水接收跨吊运液态钢包的特种设备，此设备控制系统的主要功能是控制各机构安全、稳定、高效运行，确保钢包吊运工作顺利进行，因此要求系统具有很高的可靠性、安全性及快速响应能力。

本电气控制系统使用 3kV、50Hz 中压交流电源。它采用耐高温刚体滑触线供电，通过装在中压电气室后的专用活动式集电装置取电，然后供电给起重机。电源传输到中压房内的电源开关柜，然后经过变压器，将不同电压等级的电源输送到机房内的配电柜，由电动机驱动控制器及 PLC 控制并驱动各主要工作机构。

7.13.5.1 系统设备构成

此台起重机电气控制系统由上位机、PLC、操作台、电动机驱动控制器、视频监视系统等组成。整机采用“综合检测显示＋PLC＋调压/变频传动”组成的三级系统结构，如图 7-103 所示。

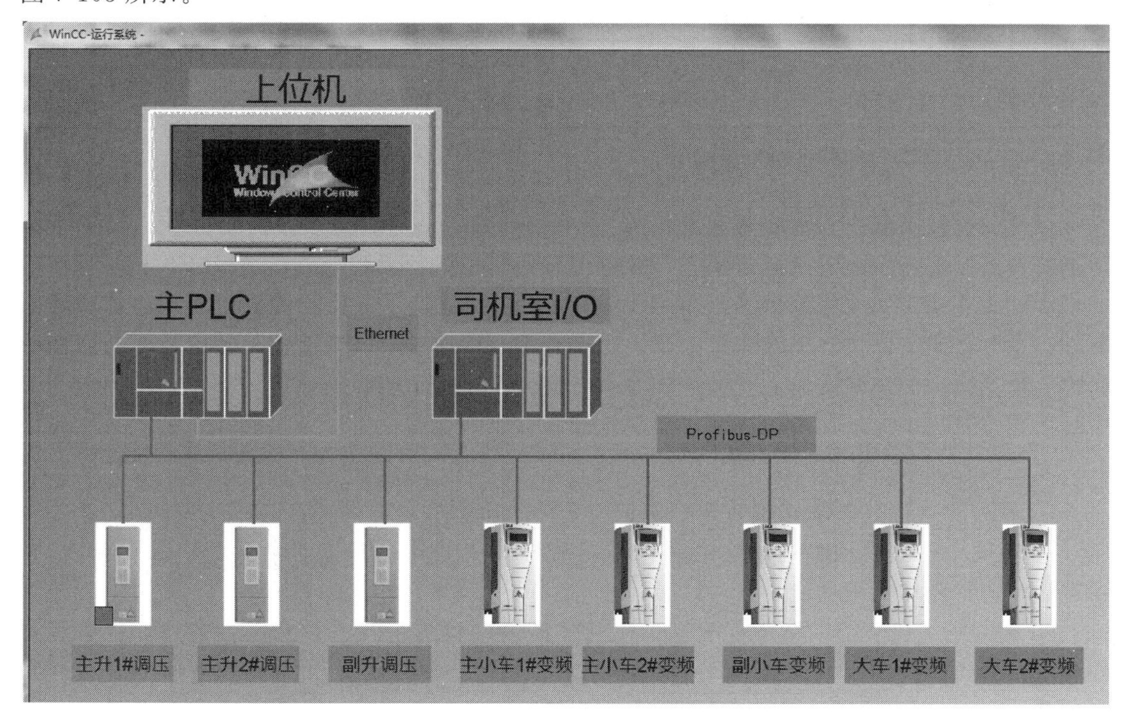

图 7-103　起重机电气控制系统

起重机通过上位机、PLC、控制按键实现数据采集、显示、交换、存储、响应、指令发送等功能，实现对全系统各设备的主要监控功能；调压/变频传动驱动各机构协调动作，实现可控运行。变频传动采用制动单元+电阻的能耗制动系统，主副起升机构的位置测量采用倍加福增量编码器完成。

上位机采用西门子工业控制计算机（IPC），可编程逻辑控制器（PLC）采用西门子 S7-300 系列 315-2DP，主副起升机构电动机驱动控制器采用上海共久 QY2/T 系列调压调速控制器，大小车运行机构电动机驱动控制器采用 ABB ACS850 系列高性能交流矢量变频器。

7.13.5.2 通信网络构成

IPC 与 PLC 之间采用以太网（Ethernet）通信；PLC CPU 与 PLC I/O 从站、调压调速控制器、变频器、增量编码器等设备之间采用 Profibus-DP 总线通信。

7.13.5.3 冗余和旁路设备

起重机电气控制系统采用 2 套专用活动式集电装置取电，一用一备。当一套取电装置故障时，可通过丝杠手柄将故障的装置退出，同时将另一套装置旋转至工作状态，这样将大大减少更换取电装置的时间，实现带电检修。

主起升驱动装置采用两套上海共久 QY2/T 系列调压调速控制器，2 套控制器完全相同，互为备用。正常工作时，一套调压调速控制器驱动 2 个主起升电动机，当该调压调速控制器故障时，通过 2 个 ABB 切换开关快速切换到另外一套调压调速控制器驱动。

副起升驱动装置采用一套上海共久 QY2/T 系列调压调速控制器与一套 JSR1 系列电动机无触点控制器。正常工作时，调压调速控制器驱动副起升电动机，当该调压调速控制器故障时，通过 2 个 ABB 切换开关快速切换到 JSR1 系列电动机无触点控制器驱动。

主小车、大车驱动设备均采用双变频器在线设计，2 个变频器各驱动 2 台电动机，当其中一个变频器或一台电动机故障时，可立即切换到单变频器驱动 2 台电动机工作，保证完成一个工作循环。

7.13.5.4 调压调速控制功能

调压调速控制器作为重要驱动设备及 DP 网的子站，与 PLC CPU 进行高速通信，将实际运行速度、电压、电流、运行状态、故障信息代码、内部参数等上传给 PLC CPU。

主副起升调压调速控制器采用新一代的 QY2/T 控制器，该控制器采用了先进的软硬件技术，主要技术指标达到国际先进水平：主令信号（AC220V）直接输入，控制器内部光电转换；输出以内部晶闸管换向代替外部接触器换向。系统可靠、控制性能优越，特别适用于重级工作制且处于恶劣环境中的起重机的驱动和控制。

主要特点如下。

① 高可靠性：控制单元密封，控制板喷涂绝缘防腐层，耐高温，适应恶劣的工作环境。

② 高安全性：启动时先建立电动机转矩后打开制动器；多重冗余措施确保安全制动；多种故障自诊断和保护功能。

③ 友好的人机界面：全中文界面；实时监控电动机运行状态；控制参数管理；显示和记录运行故障。

④ 优越的控制性能：闭环控制使速度不因载荷变化而变化；平稳的控制减小了对机械及电气设备的冲击；先电制动后机械制动，精确控制机械制动时间，既缩短了制动时间，又

减小了对制动器的磨损。

⑤ 转子频率反馈：采用转子频率反馈代替速度反馈，是最简单、最可靠、最经济的反馈方法。

⑥ 不需要换向接触器：晶闸管换向，无须外部换向接触器，不再受换向接触器及其机械联锁故障的困扰；简化了系统设计，降低了系统成本。

⑦ 抗干扰能力强：主令信号由内置光电隔离完成信号隔离转换，无须外部继电器转换，提高了输入信号的可靠性和抗干扰能力。

⑧ 工作状态指示：LED 指示输入、输出信号，便于调试、维护和对工作状态的监视。

⑨ 内置半导体保护熔断器及备件：有效保护功率器件；内置快熔备件，充分为用户考虑，可实现现场的快速处理；系统中可用负荷开关代替断路器，降低系统成本。

⑩ 更少的外围元件：简化外围线路；降低成套系统的成本，大容量系统尤为明显。

⑪ 简单易用：安装方便快捷；参数经专门优化，现场调试简单。

⑫ 结构合理：控制单元与晶闸管单元采用接插件连接，便于维修拆装；结构紧凑，安装方便。

⑬ 容量范围大：可选容量为 15～3000A。

7.13.5.5　变频调速控制功能

变频器作为重要驱动设备及 DP 网的子站，与 PLC CPU 进行高速通信，将实际运行速度、位置脉冲数、运行状态、故障信息代码、内部参数上传给 PLC CPU。通过变频器的数字量、模拟量 I/O 接口，实现挡位检测、本地操作、制动器控制功能，以及各种内部、外部故障检测及保护功能。变频器采用编码器作为速度闭环控制，实现监测、故障判断等功能。

大小车运行机构电动机驱动控制器采用 ABB ACS850 系列高性能交流矢量变频器。各变频器的速度由 PLC 输出赋值，以对速度进行控制；转矩响应快（转矩上升时间为 5ms）与零速能够输出额定转矩，为防止松闸、抱闸时的溜钩现象提供了可靠保证；主令控制信号与变频器给出的低速抱闸信号相结合，控制制动器动作，实现低速抱闸及准确定位功能。加减速时间、最大启动转矩参数可由软件设定，使启、制动平稳，减小了对机械传动机构的冲击；各种功能软件包的可灵活调用、多种保护，为使用者提供了系统设计的方便性和现场调试的灵活性。

7.13.5.6　在线监测、记录及故障判断功能

传感器信号（如限位、速度、位置、吊重等）、各控制链路中控制元件的动作状态等均被接入 PLC DI/AI 模块；调压调速控制器、变频器通过 DP 网与 PLC 相连，检测电源、各电动机及变频器内部的状态和故障参数；IPC 实时处理、显示由 PLC 所采集的各项硬件信息，并在 IPC 中实现状态监测、记录及历史数据查询、故障判断等功能。

该系统可自动对超载、变频器故障等 30 余种故障自动诊断并预报故障代号，使维护检修人员能有针对性地进行检修，节省检修时间。德国西门子公司的 S7-300 PLC 作为综合监控系统，监控整车的运行状态，并留出 30%的 I/O 扩展能力，同时实现对整车运行的时序逻辑控制及对检测信号的判断。

主升机构状态监视如图 7-104 所示。

动力回路状态监视如图 7-105 所示。

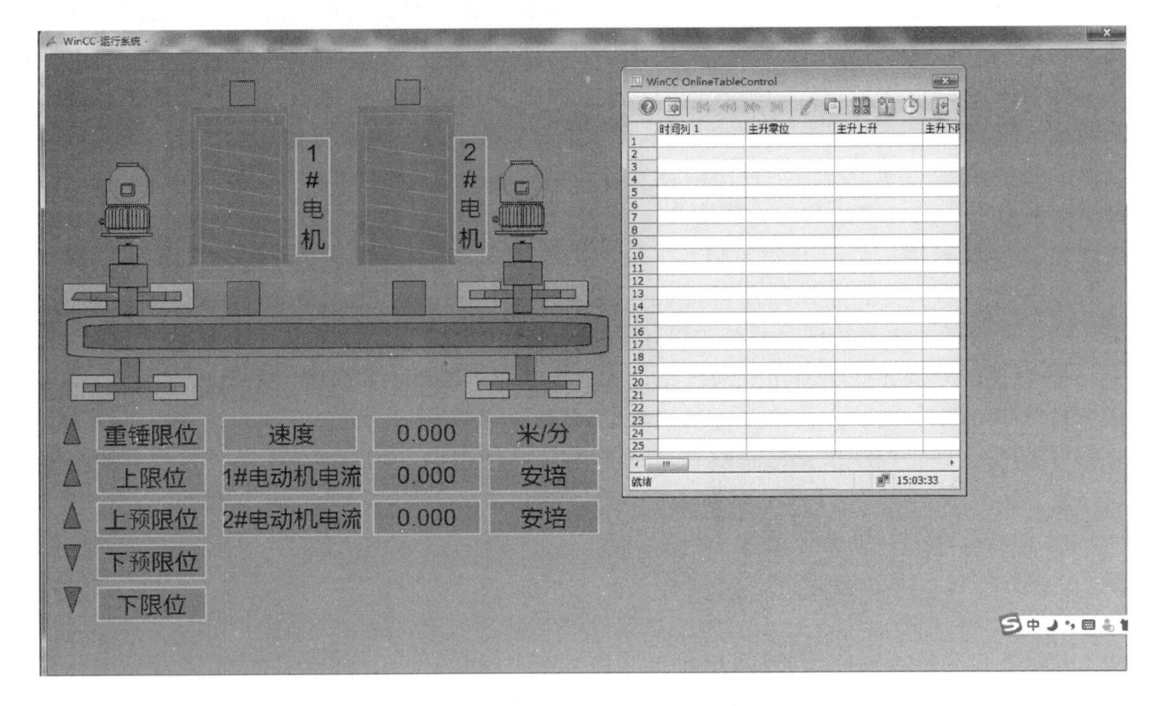

图 7-104　主升机构状态监视

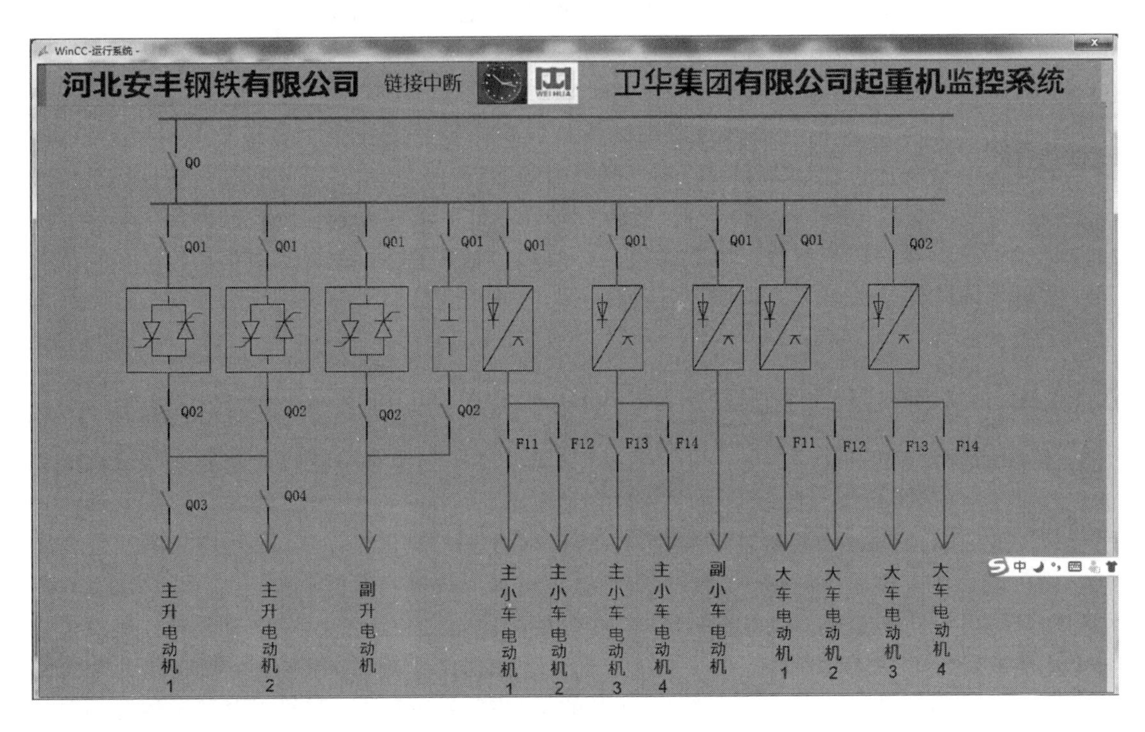

图 7-105　动力回路状态监视

控制回路状态监视如图 7-106 所示。

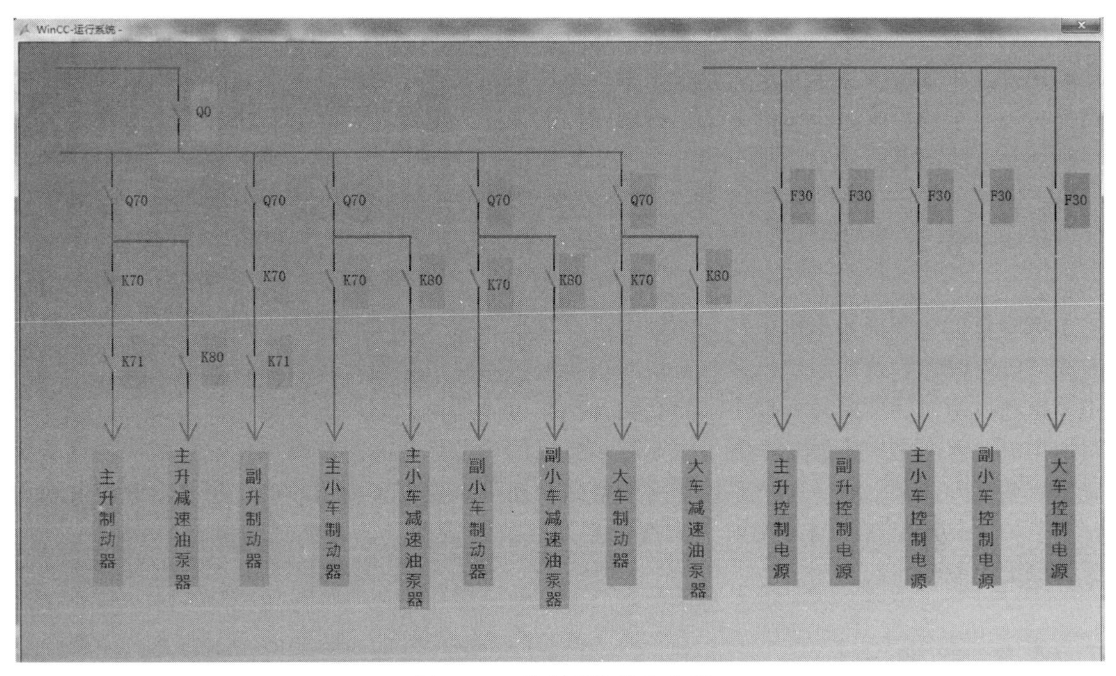

图 7-106　控制回路状态监视

7.13.5.7　吊车专用视频监视系统

本机分别在主小车上和副小车上安装了专用摄像头，用于拍摄吊钩的运动轨迹，便于操作人员观察吊钩的动作状态，出现故障时可追溯、分析、查找故障原因。

7.13.5.8　术语和含义

术语和含义见表 7-13。

表 7-13　术语和含义

术语	含义
PLC	可编程逻辑控制器
IPC	工业控制计算机，简称工控机，也称上位机
Ethernet	以太网
Profibus-DP	用于工业自动化系统和分布式 I/O 站以及现场设备之间通信的总线标准
STEP7	西门子可编程逻辑控制器进行编程、监控和参数设置的标准工具
WinCC	西门子组态开发软件

7.14　三梁四轨桥式起重机结构设计

双小车桥式起重机因既可以单独使用，又可以将两小车并联使用而受到很多客户的喜爱。一般双小车桥式起重机因小车布置在同一轨道上，单独使用时吊钩一侧的极限尺寸受到很大限制，且两小车并联使用时吊具只能与主梁平行，因此被吊物到厂房柱子边的最大极限尺寸也受到很大限制，往往无法满足用户对吊物在极限尺寸位置吊运的要求。通过上述问题分析，设计了一种三梁四轨桥式起重机，在普通双梁起重机的基础上，中间增加一根主梁，在此主梁上布置两根小车轨道，分别供两小车使用。此种结构形式在两台小车单独使用时不受另一台小车的影响，小车可分别运行到两侧的最小极限尺寸，从而解决厂房极限尺寸情况下吊物吊装的问题，满足双小车起重机使用要求。

7.14.1 设计思路

该起重机在传统起重机结构的基础上，通过在两根主梁之间增加一根主梁的结构设计，形成“三梁四轨”桥式起重机结构，使双小车由“同轨道”运行变为“错轨道”运行。两台小车单独使用时，不受另一台小车的影响，小车可分别运行到两侧的最小极限；两台小车并联使用时，因两吊钩连线是垂直于主梁的，所以用户可将物品排放到离厂房柱子非常近的位置，有效增大作业空间，合理利用厂房的空间，还可以根据不同用户的使用要求，方便地调整两吊钩之间的距离，而不影响物品摆放到两侧的极限距离，最终达到减小吊钩的左右极限、增大作业空间的目的。

7.14.2 结构设计

该起重机结构设计如图 7-107 所示，主要由小车、主梁和端梁组成。所述小车 1、2 为

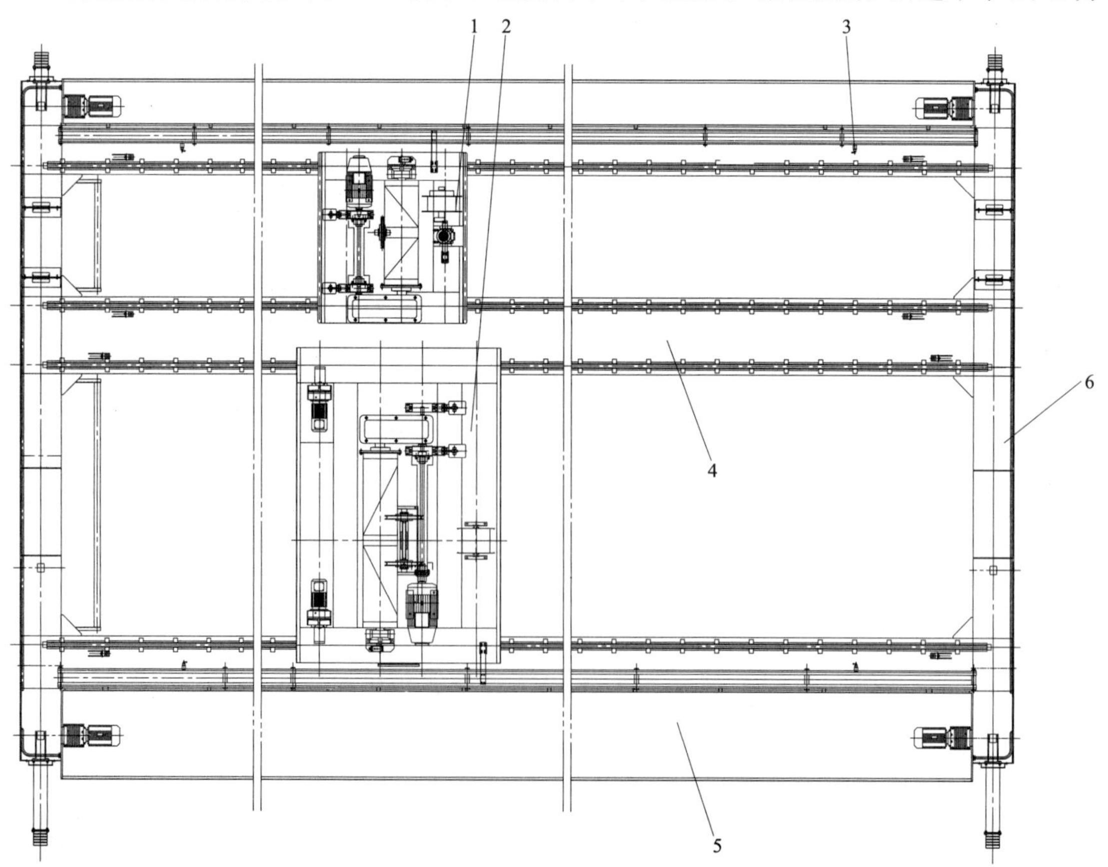

图 7-107 三梁四轨起重机结构示意图

1，2—小车；3～5—主梁；6—端梁

钢板拼焊成的平台结构，其作用是承载起升机构、运行机构，两个小车结构形式基本一致。小车 1、2 呈“错轨道”形式设计，形成三梁四轨桥式起重机结构，避免了传统“同轨道”双小车设计方案中小车 1、2 因布置在同一轨道上，单独使用时吊钩一侧的极限尺寸受到较大限制，且两小车并联使用时吊具只能与主梁平行，因此吊物到厂房柱子边的极限尺寸也受到很大限制的问题。主梁 3～5 为钢板拼焊成的箱形梁结构，其主要功能为作为起重机承载负载的主要结构框架和承担小车运行的框架，增加的主梁 4 位于传统起重机主梁 3 和主梁 5 之间，在主梁 4 上布置两根小车轨道，分别供小车 1、2 使用，达到小车“错轨道”运行的目的。端梁 6 为钢板拼焊成的箱形梁结构，其主要功能是与主梁 3～5 共同组成起重机的整体框架结构和用于安装大车运行机构。端梁 6 与主梁 3～5 之间采用螺栓连接的方式固定在一起，大车运行机构通过螺栓连接方式安装在端梁 6 上，实现起重机大车的运行，与前述各机构组成该起重机。由于该起重机在传统起重机的基础上增加了一根主梁 4，主梁 3、4 可以实现双小车的“错轨道”运行，满足了双小车独立运行时极限尺寸的需要。

7.14.3　效果

该起重机在传统起重机双主梁（3，5）结构基础上，增加了一根主梁 4，同时在新增主梁上布置了两根小车轨道，分别供小车 1、2 使用，形成“三梁四轨”结构，实现了小车 1、2 呈“错轨道”方式运行，达到双小车“错轨”运行的目的，提高了生产效率，完全可以满足使用要求。

7.15　大型抓斗式挖泥船技术应用特点及发展趋势

随着国民经济的持续、稳定发展，近年来我国疏浚市场也迎来了勃勃生机，疏浚装备制造业开始走上自主创新、做大做强的发展阶段。我国疏浚设备发展采用“两条腿走路”的方式，一方面向国外购买先进的大型装备，另一方面倾力打造国产大型装备。进入 21 世纪以来，为积极应对国内外疏浚市场的严峻挑战，我国着手研究开发大型耙吸船和大型绞吸船，创出了一条“引进、消化、吸收，再创新”的高科技平台和低成本扩张相结合的装备之路。与此同时，随着我国电子计算机、通信信息技术迅速发展，其在疏浚领域的应用也越来越广泛，促使疏浚技术设备不断更新，疏浚船舶则向大型化、自动化方向发展。目前，我国在中小型河道疏浚装备上，从结构设计、定位与测量技术方面基本保持与国际先进水平同步，但是斗容量 $18m^3$ 以上的大型抓斗式挖泥船（图 7-108、图 7-109）基本是进口日本等国的设备，不仅价格高，还容易受到技术及供货周期的制约，且这类装备中的抓斗挖泥驱动方式主要为柴油机-液力变矩器的液力驱动方式或柴油机-直流电动机驱动方式，整机价格高，控制软件也受制于人，应用上具有一定局限性。而我国开发的具有智能化、有高端技术应用的大型疏浚设备与国外产品尚有一定差距。随着我国疏浚市场进一步对外开放，国际竞争力度进一步加大，迫切需要国内研发和制造企业在此项目上形成重大技术创新和突破，最终实现大型疏浚设备的国产化、规模化和产业化，突破国外同类产品的技术壁垒，逐步替代目前完全由国外进口的同类产品，提高我国船舶工业在该领域的自主创新能力和竞争力。我国目前使用抓斗式挖泥船情况见表 7-14。

表 7-14　国内目前使用抓斗式挖泥船情况

单位名称	船名	制造商
天津航道局	津航浚 405～407 号	日本 SKK 公司等,津航浚 407 为从日本进口的二手设备
广州航道局	金雄号	日本 AI 工业株式会社
中交第三航务工程局	中交三航浚 6 号	日本 SKK 公司
上海航道局	新海蚌	日本 SKK 公司
长江重庆航道工程局	长鹰 50	日本富士海事株式会社二手设备

图 7-108　抓斗式挖泥船工作模拟图

图 7-109　抓斗式挖泥船工作部分三维设计图

7.15.1　大型抓斗式挖泥船国内外技术现状

国外发达国家大规模进行港口和海洋开发是在 20 世纪六七十年代，因此采用的大型抓斗式挖泥船主要的驱动控制技术也源于该段时间的研究和实践。这类装备中的抓斗挖泥驱动方式主要为柴油机-液力变矩器的液力驱动或柴油机-直流电动机驱动。

采用柴油机-液力变矩器的液力驱动方式的特点是液力变矩器带奥美佳离合器。其驱动过程为：柴油机—液力变矩器—减速器—开式齿轮—离合器—卷筒—钢丝绳。柴油机-液力变矩器驱动方式的优点是能在抓斗闭合时将柴油机的全部动力最大限度地传输到抓斗开闭机构这一侧，形成足够大的抓斗闭合力矩，最大闭合力矩可以达到额定工况的 4 倍以上，有利于实现对各种土质的挖取作业。缺点是由于大功率的柴油机、液力变矩器及其控制系统必须依赖进口，整机价格高，控制软件受制于人。采用柴油机-液力变矩器的液力驱动方式的挖泥船斗容量以 18～30m^3 为主。

柴油机-直流电动机驱动过程为：柴油机—发动机组—直流电动机—减速器—开式齿轮—离合器—卷筒—钢丝绳。柴油机-直流电动机驱动方式具有比较大的过载能力（3.5 倍），虽然略低于液力变矩器的过载能力，但也能很好地满足抓斗式挖泥船的各种作业工况要求。柴油机-直流电动机驱动方式自动化程度较高，控制精度较高，但规格直流电源和直流电动机的购置成本高，设备配套相对困难，而且存在设备运营的维护技术要求高和维护成本也偏高的缺点。柴油机-直流电动机驱动方式主要在更大容量（30～50m^3）的抓斗式挖泥船上采用。

7.15.2　大型抓斗式挖泥船国内外技术应用趋势

从目前的发展趋势看，随着交流变频技术在起重机产品中的广泛使用，特别是大功率的交流变频技术的发展，采用柴油机发电机组供电、交流变频驱动与 PLC 控制技术，经过一定的实验研究和优化设计，可以实现液力变矩器驱动方式所能达到的所有功能和效果。交流变频电动机的高可靠性使系统的工作性能更加稳定，而且数字化控制使控制的精度更高，便于实现自适应控制、智能化和可视化。研究过程中，需要重点研究柴油机-液力变矩器驱动方式与交流变频驱动方式的不同特性，特别是如何减少两种方式在过载能力等方面的差异，以有效提高交流变频驱动挖泥装备的抓斗闭合力，实现对各种恶劣地质条件下挖掘工况的自适应性，使抓斗水下挖泥性能达到已有国外同类产品水平，进而打破国外同类产品的技术壁垒。

7.15.2.1　交流变频驱动技术应用

大型抓斗式挖泥船的交流变频驱动系统的过载性和复杂载荷适应性技术：抓斗式挖泥船水下作业的工况复杂、负载变化大，对驱动系统的过载能力和主动适应性要求高。目前国外产品主要采用的柴油机-液力变矩器液力驱动方式和柴油机-直流电动机驱动方式，过载能力较强（3～5 倍）。虽然变频驱动具有一定的过载能力（2.1～3.2 倍），但针对抓斗在水下复杂地质环境的过载性能、控制性能及可靠性等，尚未经过科学论证和系统的理论、实验研究，到目前为止国内外尚无应用的先例。在系统研发时，需要重点解决双卷扬机驱动系统中的能量分配自适应控制策略与算法等关键技术，采用力参数、速度参数、电参数综合运用和实时优化控制策略等技术来应对这些极端的超载工况，从而解决交流变频驱动用于大型抓斗式挖泥船的这一关键难题。进口挖泥船工作部分驱动方式见表 7-15。

表 7-15　进口挖泥船工作部分驱动方式

船名	驱动过程	存在问题
津航浚 407 号、金雄号、中交三航浚 6 号、新海蚌	柴油机—液力变矩器—传动齿轮箱—压缩空气离合器—卷扬机	结构复杂、操控系统复杂、柴油机噪声大、设备投资大、维护与运营成本高。进口的挖泥船(SKK、AI 工业)均采用此种方式
长鹰 50	柴油机—直流发电机组—直流电动机—传动齿轮箱—卷扬机	机房内布置简洁，维修空间大，具有直流电动机拖动的所有特点，调速性能好，机房内噪声小，运行平稳，操作简单。但整机电控系统老化严重，由于采用直流驱动系统，电气元器件采购困难、维护成本高

7.15.2.2　智能化和可视化技术应用

大型抓斗式挖泥船挖泥装备水下作业的智能化和可视化技术：抓斗水下工作环境复杂、恶劣，如何有效保障各种技术［全球定位系统（GPS）、地球信息系统（GIS）、海洋水文信息系统、水下超声波测深技术、基于神经网络的抓斗作业智能化控制算法］的使用性和精度，实现异构物理信息的数据融合技术和基于模糊神经网络的抓斗作业智能化控制算法是本研究需要解决的技术难点。电气控制系统及施工定位系统包含传感器，可实现数据采集并输入可视化系统，结合数据通信技术、计算机图形学、计算机程序设计和传感器技术，实现抓斗水下作业可视化（图 7-110）。

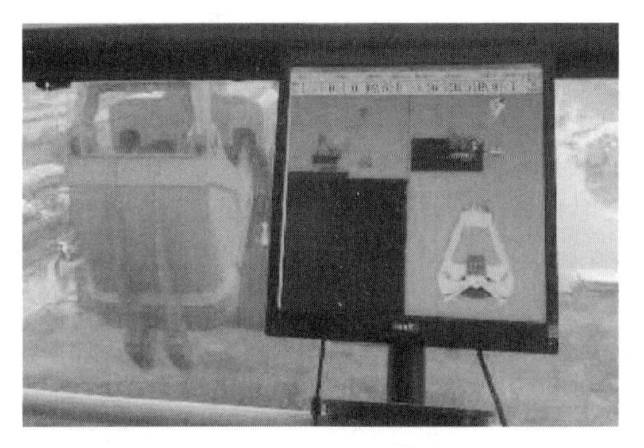

图 7-110　抓斗式挖泥船可视化显示示意图

7.15.2.3　高精度平挖技术应用

大型抓斗式挖泥船海底自动平挖控制技术（图 7-111）：自动平挖是衡量抓斗式挖泥船水下作业性能的一项重要指标，目前该技术长期由国外公司垄断。当前国际同类产品可达到±50cm 的水平挖掘（平挖）精度，但这并不能满足国内某些大型海洋工程项目的要求（如港珠澳大桥平挖精度为±25cm）和航道工程的作业要求。目前的技术趋势是充分利用交流变频驱动控制系统的数字化精准控制特点，结合抓斗工作的物流仿真、力学分析和基于模糊神经网络的抓斗水下作业智能化控制算法等技术，实现抓斗的自动平挖功能。航道和海底平挖作业的平挖精度预期达到±25cm，可超过现有国际同类产品的±50cm 的水平挖掘精度，满足各类大型海洋工程和航道工程的作业要求。

图 7-111　抓斗式挖泥船海底自动平挖作业示意图

7.15.2.4　智能控制技术应用

以西门子 S7-300 PLC 为核心，通过 Profibus-DP 总线系统和变频器进行通信，实现控制及故障检测保护。通过预先设计、编程的智能控制模型实现抓斗水下定深挖、平挖自动化控制，平挖精度为±25cm，超过进口产品（平挖精度为±50cm）。智能控制方案如图 7-112 所示。

（1）整机操作方便

采用 PLC 控制，控制精度高，功能易于实现，减少控制手柄及踏板的数量，降低操作司机的劳动强度。平挖、定深挖均有手动和自动模式，控制精准（精度为±25cm），避免出现超挖现象。驾驶室采用 2 个手柄、1 个脚踏板进行控制，操作简单，自动化程度高。

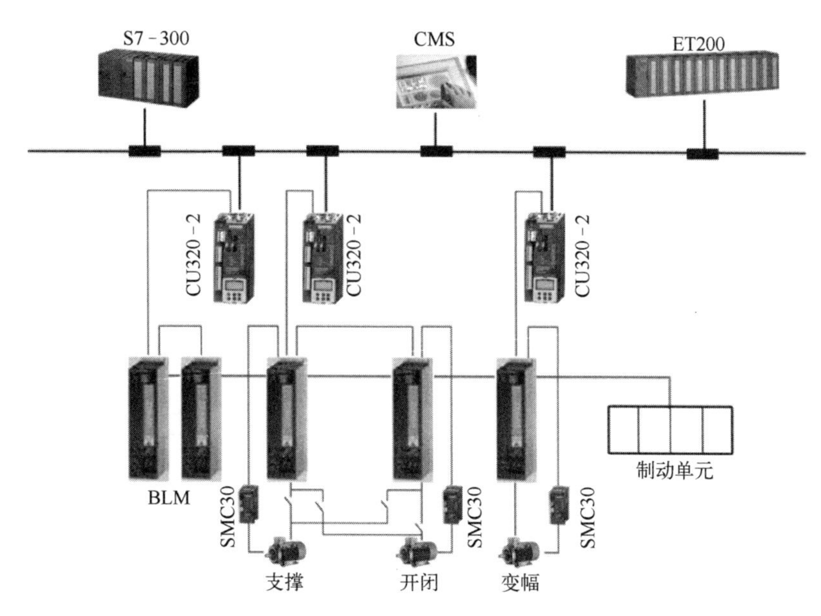

图 7-112　智能控制方案

（2）维护简便

整机采用交流变频共直流母线多传动控制系统，系统简单、可靠。控制采用 Profibus-DP 总线系统，控制回路故障易于排查，方便检修、维护。起升机构、变幅机构均采用成熟、可靠的卷扬系统，回转系统为电动机驱动的行星减速器系统，技术成熟、可靠，维护、保养方便。

（3）运营成本低、能耗低

由于采用柴油发电机组提供动力，进行动态响应时，柴油机工作在最佳效率曲线附近，提高了燃油经济性。同时采用 12 脉冲整流方案，消除了二次谐波干扰，提升了功率因数、传动效率。采用发电机组＋电动机驱动方案（图 7-113），整体效率达到 75%，高出日本同类机型 5%。

图 7-113　发电机组＋电动机驱动方案

7.15.3　结论

总之，大型抓斗式挖泥船无论是结构设计、制造工艺还是配套件，在国内尚属于试制和实验阶段，河南卫华重型机械股份有限公司与武汉理工大学对其的研究已处于国内领先地位，相关项目已列入国家 863 计划，并通过了科技部的验收，相信随着国家的重视和各项技术的深入研究，国产大型疏浚设备与国外的差距会越来越小，在部分关键技术上会实现对国外现有技术水平的超越，从而为大型疏浚设备国产化奠定良好基础。

7.16 基于轻量化设计特性的上旋转起重机结构设计

近几年我国工业建筑发展迅速，在建设中往往需要对长件钢制品进行吊运、调向、堆放等，上旋转起重机可以快捷、高效地完成这些工作。传统的上旋转起重机主要用于吊运钢坯、钢捆等，使用工作级别高、自重大、高度大、宽度大、整机功率高、对导轨承载力要求非常高，起重机的采购费用高、厂房的建造成本也高，所以这种起重机推广较为困难，急需设计一种轻小型、多用途的上旋转起重机来满足需求。针对上述问题，通过全新设计，提出一种轻小型、多用途上旋转起重机。该多用途上旋转起重机起升装置采用电动葫芦，两个电动葫芦之间刚性连接，大小车运行机构采用三合一驱动，上小车采用工字形结构设计，并在底部固定电动葫芦，实现了上旋转功能。

7.16.1 结构设计方案

该轻小型、多用途上旋转起重机结构如图 7-114 所示，主要包括大车运行机构 1、主梁 2、下小车 3、上小车 4、电动葫芦 5、上小车供电装置 6、上小车旋转机构 7、下小车运行机构 8、下小车供电装置 9 等。大车运行机构 1 主要为电动机、减速器和车轮组成的轨道运行机构，其主要功能为带动起重机大车沿车间轨道直线运行；主梁结构为“箱形梁”结构，采用钢板拼接焊接成型，为起重机主结构件；下小车 3 为钢板拼焊成的平台结构，在其上部安装有环形轨道，其主要功能是承载上小车 4 及上小车上的起升机构、小车运行机构，实现上小车 4 在环形轨道上的运行，从而实现上旋转功能，满足负载旋转调整吊装的需要；上小车供电装置 6 为继电器及电气控制装置组成的控制系统，其功能是为下小车 3 在主梁 2 上的运行和控制提供动力和控制系统；上小车 4 采用工字形结构设计，为钢板拼焊成的平台结构，主要作用是承载电动机和三合一小车运行机构及起升机构；采用两个电动葫芦 5 替代传统卷扬起升机构作为起升装置，并通过螺栓连接方式安装固定在上小车 4 的底部位置；上小车旋转机构 7 为电动机、减速器、制动器集成式三合一运行装置，电动机提供动力使上小车 4 沿下小车 3 上的环形轨道进行 360°旋转运行；下小车运行机构 8 也为三合一运行机构，可使下小车 3 沿主梁 2 轨道进行直线往复运行。

该起重机在传统上旋转起重机的基础上，将上小车采用工字形结构设计，并在底部固定电动葫芦，通过在上小车上以电动葫芦作为起升装置来替代传统卷扬式起升装置，有效降低了起升机构的高度和重量，两个电动葫芦之间采用联轴器进行刚性连接，可以确保两个电动葫芦起升和下降的同步性；同时，大小车运行机构均采用电动机、减速器、制动器三合一驱动，传动部件少、重量轻，达到减轻起重机的自重和低净空的目的。

7.16.2 结构设计特点分析

（1）轻量化结构特点

整体采用轻量化结构设计方案，上小车结构采用静定结构设计方案来代替传统的超静定

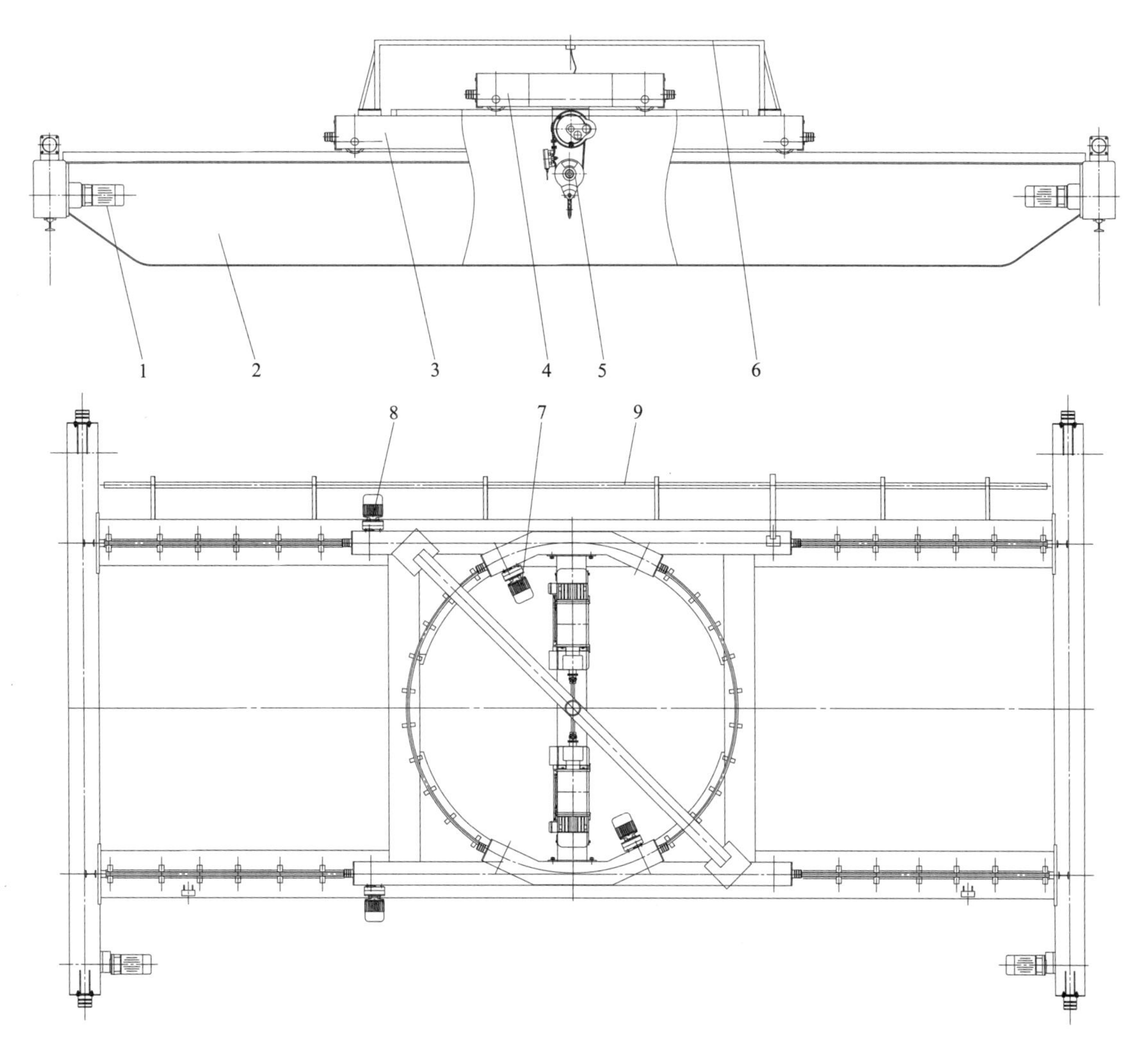

图 7-114　轻小型、多用途上旋转起重机整机结构图

1—大车运行机构；2—主梁；3—下小车；4—上小车；5—电动葫芦；6—上小车供电装置；
7—上小车旋转机构；8—下小车运行机构；9—下小车供电装置

结构设计方案，上小车采用工字形结构设计，同时以电动葫芦作为起升装置替代传统的卷扬式起升装置，由于电动葫芦具有集成化的特点，与传统卷扬机构上旋转起重机（图 7-115）相比具有体积小、重量轻、能耗低的优点，可以大幅度降低整机的高度和重量，高度可以下降至少 15%，自重可以减少大约 10%。

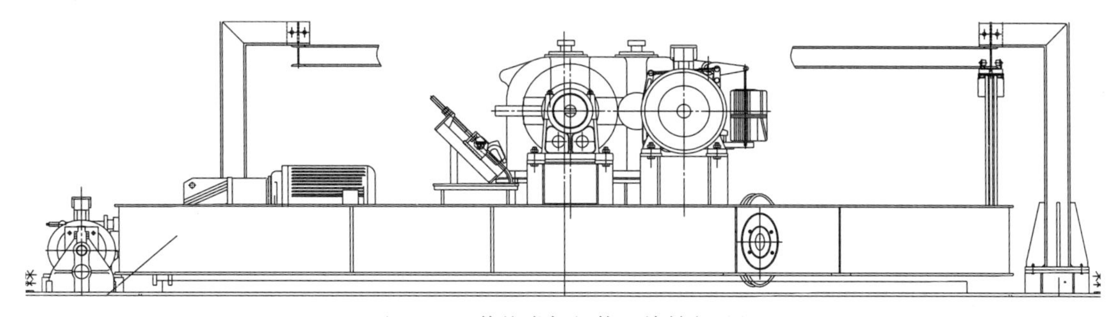

图 7-115　传统卷扬机构上旋转起重机

（2）上旋转结构特点

该起重机上旋转结构采用环形轨道与旋转运行装置分离的设计方案，环形轨道设计在下小车上，旋转运行装置设计在上小车上，有利于整体结构实现模块化设计和整机的装配、维护，通过运行电动机提供动力使上小车车轮沿下小车的环形轨道进行360°旋转运行，达到“上旋转”的设计功能。

（3）起升同步特点

为实现两个起升机构运行的同步，两个电动葫芦之间通过万向联轴器进行刚性连接（图7-116），达到控制两个电动葫芦同步升降的目的，实现两个起升机构的同步运行，满足同步起吊负载的需求。

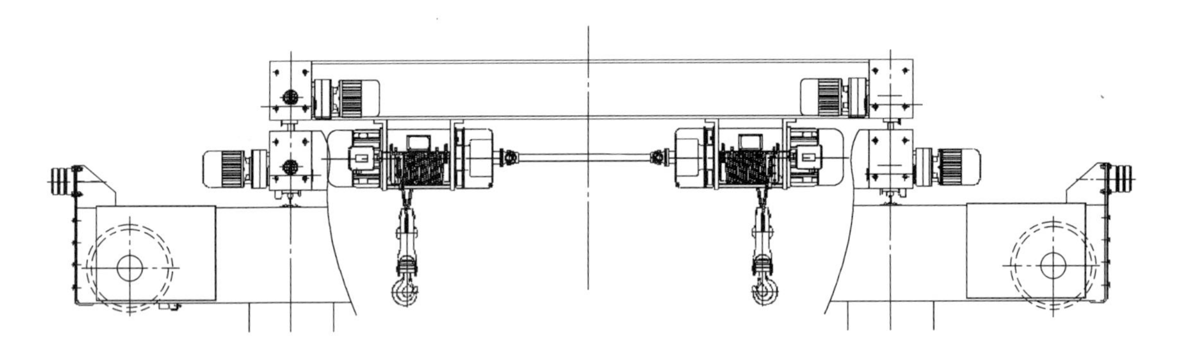

图 7-116　轻小型、多用途上回转起重机主起升同步传动结构示意图

7.16.3　效果

该轻小型、多用途上旋转起重机通过下小车、上小车结构设计，采用电动葫芦作为起升装置，有效降低了起升机构的重量和高度，达到轻小型结构设计的目的；两个电动葫芦之间通过万向联轴器刚性连接，能够有效实现同步起吊物件；下小车设计有环形轨道，上小车通过上小车旋转机构可在下小车的环形轨道上运行，实现上小车360°自由旋转，满足工业建筑模块化结构制作和建筑料场不同位置负载的吊装需要，作业效率高、吊装方便。

7.17　钢筋深加工行业专用智能起重机结构设计

钢筋制品属于建筑工程必需品，“噪声大，工作繁重，安全性差”可以概括目前国内钢筋加工制造的工况特点。这些工况特点导致钢筋加工制造企业的单工位化和劳动密集，并且制造工艺的标准化和自动化程度很低，很大程度上限制了产品质量的提高以及生产效率的提升。钢筋制品是建筑工程的重要组成部分，钢筋制品制造质量是关系到建筑工程整体质量的重要因素，因此，改变现有制造方法、提升钢筋制品再制造效率、实现安全生产，已成为钢筋加工制造企业突破产业瓶颈的重要着力点。钢筋深加工行业专用智能起重机是由河南卫华独立研发的全套钢筋深加工转运装备，对钢筋加工制造的安全生产、高效生产、自动化生产及工艺质量的整体提升具有重要的意义。

本装备是在借鉴国内传统工艺方法的基础上，针对钢筋产品制备环节开发的一套钢筋深加工物料搬运装备，实现了钢筋深加工过程中的自动化搬运，物料自动识别、自动更换吊具、自动堆垛，通过机电结合方式提升钢筋制品的高效、安全生产效率。

7.17.1 产品设计的理论依据

7.17.1.1 成果研究的对象及依据

钢筋原材料如图 7-117 所示。

图 7-117　钢筋原材料

物料搬运规格参数见表 7-16。

表 7-16　物料搬运规格参数

车间	原料区吊车数量(卸车，上料)	原料区吊具数量	原料规格	成品区吊车数量(下料，装车)	成品区吊具数量	成品规格
一	1 台起重量为 5t(不含吊具)	1 个棒材电磁吸盘	棒材螺纹钢：l(长)=12m，ϕ(直径)≈0.35m，t(重量)≈3t	1 台起重量为 10t(不含吊具)	1 个棒材成品电磁吸盘，1 个钢筋笼夹具	(1)套丝钢筋：3m＜l(长)＜12m，150mm＜ϕ(直径)＜250mm，t(重量)＜2t； (2)剪切后棒材钢筋：3m＜l(长)＜12m，150mm＜ϕ(直径)＜250mm，t(重量)＜2t； (3)梁筋(双头或单头有弯钩)：3m＜l(长)＜12m，150mm＜ϕ(直径)＜250mm，t(重量)＜2t； (4)钢筋笼：0.8m＜ϕ(直径)＜2m，0.1m＜c(箍筋螺距)＜0.3m，6m＜l(长度)＜12m，t≤8t
二	1 台起重量为 10t(不含吊具)	1 个盘卷电磁吸盘	(1)盘卷钢筋：l(长)≈2m，ϕ(直径)≈1.3m，t(重量)≈2t； (2)镀锌卷材：l(长)=1.7m，ϕ(外直径)≈1.3m，ϕ(内直径)≈0.5m，t(重量)≈5t	1 台起重量为 5t(不含吊具)	1 个桁架板夹具	桁架板：桁架板成摞打包，3m≤a(板长)≤12m，0.6m≤b(板宽)≤1m，h(打包后高度)≈1m，0.07m≤h_1(钢筋桁架本身高度)≤0.3m，钢筋桁架间距 0.2m，镀锌板厚度 0.5～0.6mm

续表

车间	原料区 吊车数量 (卸车,上料)	原料区 吊具数量	原料规格	成品区 吊车数量 (下料,装车)	成品区 吊具数量	成品规格
三	1台起 重量为5t (不含吊具)	1个盘卷 电磁吸盘	盘卷钢筋:l(长)≈2m,ϕ(直径)≈1.3m,t(重量)≈2t	1台起 重量为5t (不含吊具)	1个线材 成品电磁 吸盘 1个钢筋网 片夹具	(1)板筋(双头或单头有弯钩):3m<l(长)<12m,150mm<ϕ(直径)<250mm,t(重量)<2t (2)拉筋(直条无弯钩):3m<l<12m,150mm<ϕ(直径)<250mm,t(重量)<2t (3)钢筋网片:3m<m≤a(网片长)≤6m,0.5m≤b(网片宽)≤2.5m,h(打包后高度)≤0.3m,0.1m≤q_1(纵筋间距),以0.05m递增,0.05≤q_2(横筋间距),无级可调
三车间共用6台吊车,其中2台为起重量10t的吊车,4台为起重量5t的吊车;吊具一共8个						

半成品及成品示意见图7-118。

在现代建筑工程施工中,工厂化生产钢筋制品已经是主流趋势,虽然有自动化的钢筋加

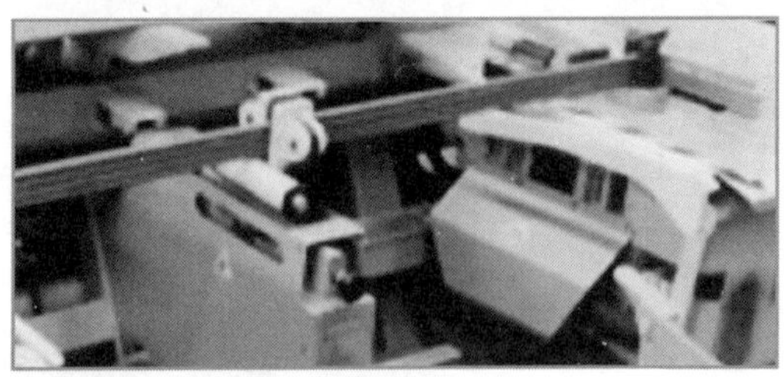

图 7-118　半成品和成品示意图

工设备，但是在物料运输过程中还是采用原始的人工挂钩操作模式，安全性差、人工劳动强度大、物料种类繁杂、成品种类多样，若出现差错，会造成无法估量的损失。钢筋制品转运及库存管理无相应的国家或行业标准支撑，市场上没有成型的适用装备。

7.17.1.2　传统钢筋制品加工及转运方式

针对钢筋制品的转运，传统的做法是使用自制的挂钩或链条吊挂钢筋制品，物料从料场由人工进行夹取，通过起重设备转运到各个工位；在转运的过程中，挂钩容易不在重心，物料容易滑落，造成安全事故，如图 7-119 所示。

7.17.1.3　技术难点

要实现钢筋制品的转运及堆垛，存在以下几方面的问题：

① 针对各种规格的钢筋制品，如何实现利用一台起重设备完成多种物料的可靠吊运；

② 针对物料的参数，如何进行场地规划并进行可靠堆放；

③ 根据不规则物料形状，如何通过专用吊具吊运；

④ 如何实现全自动化，减少人为参与，提高转运效率；

⑤ 如何进行车间内各种设备间的可靠衔接，从而提高转运效率。

7.17.1.4　设计参考标准

为保证装备安全可靠，要求对所使用的材料及零部件进行检验，并达到卫华集团 Q/WH J6008—2013《起重机材料和零部件检测要求》的要求；本装备各结构件在组装之前要完成焊接工作，其焊接严格按 GB 50661—2011《钢结构焊接规范》中的技术要求

图 7-119　现有操作方式

执行。

本装备所用加工件，加工结束后进行尺寸公差的检验，要求全部达到图纸要求。本装备制作并装配完成后进行终检和验收，达到卫华集团 Q/WH J6807—2012《桥门式起重机检测与验收规范》的要求。

7.17.2　产品设计的目标

通过对钢筋深加工行业专用智能起重机装备的研发及投入使用，河南卫华实现了新技术、新工艺、新方法及装备的技术储备，安全生产、标准化生产等多方面的提升（图 7-120），具体目标为：

① 安全生产措施的进一步巩固，消除生产过程中交叉作业的安全缺陷造成的安全生产事故，实现多设备间协同作业、物料自动识别、自动规划转运路径及起吊物料；

② 实现自动更换适应不同物料的吊具，减少人为参与，提高更换吊具的效率及转运效率；

③ 大幅提升员工工作环境，解放生产力，实现企业产能大幅提升。

7.17.3　产品设计的主要内容

针对钢筋深加工行业原材料、半成品和成品的转运和存放等问题，技术人员研发了钢筋加工行业智能起重机装备（图 7-121），该套起重机装备可实现原材料、半成品和成品的自动装卸、转运、上料和堆垛存放；吊具可以实现自动转换组合，基本实现无人化、智能化。车间工艺流程布局见图 7-122。

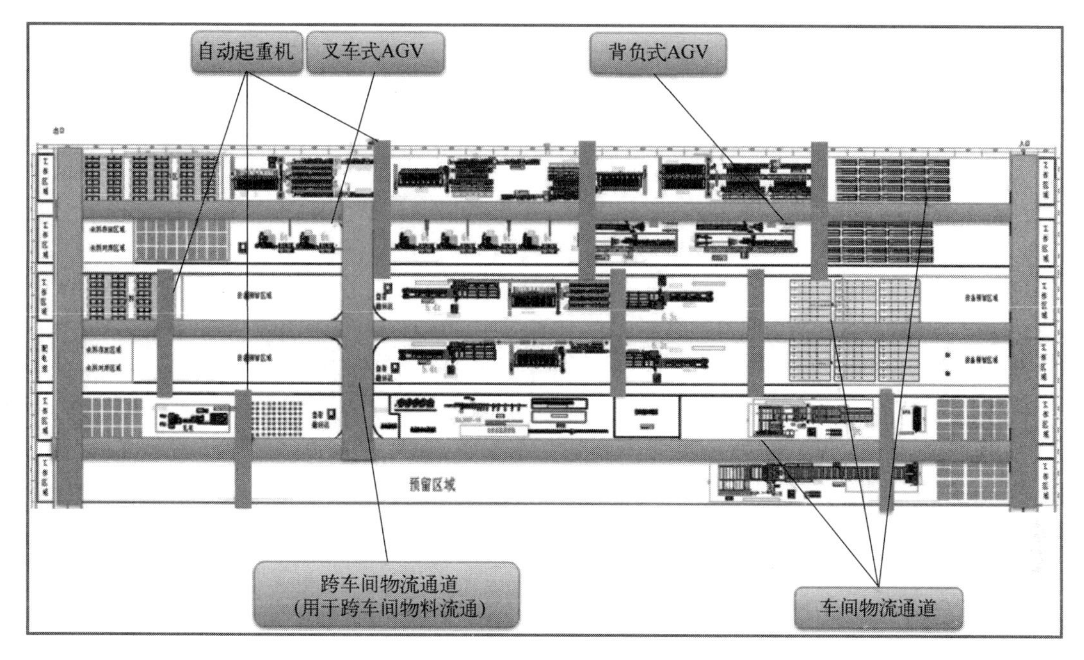

图 7-120　钢筋深加工行业智能转载方案图

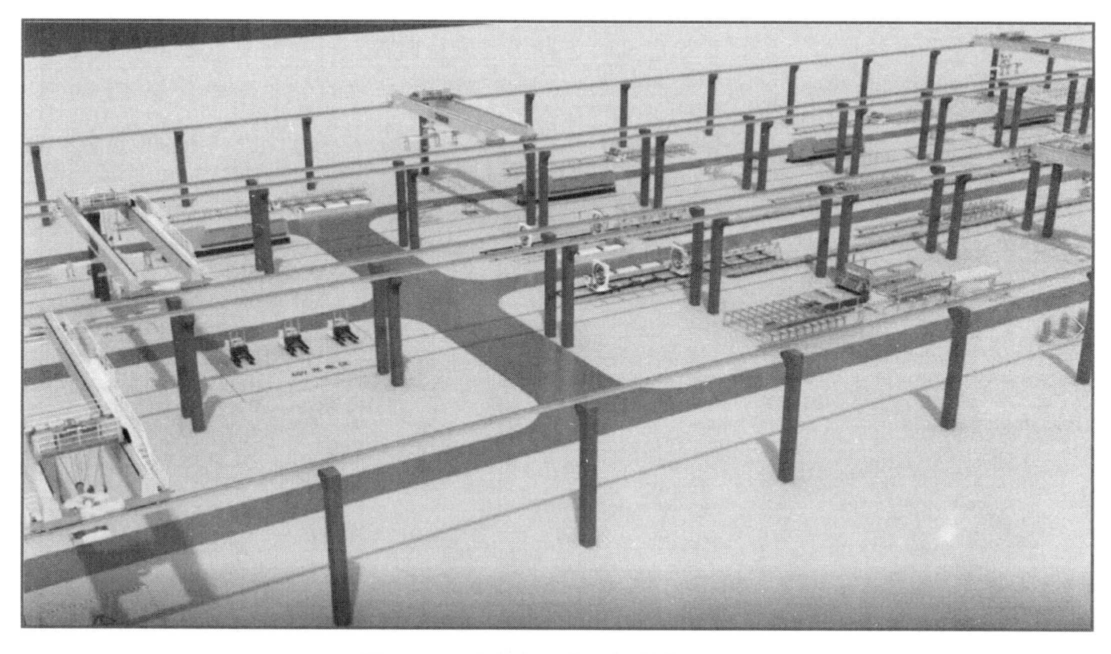

图 7-121　钢筋加工行业智能化起重机

7.17.3.1　智能系统

该智能系统基于互联网技术，通过运用中控系统，以 PLC 控制技术为核心，在起重机上安装变频器、传感器和视频监控系统，开发出整个车间起重机的智能调度系统和监控系统。该系统具有自动控制和遥控控制功能，遥控控制只用于检修和智能系统出现故障时。通过 PLC 对输入、输出信号的处理及传感器反馈的位置信息，完成起重机的自动化运行。

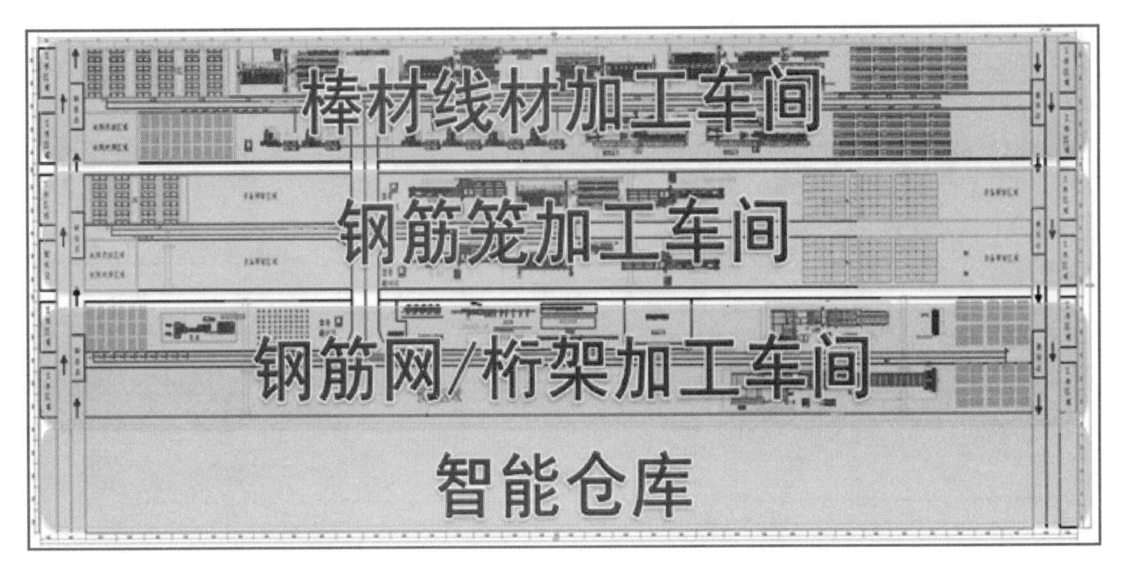

图 7-122　车间工艺流程布局图

（1）智能调度系统的研究

智能调度系统是整个智能控制系统的核心，记录着整个车间的设备运行情况和各个物品存放的位置，给起重机发送控制命令。中控系统采用 SQL Sever 数据库技术记录设备的运行状态和各个物品的位置，同时对起重机的各种状态进行监控，根据起重机的运行状态，实时调度不同的起重机完成不同的工作。图 7-123 为智能调度系统的一个界面。

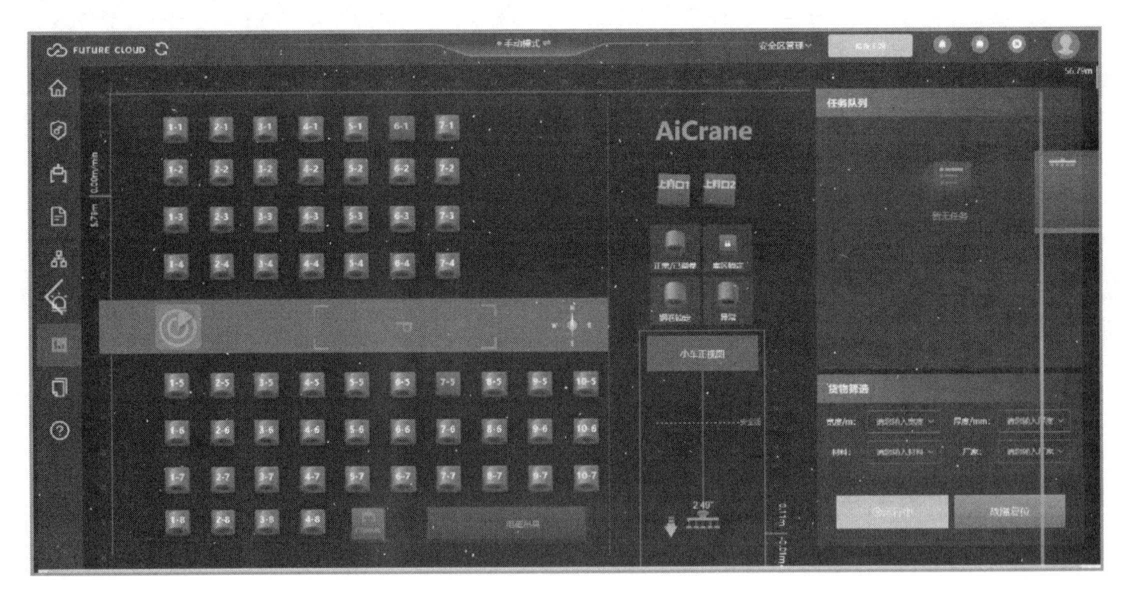

图 7-123　智能调度系统

（2）具有吊具自动更换功能的自动供电技术的研究

针对起重机吊运不同的物料需要采用不同的吊具，研发了具有自动更换吊具功能的系统，同时研发了自动供电的装置。在吊具的上架上安装导电用的集电极，在吊具上安装集电板，采用接近式开关，通过图相匹配和数据计算，保证了集电极和集电板在更换吊具时的自动供电。图 7-124 所示为自动供电装置。

图 7-124　自动供电装置

（3）精确定位和自动识别控制装置的研究

采用伺服驱动器和激光扫描器，研发精确定位和自动识别装置。激光扫描器对物料运载车体进行扫描，同时控制伺服驱动器的旋转，生成物料表面的三维点云图。对测量到的点云数据进行算法识别并计算出物料的始末位置与圆心坐标，激光扫描器系统将位置数据由激光扫描器坐标换算成起重机坐标，发送到起重机控制系统，引导起重机的自动行进和自动起升物料。

从扫描数据中可获得最上层物料的各最高点坐标，进而可通过计算获得圆心位置等信息，如图 7-125 所示。

图 7-125　物料位置坐标图

（4）基于节能降耗的起重机自动路径规划的研究

为了节能降耗，减少起重机的运行距离和工作时间，结合起重机的智能调度系统，研究了起重机的自动路径规划系统。该路径系统是由智能调度系统进行空间位置的布置，由布置在起重机上的传感器进行位置测量，通过变频器驱动起重机的运行，实时对起重机的工作及其运行的距离进行调度，保证了起重机在生产任务过程中节能降耗。装备整体结构如图 7-126 所示。

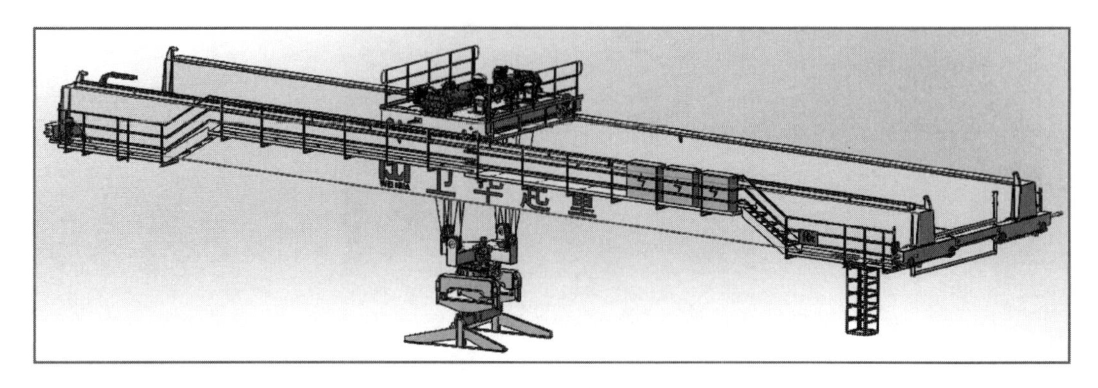

图 7-126　装备整体结构

7.17.3.2　吊具变换组合

吊具（图 7-127）采用上下两部分组合式结构形式，上层吊具为四吊点旋转式结构，下层吊具分为挂梁和夹钳。通过上层吊具的旋转功能，能够实现调整下层吊具的装卸角度、转换堆垛方向等功能。根据生产工艺工位不同，结合原材料、半成品及成品的种类，上下层吊具通过导板装置和旋锁插销结构，可以自动组装成不同种类规格的吊具，满足生产过程原材料、半成品和成品的自动装卸、转运、上料和堆垛存放等使用要求。

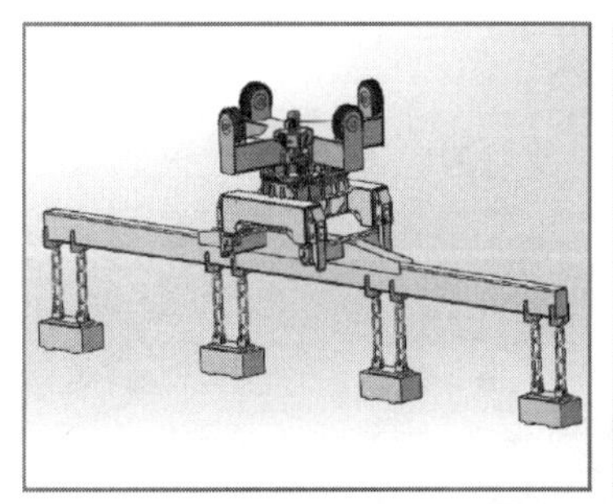
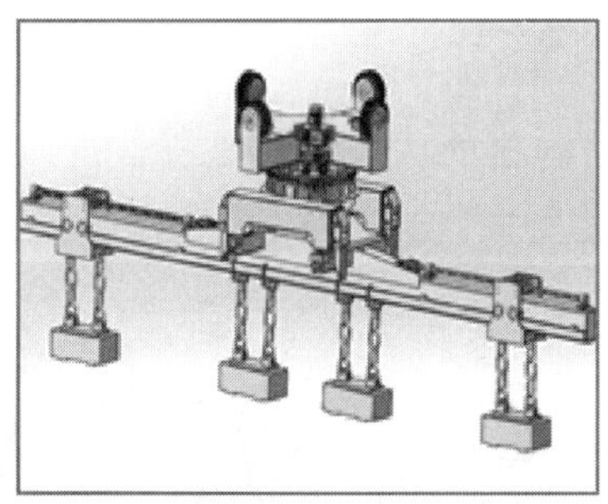
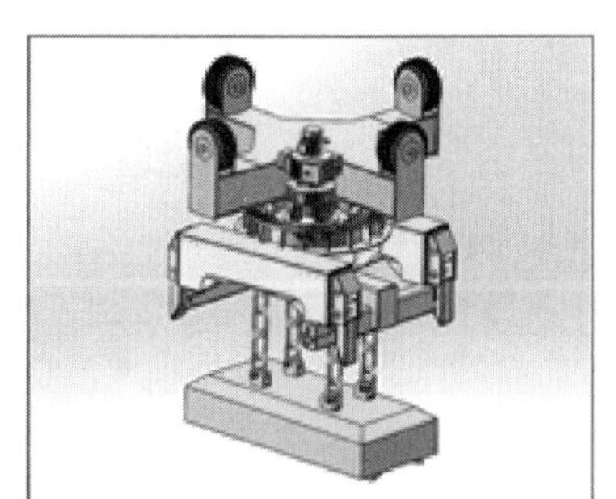
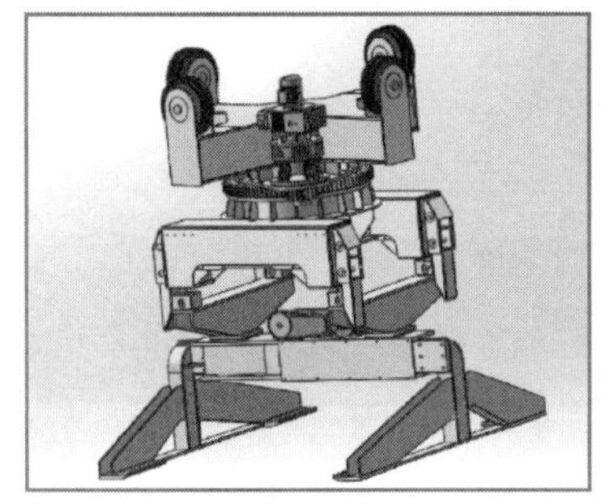
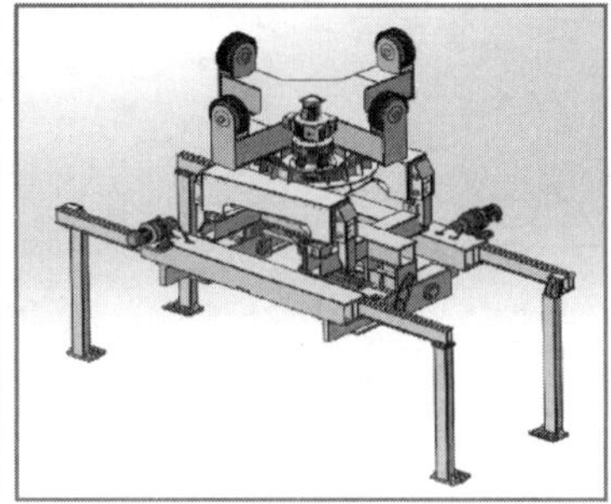
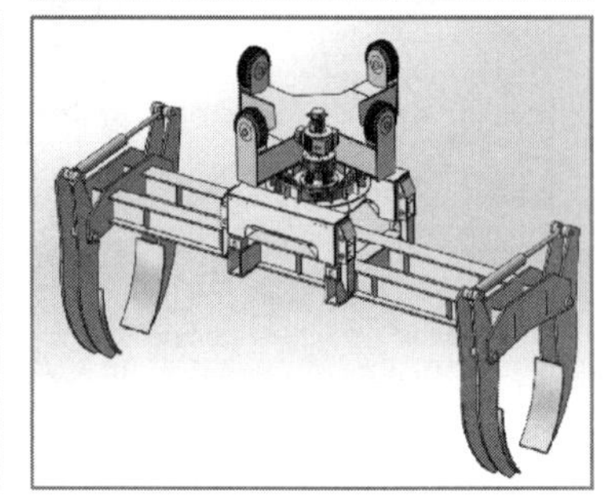

图 7-127　吊具组合示意图

7.17.3.3　产品专用吊具

本装备适用的钢筋深加工行业的成品种类有钢筋笼、桁架板和钢筋网片（图 7-128～图 7-130），每种产品的规格尺寸在一定范围内变化。针对每种产品设计制造专用夹钳吊具进行吊装，而且根据规格尺寸的变化形式，增加了夹钳吊具的伸缩辅助功能。

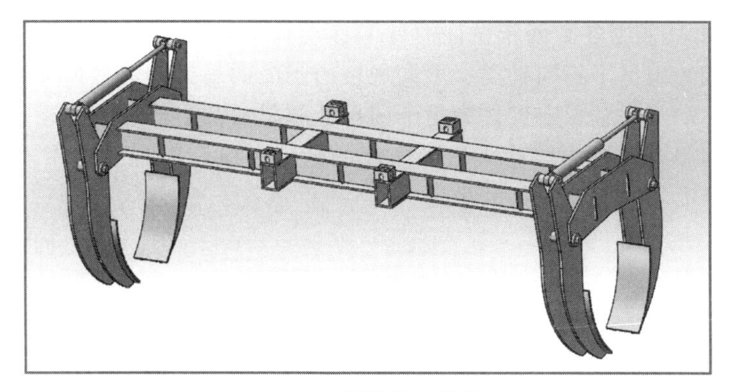

图 7-128　钢筋笼夹钳吊具

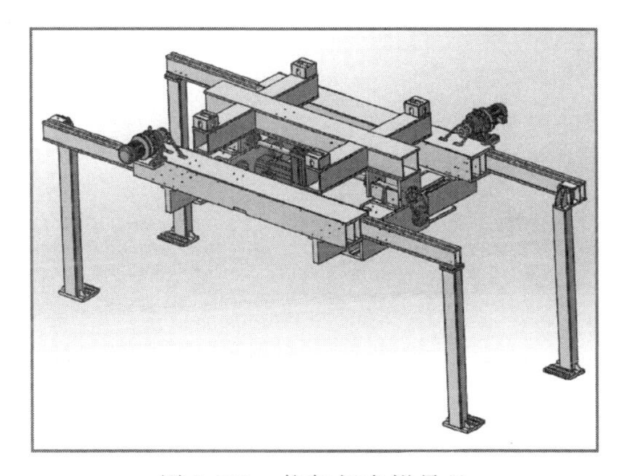

图 7-129　桁架板夹钳吊具

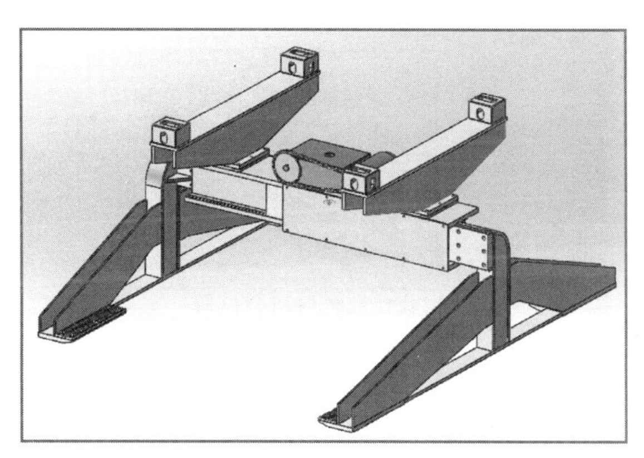

图 7-130　钢筋网片夹钳吊具

7.17.4　成果研究的科学性及创新点

① 车间多台起重设备整体布局合理，通过吊具的自动智能切换，实现了一机多用，满足了生产制造过程从原材料卸货、堆垛存放，到原材料吊运上料及半成品转运，再到成品吊装转运及堆垛存放的需要，实现了整个生产过程无人智能化和远程可视化操作。吊具上下层结构采用导板装置和旋锁插销结构，实现了自由转换下层吊具；组装成不同种类的吊具，实现了不同种类及规格尺寸产品的吊运（图 7-131）。一台起重机就能实现多台起重机的功能。

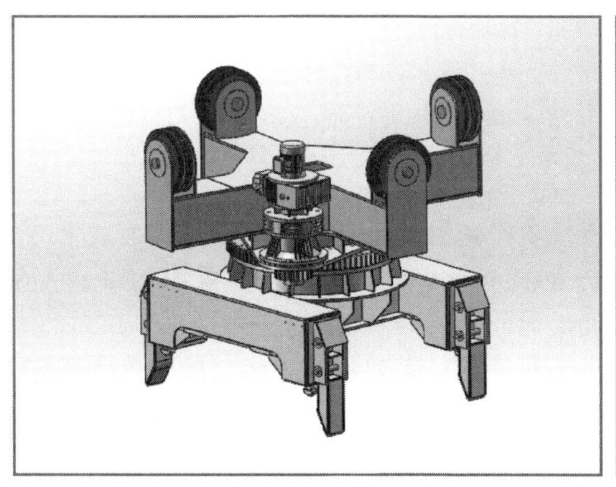

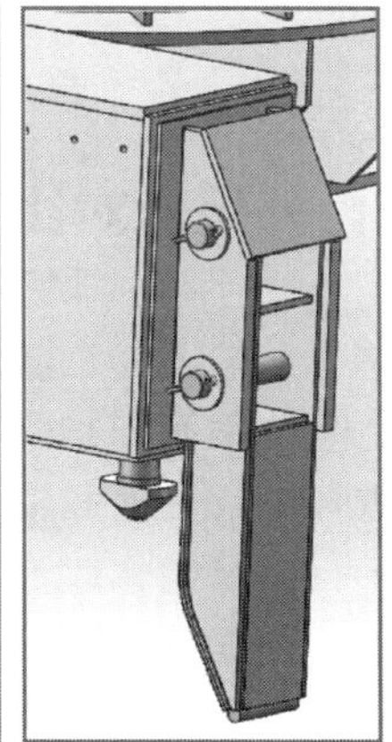

图 7-131　旋转吊具及局部示意图

② 产品专用吊具采用各类创新设计的伸缩移动机构（图 7-132），实现了吊具纵向和横向的自动移动功能，满足了不同种类、不同规格的产品的吊运。丝杠型伸缩移动装置实现了电磁吸盘的连续移动及任意点定位，满足不同尺寸原材料及半成品的吊运。链轮链条型伸缩移动装置，通过伺服电动机的转动圈数及角度的精确控制，实现了夹钳吊具开口尺寸的变化，满足了同一种类不同尺寸成品的吊运。

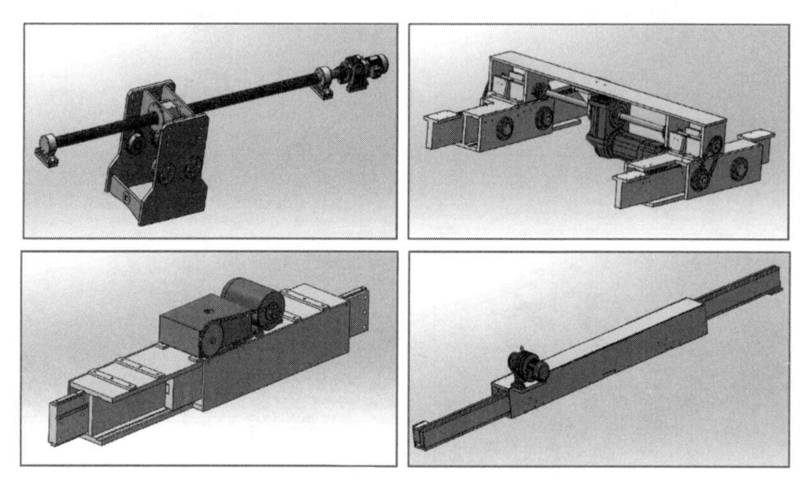

图 7-132　伸缩移动装置图

③ 独创的伸缩弹压式电气对接装置（图 7-133），实现了上下层吊具之间电源及控制线路的自动切换及连接。通过起重机的控制系统，控制整个上下层吊具的动作，可以精确定位，实现无人操作、智能化运行。

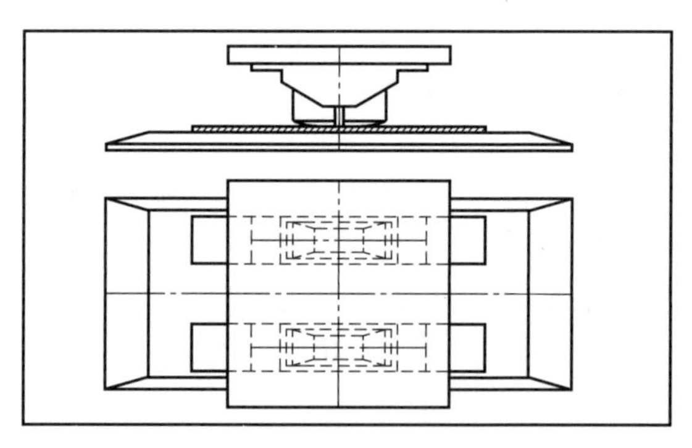

图 7-133　伸缩弹压式电气对接装置图

7.17.5　国内外技术对比

经过市场调研，国内外钢筋深加工行业智能化起重机未见有类似成果应用，本成果在国内外属于独创。其他钢筋深加工行业的企业一般采用传统起重机的吊钩及辅助机械吊具转运，需要人工进行吊具更换和辅助吊运。

钢筋深加工行业智能化起重机是专用化、系列化和智能化的整体系统解决方案，具有吊具自动切换和吊具伸缩旋转功能，实现了一机多用；具有各类产品自动装卸和堆垛存放功能，整体集成度高；实现了从原材料到成品整个生产流程中的无人操作和智能化控制，具有经济、安全、高效、实用等特点。

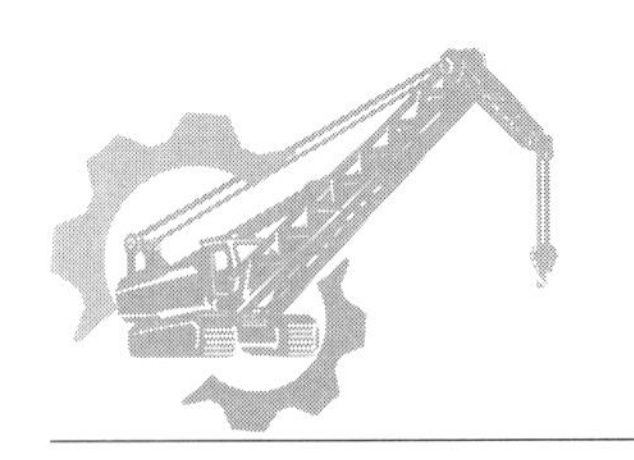

第 8 章

起重机械关键零部件结构设计

8.1 起重机制动器连接方式的结构改进

起重机起升机构制动器是起重机安全运行的重要组成部件，其制动效果的好坏直接影响着起重机的安全操作性能。通常情况下，起重机配套的制动器主要分为箍式制动器和盘式制动器两种类型。对于常规起重机而言，一般采用在减速器侧安装箍式制动器的结构设计方式，制动器在起重机上的安装连接结构如图 8-1 所示，通常采用装配焊接的形式，即先将制动器与制动器底座装配在一起，调整制动器底座在小车架上的焊接位置和焊接高度，然后将调整好的制动器底座整体焊接在小车架上。此种安装连接方式的缺点：一是底座安装精度难以保证，容易受到小车架底平面的平面度、电动机中心高、小车架形式等因素的影响；二是由于采用焊接方式连接，焊接过程中存在较大的焊接应力，应力释放过程中必然对制动器的安装精度造成影响；三是制动器底座一旦出现问题，更换困难，因而互换性和可维护性较差，不利于实现底座的标准化生产。因此，必须进行设计结构改进，才能有效解决上述问题。

图 8-1　采用焊接连接方式的制动器底座

1—制动器底座　2—制动器

8.1.1 结构改进

考虑到制动器与减速器在起重机小车架上的布局结构，同时结合制动器的实际使用情况和支撑强度需要，新的安装结构采用与减速器一体化配置的设计思路，即将制动器通过连接底座安装在减速器上，只需对减速器供应厂家提出连接位置和连接尺寸的要求，由减速器厂家在出厂前按照与安装底座配合的位置和尺寸要求预先加工出连接螺栓即可（也可以利用减速器上的地脚螺栓孔或减速器侧边的辅助连接孔）。将制动器支撑座采用螺栓装配的形式安装在减速器上并形成有效的支撑结构。根据小车架布局和安装方式的需要，可以设计为侧连接（图 8-2）或底部连接（图 8-3）两种结构形式，从而将过去的焊接连接结构形式设计为变位装配形式，且安装精度容易调整、安装精度高，制动器底座受外界影响因素少，系列规格可有效减少，易于实现标准化生产，同时由于采用装配式连接形式，可有效避免焊接应力释放造成的制动器安装变形及应力干涉情况，保持制动器的安装精度和使用效果，便于安装底座的拆装和更换，从而确保起重机的使用维护性和安全性，实现制动器的安全有效制动。

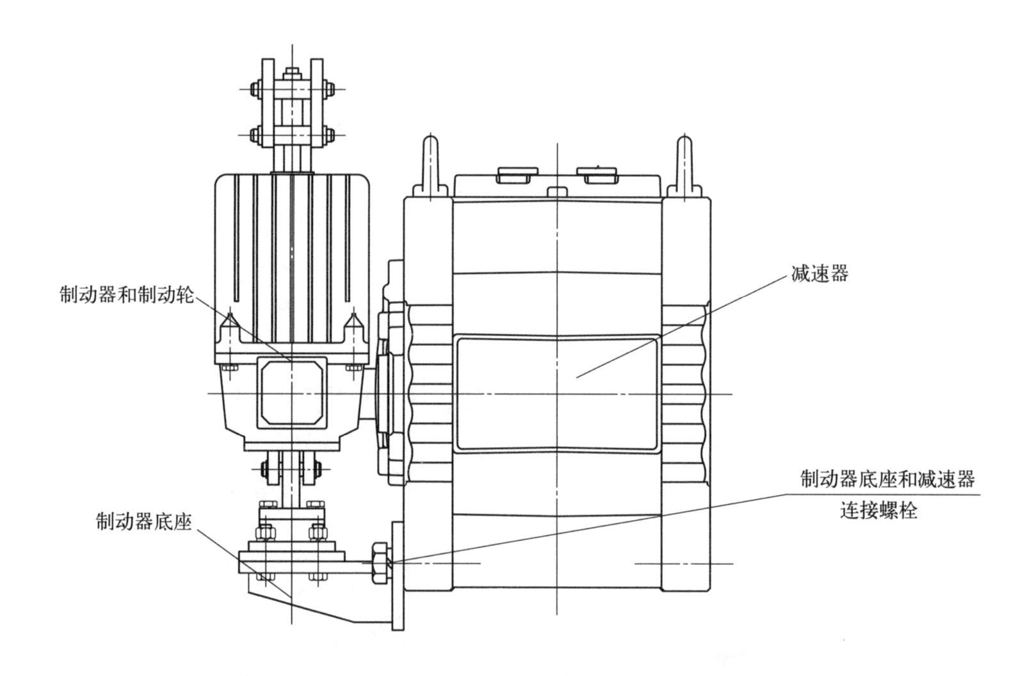

图 8-2 制动器底座侧连接结构

8.1.2 效果

制动器底座采用螺栓与减速器连接在一起的结构方式，可以充分利用减速器的地脚安装孔或减速器壳体上的辅助安装孔将制动器底座固定在减速器上，从而起到有效的支撑作用，且连接方式简单、方便，有效避免了采用焊接方式带来的应力变形及拆装困难等种种弊端，使用效果良好，为制动器的安全、可靠运行提供了保障。

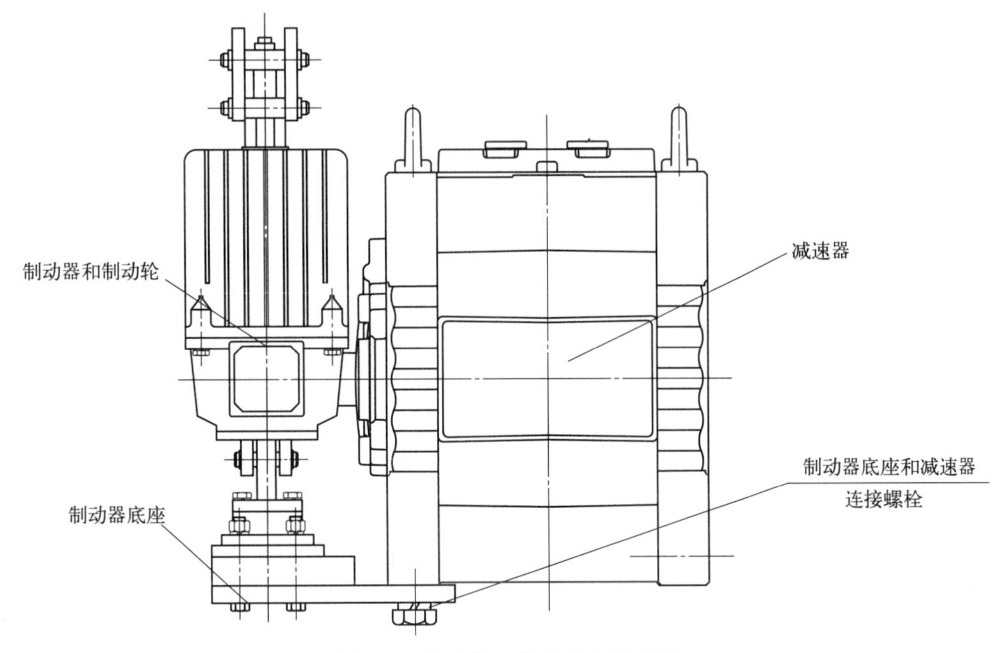

图 8-3　制动器底座底部安装结构

8.2　新型起重机紧凑型卷筒结构设计

对于一些起升高度特别大、钢丝绳多层缠绕、卷筒长度受限的起重机应用工况，常规的螺旋线卷筒由于卷筒尺寸较大、不能多层缠绕等原因，难以满足前述工况的使用要求，因此必须设计新型卷筒结构才能解决上述问题。

8.2.1　紧凑型卷筒设计思路

传统的卷筒钢丝绳一般是固定在卷筒的外圆柱面上的，这部分钢丝绳的主要作用是将钢丝绳固定在卷筒上，该部分钢丝绳往往是不在工作中使用的，属于无效工作长度，而且还占用了部分卷筒表面绳槽，即使采用折线卷筒方式，由于卷筒可利用空间及钢丝绳缠绕层数有限，在卷筒尺寸一定的情况下，卷筒容绳长度还是很有限，如果能优化设计思路，将这部分无用钢丝绳固定在卷筒其他部位，则可以有效增加卷筒表面工作钢丝绳缠绕长度，实现增加“容绳量”的目的。按照此设计思路，若能将钢丝绳固定在卷筒挡圈上，利用原来的无效空间，使挡圈内部的容绳量显著提高，则可以在减小卷筒尺寸的前提下，提高钢丝绳容绳长度，满足起升高度大、钢丝绳多层缠绕、卷筒长度受限等特殊工况的使用要求，实现“小体积大容量”的设计初衷。

8.2.2　卷筒结构设计

按照上述思路，该紧凑型卷筒设计结构如图 8-4 所示，由筒体部分 1、外侧挡圈 2、中间挡圈 3、钢丝绳压板 4、螺栓组 5 等组成，其中，外侧挡圈非挡绳面加工有螺旋形绳槽和钢丝绳压板固定螺孔，用于钢丝绳缠绕和安装钢丝绳压板，压板固定螺孔位置与卷筒上的齿盘接手及卷筒毂安装螺栓错开，并在螺旋形绳槽末端加工穿绳孔，以便钢丝绳可以进入挡圈内部空间。此结构设计使压绳部分没有占用卷筒长度方向的空间，单侧挡圈内部增加的容绳空间将以钢丝绳的卷绕层数为倍数急剧增加，达到以较小的卷筒尺寸实现超大起升高度的目的。同时，该种设计结构可以使挡圈上的空间全部用来压绳，能够适当增加压绳圈数，也提高了卷筒的安全性。

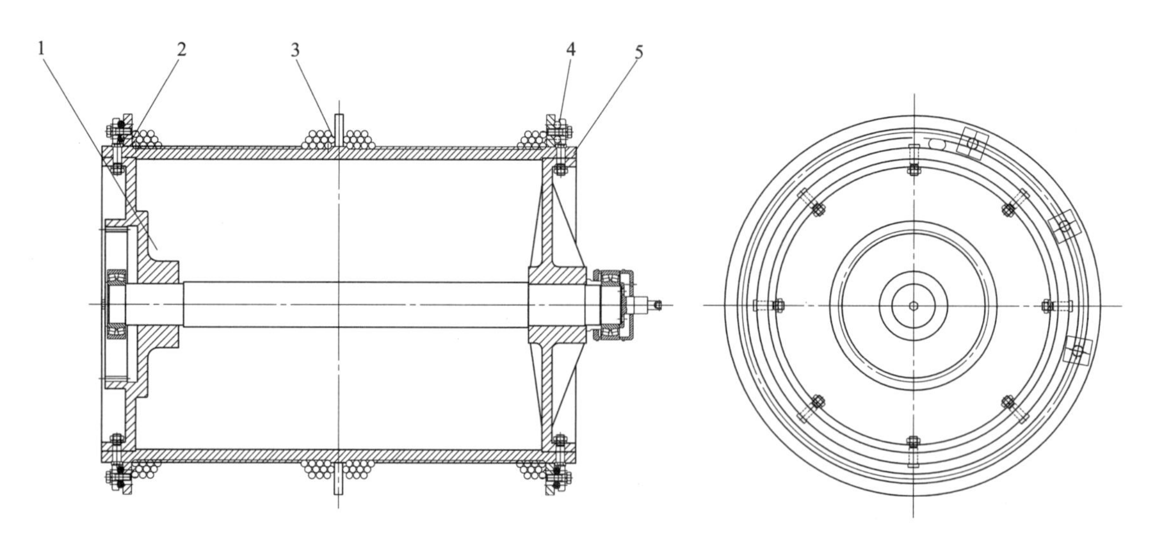

图 8-4　紧凑型卷筒结构示意图

1—筒体部分；2—外侧挡圈；3—中间挡圈；4—钢丝绳压板；5—螺栓组

8.2.3　使用效果

该卷筒采用外侧挡圈的非挡绳面加工出绳槽并布置压板，将原来压在卷筒外圆绳槽上的部分钢丝绳压装在此部位，从而有效地减少了压绳部分对卷筒长度方向尺寸的占用，因而可以适当增加压绳圈的数量，在提高卷筒安全性的前提下，有效提高了卷筒的容绳量，满足了大起升高度、小卷筒特殊使用工况，取得了良好的效果。

8.3　基于滚珠丝杠结构的核工业用起重机伸缩夹钳吊具

在核工业装备钢结构件的自动化生产中，由于所生产的结构件的尺寸是变化的，因此用于吊运工件的夹钳需要具有伸缩功能，能根据所生产板材的宽度自动调整夹钳钳腿的宽度。另外，在吊运板材时，如果夹钳的夹持力过大，会使板材受力边缘受损；当板材到达指定位置时，板材需要整体落下，以免板材受损变形。针对上述问题，设计了一种专用伸缩夹钳吊具，此夹钳吊具可以根据板材宽度自动调整宽度，夹钳吊运工件时通过多组钳爪共同抬吊，避免因夹钳夹持力过大而使板材受损；当工件到达指定位置时，多组钳爪能同时打开，使工件整体落到指定位置上。

8.3.1 结构设计方案

该夹具结构设计方案如图 8-5 所示，滚珠丝杠传动结构示意图如图 8-6 所示。夹钳架体 1 为由 4 根矩形空心梁拼焊而成的矩形框架平台结构，作为钢结构受力平台和夹具主要部件的承载平台，并在其上部安装吊耳 4；钳腿 2 为钢板拼焊而成的 T 形结构，为 4 组左右对称结构，其上安装有丝母，丝母通过螺旋传动配合方式与滚珠丝杠 10 配合，形成螺旋传动结构，在其上安装铰接轴 8，为钳爪 6 提供铰接旋转支点支撑平台，形成铰接式可回转结构，使用时通过丝母与滚珠丝杠 10 形成螺旋传动，使钳腿 2 产生双向移动，从而达到调节两侧钳爪之间尺寸的目的；液压系统 3 由液压工作站组成，包括液压泵和液压阀，安装在夹钳架体长度方向箱形梁的上端左侧，为齿轮泵开式液压系统，其功能是为液压缸 9 提供动力以及控制液压缸 9 的伸出和收缩，以控制夹钳动作；吊耳 4 为圆形锻件材料，焊接在夹钳架体 1 的中间部位，作为起重机吊钩的挂点；电气系统 5 为伺服控制系统组成的电气装置，安装在夹钳架体 1 长度方向箱形梁的上端右侧，其功能是控制电动机 7 和液压系统 3 的工作，实现钳爪 6 的松开和夹紧，并通过控制伺服电动机 7 驱动滚珠丝杠旋转，从而控制与滚珠丝杠采用丝母配合的钳腿 2 带动钳爪 6 做直线移动，调整两侧钳爪之间的尺寸；所述 4 个钳爪为 O 字形结构，采用铰接设计原理，在钳爪 6 中心设计有一铰接孔，与安装在钳腿上的铰接轴配合，使之可以产生铰接旋转，在钳爪 6 上端设计有液压缸 9 连接孔，与液压缸 9 前端连接耳座通过圆柱销连接，当液压缸 9 伸缩时，推动钳爪沿铰接轴中心做顺逆时针回转运动，从而控制钳爪 6 的开合，松开或夹紧钢板；伺服电动机 7 通过螺栓连接方式固定在夹钳架体 1 上，为通过丝杠调节钳爪间尺寸提供动力；液压缸 9 为阻尼式柔性液压缸，为 4 组结构设计，其缸体侧通过销轴连接在夹钳架体 1 上，另一侧前端连接耳座通过销轴与钳爪 6 上端孔连接，其功能是控制钳爪 6 的铰接回转，实现钳爪 6 的闭合与松开；滚珠丝杠 10 安装在夹钳架体 1 的前后两侧，为两组结构设计，其主要功能是与钳腿 2 上的丝母配合，通过旋转，带动钳爪 6 沿滚珠丝杠做直线运动，达到任意调整钳爪间尺寸、吊装不同尺寸钢板的目的。

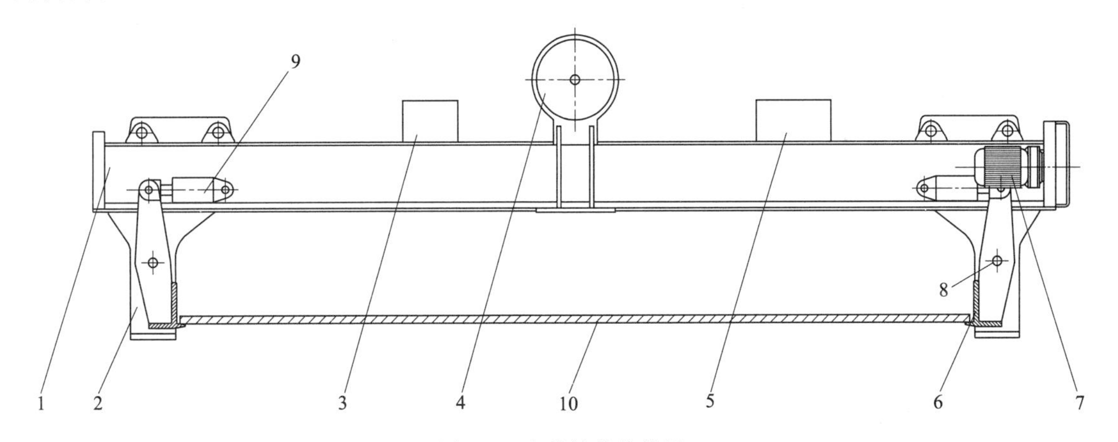

图 8-5　夹具整体结构图

1—夹钳架体；2—钳腿；3—液压系统；4—吊耳；5—电气系统；6—钳爪；
7—电动机；8—铰接轴；9—液压缸；10—滚珠丝杠

该吊具在传统夹钳吊具的基础上，通过螺旋丝杠装置控制钳腿的伸缩，满足了不同尺寸

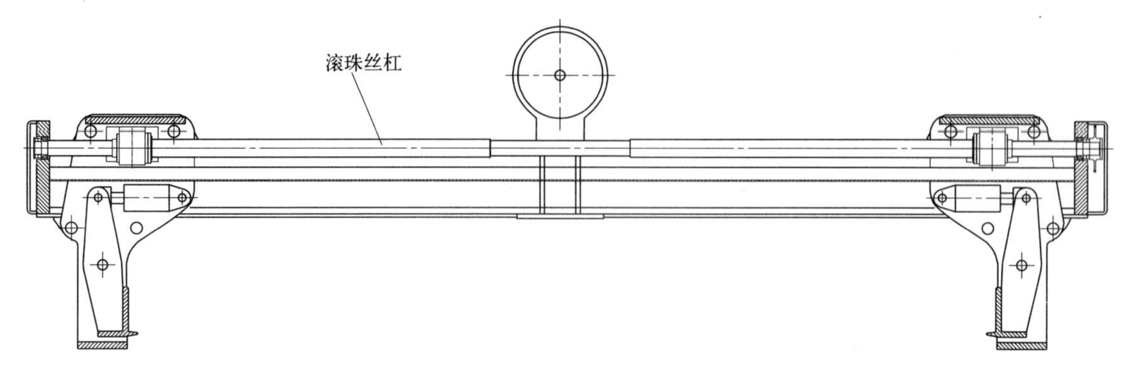

图 8-6 滚珠丝杠传动结构示意图

结构件吊装的需要；通过液压铰接结构形式控制钳爪的运动，实现夹紧与开合；通过电气控制系统与起重设备共同实现夹钳吊具装置的自动化作业。

8.3.2 效果

该夹具通过螺旋传动方式使钳腿产生双向移动，可达到快速调节两侧钳爪之间尺寸的目的。钳爪采用铰接液压推动设计原理，通过液压缸的收缩推动钳爪沿铰接轴中心做回转运动，从而控制钳爪的开合，实现钢板的松开和夹紧作用，具有使用便捷、作业效率高等特点，达到了令人满意的使用效果。

8.4 起重机集成式滑轮梁结构设计

滑轮是起重机重要的组成部分，定滑轮的作用是传递动力，改变力的传递方向。在传统起重机起升滑轮机构设计中，定滑轮位于卷筒下方，滑轮组安装在滑轮梁上，滑轮梁与小车架的连接方式一般为超静定连接方式，即滑轮梁采用焊接的方式与小车架两端固定在一起，如图 8-7、图 8-8 所示。此种结构主要存在以下缺陷：一是由于安装空间狭小，而且滑轮梁位于小车架下部，滑轮梁中的滑轮组在日常使用过程中难以检修；二是由于采用了与小车架固定的方式，因此滑轮梁与起升机构为分离式设计，滑轮梁的尺寸和结构需要结合小车架的结构形式，因而多数为非标结构，难以实现滑轮梁的标准化、模块化设计；三是超载限制器

图 8-7 滑轮在小车架上的安装位置

图 8-8 小车架底部焊接结构滑轮梁

位于卷筒一侧，由于为单边受力安装形式，且以卷筒侧为承载测量基准，因而测量精度难以精确。基于上述原因，决定对滑轮梁进行结构改进，以满足起重机的使用及安全需要。

8.4.1　滑轮梁的结构设计改进

根据前述问题描述，结合起重机的实际使用工况，新的滑轮梁的整体设计思路：一是采用独立的滑轮梁结构形式，使其能够与起升机构有效地整合为一体，避免与小车架之间的焊接连接，使之形成模块化、标准化的设计结构形式，便于规模化生产和实现互换性装配；二是改变超载限制器的安装位置，将超载限制器安装在滑轮两侧，最大化地接近起升负载源头，实现超载限制器的精确动作。基于上述设计思路，滑轮梁的具体设计方案如图 8-9 所示，滑轮梁设计为独立的箱形结构，由支撑板 1、箱形体 2、超载装配 3、滑轮组 4、垫板 5 组成。支撑板 1 用于支撑卷筒和减速器，此种设计方案使滑轮梁与起升机构融为一体，解决了两者“分离式”设计问题，而且结构更加紧凑、美观。箱形体 2 用于固定滑轮组 4 和超载装配 3，由于箱形结构具有自重轻、承载力好、稳定性好的特点，因此可以有效支撑起重负载，同时又有利于降低滑轮梁的自重。滑轮组 4 固定在箱形体 2 中，有利于滑轮的更换及对轴承的日常润滑和保养，超载装配固定在滑轮梁上，使起重精度调整更加方便、快捷。支撑板 1 和箱形体 2 焊接在垫板 5 上，滑轮梁整体依靠垫板 5 与小车架端梁用螺栓连接在一起，保证起升机构整体运行的安全、可靠。新型滑轮梁与小车架连接结构如图 8-10 所示。

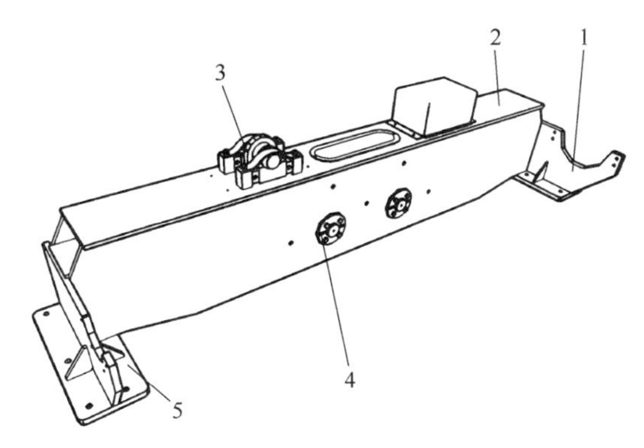

图 8-9　新型滑轮梁结构示意图

1—支撑板；2—箱形体；3—超载装配；4—滑轮组；5—垫板

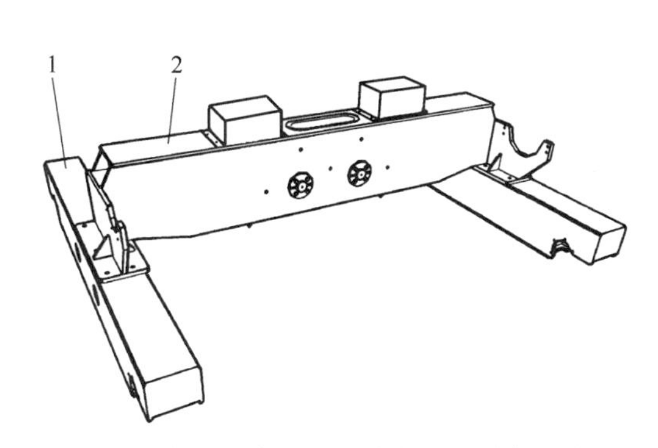

图 8-10　新型滑轮梁与小车架连接结构示意图

1—端梁；2—滑轮梁

8.4.2　效果

由于采用了上述结构设计，使滑轮梁与起升机构整合在一起成为一个整体，实现了滑轮梁可单独设计制作，保证了起升机构整体的互换性，扩大了起升机构整体的使用范围。整个滑轮梁结构简单、紧凑，外形美观，制造、安装方便，便于达到批量化、模块化生产的目的。

8.5　自激振动六瓣液压抓斗的设计

电动液压抓斗是一种适于单索起重机在钢厂、矿山、垃圾焚烧厂等各种恶劣工况下进行废钢、生铁、矿石、垃圾等形状不规则散装物料装卸的有效工具。目前，我国抓斗理论研究为抓斗的研制奠定了良好的基础，但在液压抓斗产品的性能、泄漏和抓斗抓取能力及抓斗结构互换性等方面与国外的产品依旧存在较大的差距，因此电动液压抓斗的开发与研究至关重要。

8.5.1 液压抓斗的整体设计要求

液压抓斗与一般的绳索式抓斗有很大的区别，绳索式抓斗在抓取物料时，若物料阻力大于抓斗的挖掘力，抓斗在向上提的闭合绳索的作用下，一边往上起升，一边抓料闭合。而电动液压六瓣抓斗属于有功抓斗，在抓取物料时，首先通过液压机构给予抓斗抓取力来克服抓斗的挖掘阻力，当阻力达到最大时，电动机可以通过输出抓斗最大的功率来克服阻力，同时配合起重机的起升机构工作，提起抓斗，尽可能地减小物料阻力，实现垃圾、矿石等物料的抓取。

液压抓斗的设计应以安全、可靠为前提条件，实现抓斗安全工作，提高抓取效率，达到准确、高效工作的目的。同时，液压抓斗应采用模块化制造技术，通过抓斗模块化制造技术应能够实现上、下承梁的可互换性装配，降低抓斗的生产成本，提高生产效率。通过采用液压技术和自激振技术，提高抓斗抓挖密实物料及卸料的能力，节省人力，提高效率。液压技术应具备抓斗的异步同步技术，可以使抓斗各斗瓣既能同步动作，又能异步动作，以抓取形状不规则的物体。

8.5.2 液压抓斗主要结构设计特点

电动液压六瓣抓斗如图 8-11 所示，由抓斗基体、液压马达、液压缸和斗瓣组成。机体由一个液压马达驱动绕铅垂中心轴线整圈回转，每个斗瓣分别由一个液压缸驱动。抓取动作是由 5 个单独的液压控制系统进行操控的。从机器人工程学的角度看，抓斗是一个由液压动力元件驱动的空间机构。

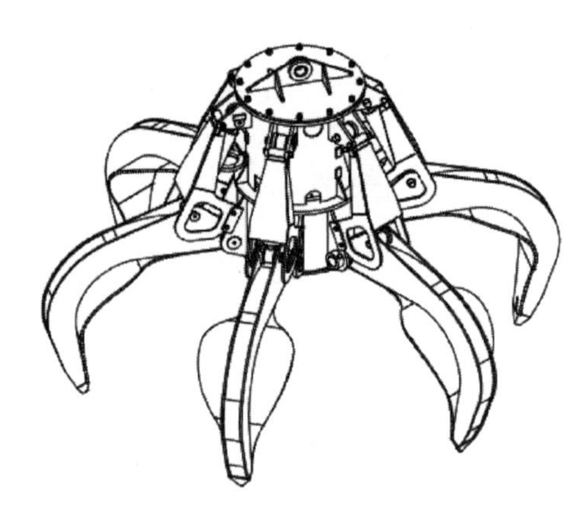

图 8-11 电动液压六瓣抓斗

该新型液压抓斗采用的新技术包括以下几个方面。

8.5.2.1 抓斗斗瓣结构优化设计

合理的斗瓣曲线特别有利于提高物料的装卸效果，采用 ANSYS 有限元分析技术对抓斗各个关键点进行强度、刚度校核。特别是对斗瓣进行结构分析，通过优化其尺寸和结构形式，获得最佳运动力学效果和工作效果，斗瓣应力分析如图 8-12 所示。

抓斗斗齿的强度和耐磨性在很大程度上影响了整个液压抓斗的工作状况和效率，因此应依据抓取物料的不同，选用不同的材料。用于生活垃圾的抓斗斗齿材料选用高强度耐磨钢板 NM400，用于矿石等物料的抓斗斗齿材料选用高锰耐磨合金。斗齿有限元分析如图 8-13 所示，从分析结果看，抓斗斗齿设计合理，力学性能优异，具有极高的安全和使用冗余性。

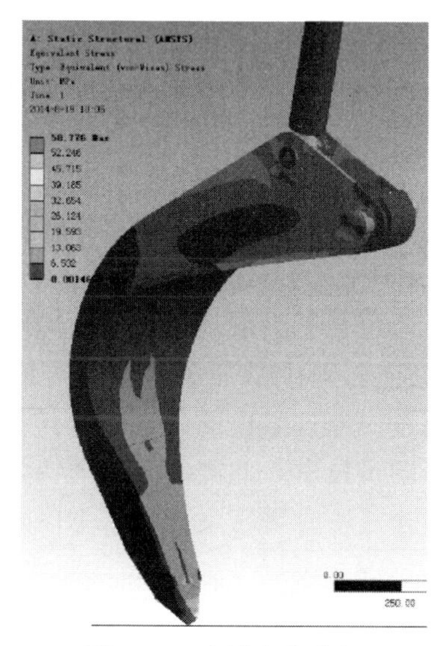

图 8-12　斗瓣应力分析

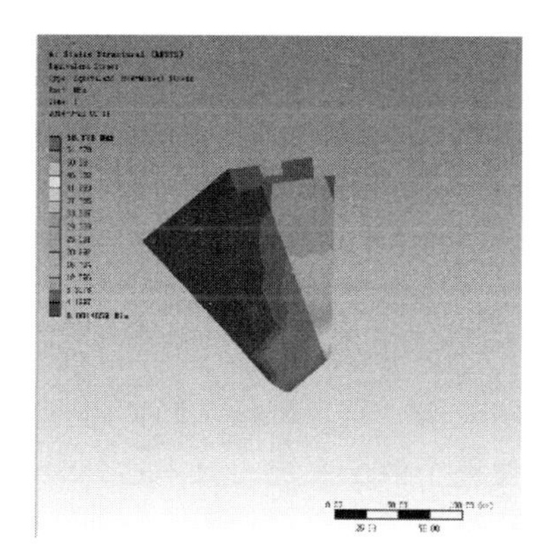

图 8-13　斗齿有限元分析

8.5.2.2　自激振动系统设计

为提高抓斗的抓取能力，设计了自激振动系统。利用机械振动的振动夯实能力，对物料施加冲击作用，达到夯实的目的，最终提高抓斗抓取密实物料的能力及卸料能力。本液压抓斗采用激振器作为激振元件，激振器具有结构简单、制造容易、重量轻、成本低、能耗少和安装方便等一系列优点，所以在很多地方得到了广泛的应用。同时，需要在上承梁上设置减振装置，以防抓斗的激振力传导到起重机上。

激振器（图 8-14）利用了机械振动的原理，可作为激励部件组成振动机械，用以完成物料或物件的输送、筛分、密实、成型和土壤砂石的捣固等工作。

图 8-14　激振器

为提高振动夯实效果，激振器自振动的频率可以调到与被抓取物料的固有频率一致，从而实现共振效应。振动器一般设计在下承梁下部，它能充分利用电动液压六瓣抓斗的自重和激振器的激振力，提高抓斗抓挖密实物料的能力及卸载能力。

8.5.2.3 液压系统设计

该液压系统设计的原则为在常规技术原则、成本原则和人机工程学原则的基础上纳入了环境原则，并将环境原则置于优先考虑的地位。因此，液压系统的节能设计不但能保证系统的输出功率要求，还能保证经济、有效地利用能量，达到高效、可靠运行的目的。

由于液压系统的功率损失会使系统的总功率下降、油温升高、油液变质，导致液压设备发生故障，因此，该抓斗的液压系统采用多种途径来降低功率损失。在液压元件的选用方面，选择效率高、能耗低的国外先进厂家的液压元件；在液压阀的选择方面，优先选择集成阀，以减少管连接的压力损失，如压降小、可连续控制的比例阀等，达到了节能减排的目的，充分体现了环保效应。

该液压系统由液压泵站、油缸和液压附件等组成。液压泵站由电动机、双向液压泵、控制阀块等组成。液压泵站可以方便地从机架内拆出，便于检修。液压附件主要有回油滤油器、各种液压管接头、液压软管、钢管及管夹等。采用进口原件组成的先进液压系统和完整的回路设计，可以解决各斗瓣同步性问题，实现异步、同步技术。此液压系统的特点是反应灵敏、响应快、运行平稳、卸荷迅速，设计的回路可防止液压介质污染环境，可以降低能量损耗，使整个液压系统的效率达到最大。

液压系统工作原理如图 8-15 所示，具体工作过程如下：液压缸与斗瓣通过铰轴刚性相连，故液压缸的伸缩运动可直接引导斗瓣完成张开、闭合及抓取动作。当斗瓣张开或空抓

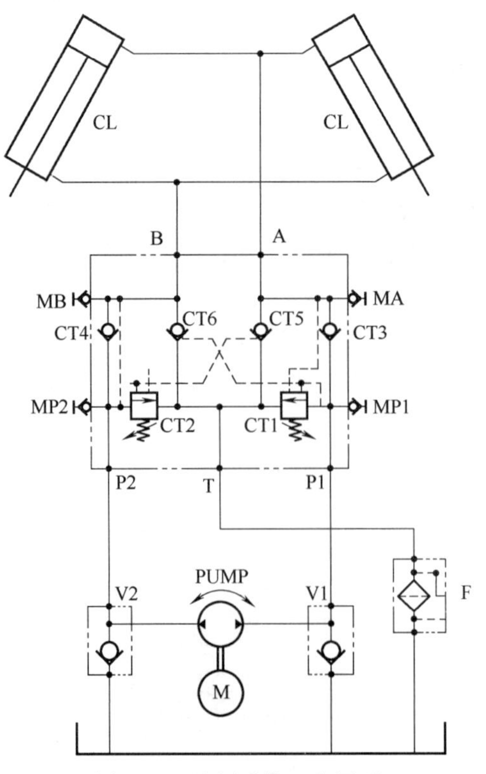

图 8-15　液压系统工作原理

时，液压缸缩回或伸出，液压缸只需克服自身摩擦力和机构各铰接处的摩擦力，系统所需压力较小，此时双联齿轮泵前后两泵同时给系统供油。当抓斗夹住重物时，系统压力逐渐上升，压力超过一定值后，两组安全系统的一个卸荷溢流阀卸荷，一个泵卸荷，另一个泵继续供油直到系统压力达到卸荷溢流阀调压值时才卸荷。液压泵卸荷后，蓄能器随之释放能量，对系统起保压作用，以保证抓斗在抓取物料时有较大的抓取力。由比例阀构成的闭环控制系统可以实现对不同物料抓取时的压力控制，保证合适的抓取力。在抓取物料的过程中，因液压缸是由同一双联齿轮泵带动的，各缸所受的工作推力相同。而物料的不规则性直接导致每个斗瓣所受的阻力大小不一。当物料粒度小而均匀时，作用在每个斗瓣的阻力相同，即传递给液压缸的外阻力相同，5 个斗瓣同步闭合。当物料不规则时，作用在每个斗瓣的阻力不同，即阻力小的先工作或动作快，阻力大的后动作或动作慢。这种斗瓣闭合的差动性对不规则物料的顺利抓取，以及对液压系统的保护和对整台抓斗的使用是非常有利的。

（1）抓斗闭合时工作原理

当接通电源并控制电动机 M 正转时，双向液压泵 PUMP 从单向阀 V2 一侧吸油，通过单向阀 V1、泵的出油管 P1 向控制阀块供油。此时通过单向阀 CT3 及控制阀出油管 A 向提升油缸 CL 的无杆腔供油。由于泵的出油管 P1 存在供油压力，液控单向阀 CT6 打开，此时提升油缸 CL 有杆腔的油由控制阀块的出油管 B 通过液控单向阀 CT6 流向控制阀块的回油管 T，再经过回油滤油器 F 回到油箱内，实现油缸活塞杆外伸，带动了斗瓣运动，使抓斗闭合。

抓斗闭合时双向液压泵 PUMP 的最高输出压力是由压力阀 CT1 确定的。当泵的出油管 P1 中的压力达到 CT1 设定的压力时，压力阀 CT1 便产生溢流，当出油管 A 中的压力达到设定压力时，还可以使泵卸荷，防止液压泵过载并减少液压系统的发热。

液压泵的出油管 P1 以及控制阀块出油管 A 的压力分别在控制阀块的测压点 MP1、MA 上测量。

（2）抓斗开启时工作原理

当接通电源并控制电动机 M 反转时，双向液压泵 PUMP 从单向阀 V1 一侧吸油，通过单向阀 V2、泵的出油管 P2 向控制阀块内供油。此时通过单向阀 CT4 及控制阀出油管 B 向油缸 CL 的有杆腔供油。由于泵的出油管 P2 存在供油压力，液控单向阀 CT5 打开，此时提升油缸 CL 无杆腔的油由控制阀块的出油管 A 通过液控单向阀 CT5 流向控制阀块的回油管 T，再经过回油滤油器 F 回到油箱内，实现了油缸活塞杆收缩，带动了斗瓣运动，使抓斗开启。

抓斗开启时，双向液压泵 PUMP 的最高输出压力是由压力阀 CT2 确定的。当泵的出油管 P2 中的压力达到 CT2 设定的压力时，压力阀 CT2 便产生溢流，当出油管 B 中的压力达到设定压力时，还可以使泵卸荷，防止液压泵过载并减少液压系统的发热。

液压泵的出油管 P2 以及控制阀块出油管 B 的压力分别在控制阀块的测压点 MP2、MB 上测量。

（3）停止工作时工作原理

当电动机停止运转时，由于泵的出油管 P1、P2 均没有压力，阀 CT3、CT4、CT5 及 CT6 均关闭，与油缸连接的 A、B 出油管都处于封闭状态，抓斗能够保持停止时的状态不变。

8.5.2.4　筒体模块化设计

抓斗的筒体内有油箱，外侧连接液压缸与斗体，外观形状大致相同，因此可以采用模块化设计方法进行统一设计，部分零件可实现高度互换、统一生产制造。这样既可以满足抓取物料的要求，斗体也可以按照大小统一制造，同时可以根据不同的要求进行互换性制造。筒体结构简图如图 8-16 所示。

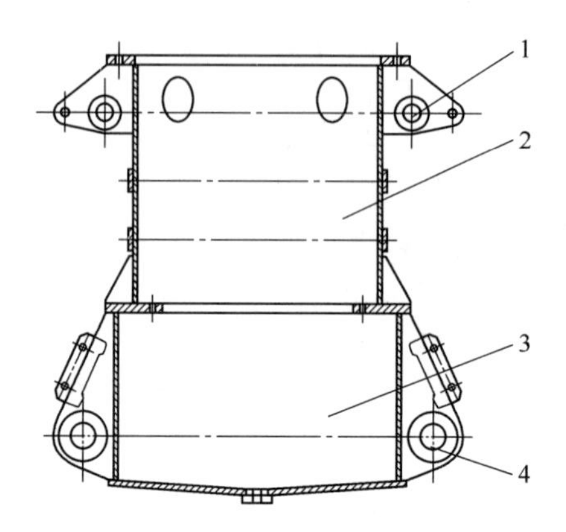

图 8-16　筒体结构简图

1—液压缸铰接耳座；2—筒体；3—油箱；4—斗瓣铰接耳座

8.5.2.5　斗体回转机构设计

斗体通过斗体销轴与抓斗筒体相连，通过下油缸销轴与油缸杆相连，液压油缸推动下油缸销轴使斗体绕斗体销轴回转，最终实现斗体抓取物料的动作。斗瓣与液压缸连接机构简图如图 8-17 所示。

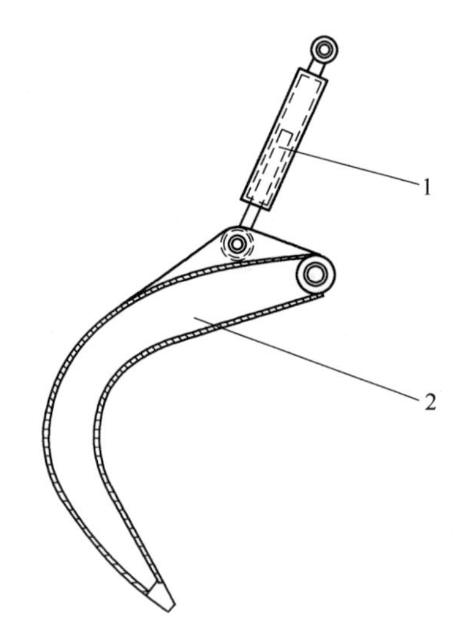

图 8-17　斗瓣与液压缸连接机构简图

1—液压油缸；2—斗瓣

由于液压缸两端与抓斗基体和斗瓣之间分别采用铰接方式连接，其铰接连接位置直接影响着抓取效果和力学特性，铰接位置设计得合理可以减小运动干涉阻力，使抓取更为轻便。可以通过不同铰接点处销轴在一定负载状态下的力学特性来分析铰接点设计的合理性，采用 ANSYS 有限元分析技术对抓斗中斗瓣连接的销轴不同位置的应力分布特性进行分析。图 8-18、图 8-19 为两组销轴在近、远距离分布应力分析图。

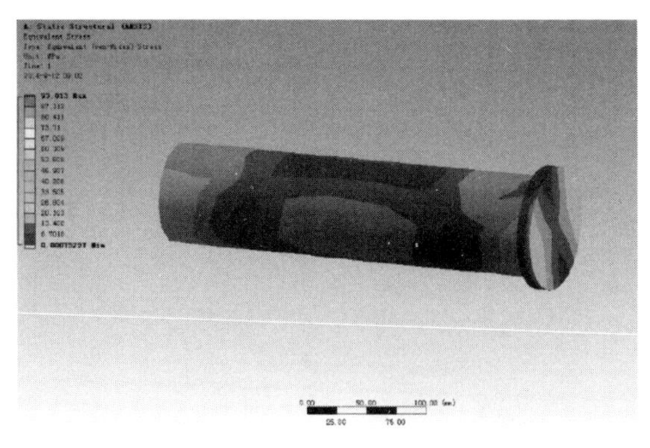
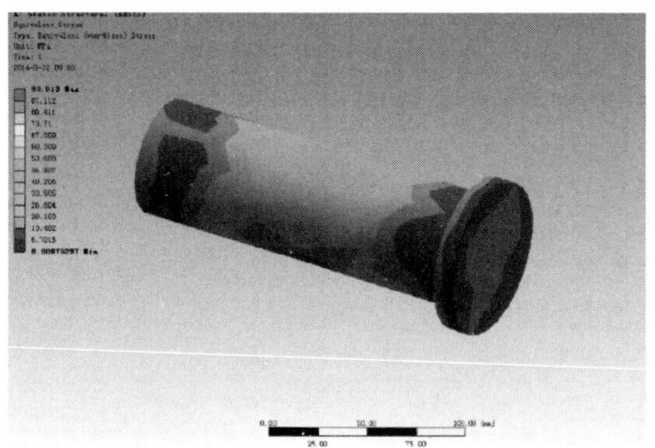

图 8-18　销轴近距离分布应力分析图

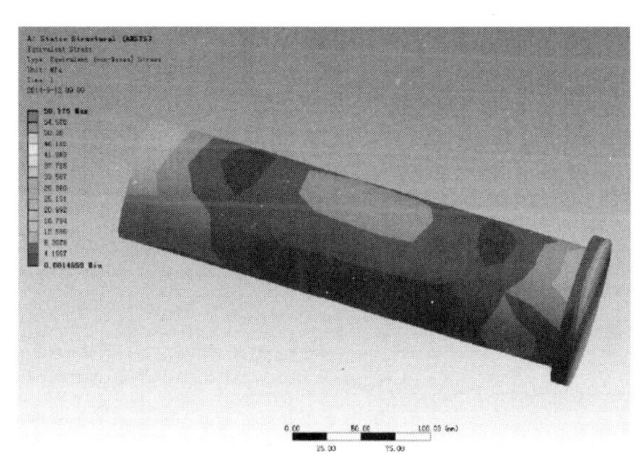
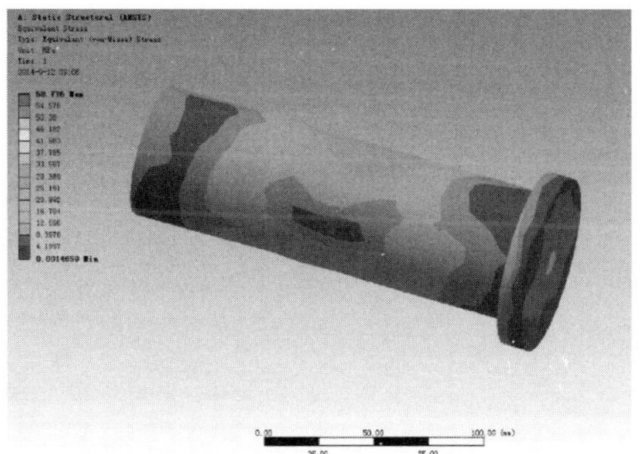

图 8-19　销轴远距离分布应力分析图

对比两个固定斗瓣的销轴远近距离分布应力分析图，经最优化设计和杠杆原理的验证，可得出距离布置远的销轴更加省力、受力较小，这样销轴可以经久耐用，不易损坏，更加可靠。

通过以上对这些部件的有限元分析，可以达到最优化设计的目的，得到抓斗最省力和结构最轻巧的效果。

8.5.3　结论

新型液压抓斗丰富了抓斗领域的品种和规格，推动了抓斗技术的提高和进步，代表了抓斗技术的新潮流，其优越的性能正逐步为广大用户所认可，其良好的经济效益也为世人瞩目。相信在不久的将来，我国液压抓斗的制造技术和水平也会与其他工业先进国家并驾齐驱，国产液压抓斗必定会迅速崛起并占领市场。

8.6　高卷扬起重机自动减速平衡起升机构设计

电厂、化工厂、热能厂使用的起重机，主要用于大型基础件和设备的安装，需要实现大起升高度、高安全性的吊运作业，这对起重装备，特别是对大起升高度起重机的安全性提出了更高的要求。起升机构必须具有自减速、自平衡系统，避免在吊运、安装过程中出现意外，造成不可估量的经济损失或重大人员伤亡等安全事故。

8.6.1 设计思路

为确保安全冗余性，该起升机构应采用如图 8-20 所示的双系统安全冗余设计结构，主要部件——电动机、减速器、卷筒等均采用了具有冗余安全特性的对称结构设计。双系统工作方式可有效避免起升过程中的不稳定性。

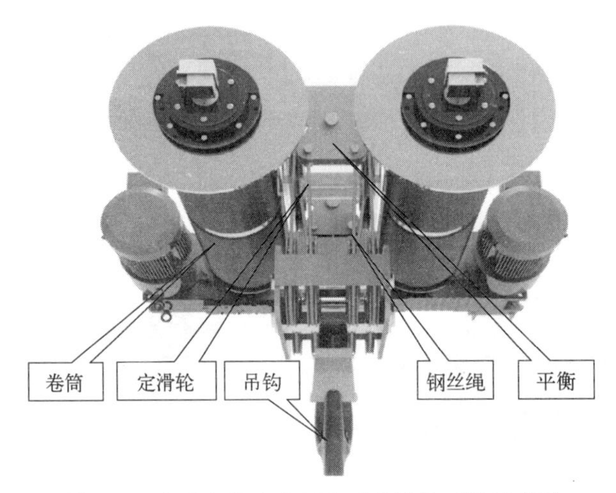

图 8-20 起升机构安全冗余对称设计三维示意图

同时，为避免起升机构在运行过程中，由于线路、压降和电动机性能的差异，造成两套起升驱动机构不能够同步提升或同步下降，或者在运行过程中产生偏载、一套起升驱动机构过载的情况，影响起升机构的安全性能。在起升机构设计中增加自减速、自平衡起升装置，确保当其中一套起升驱动机构因线路、压降和电动机自身原因转速较慢时，其可作为短暂的钢丝绳缠绕系统的固定点，这样就降低了钢丝绳缠绕系统的倍率，降低了起升或下降速度，使两套起升机构达到同步的目的；对于偏载、过载的情况，也达到了其他复杂机构达到的效果，降低了采购成本，提高了起吊物品时的安全性，避免了事故的发生。

8.6.2 自动减速平衡起升机构产品结构设计

高卷扬起重机自动减速平衡起升机构具体设计方案如图 8-21 和图 8-22 所示，该机构主要由起升驱动装置 1、卷筒装置 2、定滑轮装置 3、平衡滑轮装置 4、钢丝绳缠绕装置（正常倍率为 n）5、安全制动装置 6、吊具 7 等部分组成。其工作原理是：钢丝绳缠绕装置 5 缠绕在卷筒装置 2、定滑轮装置 3、平衡滑轮装置 4 及吊具 7 上。工作时，通过起升驱动装置 1 驱动卷筒装置 2 旋转，并经过定滑轮装置 3、平衡滑轮装置 4、吊具 7，达到提升和下降吊物的目的。两套机构上均设计有盘式安全制动装置 6，可在起重机出现意外时，或者当一套机构出现故障时，起升驱动装置 1 上支持制动器和安全制动装置 6 获取故障信号，采取制动动作，则一套起升机构停止工作，另一套起升机构继续工作。此时，故障处钢丝绳可以看作钢丝绳缠绕系统的一个固定点，钢丝绳缠绕装置的倍率由正常倍率 n 变为故障时的 $2n$，由此速度降为正常速度的 1/2，保证了起升驱动装置的安全，也保证了被吊运的重要装备的安全，防止了坠落事故和人员伤亡事故的发生。

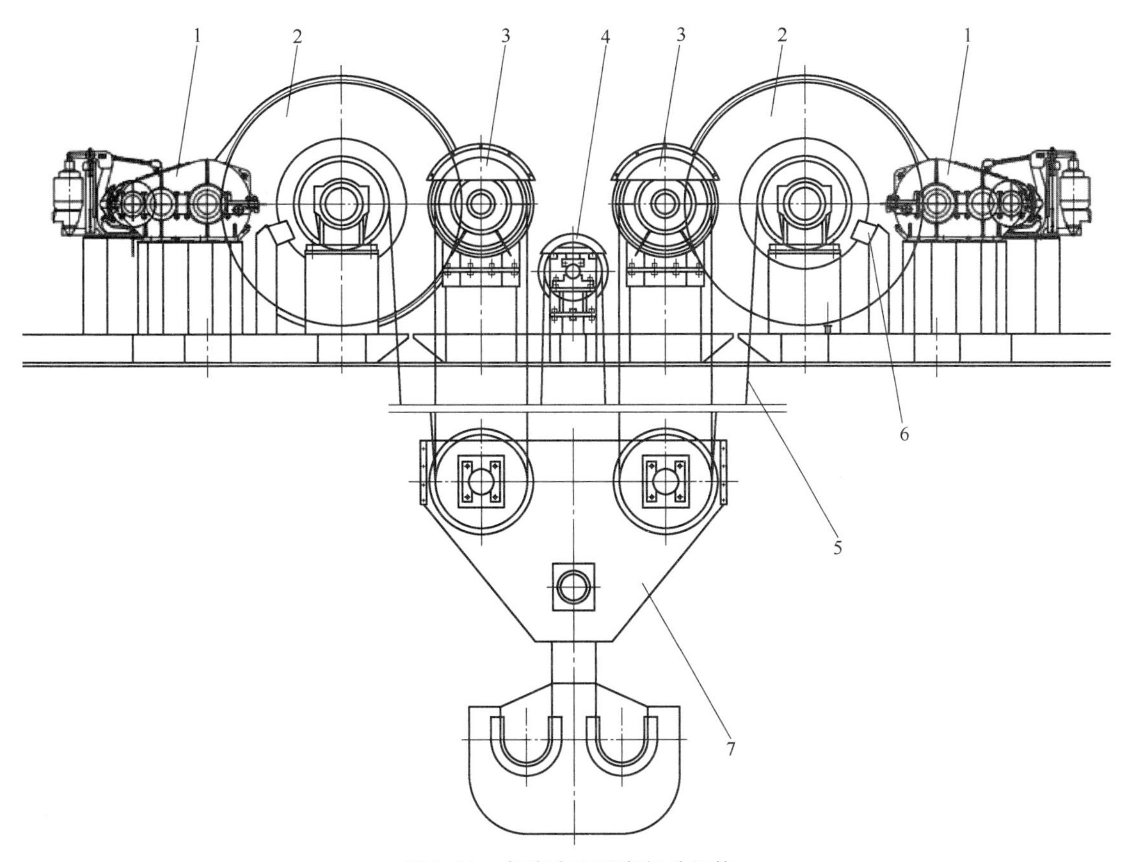

图 8-21　自动减速平衡起升机构

1—起升驱动装置；2—卷筒装置；3—定滑轮装置；4—平衡滑轮装置；5—钢丝绳缠绕装置；6—安全制动装置；7—吊具

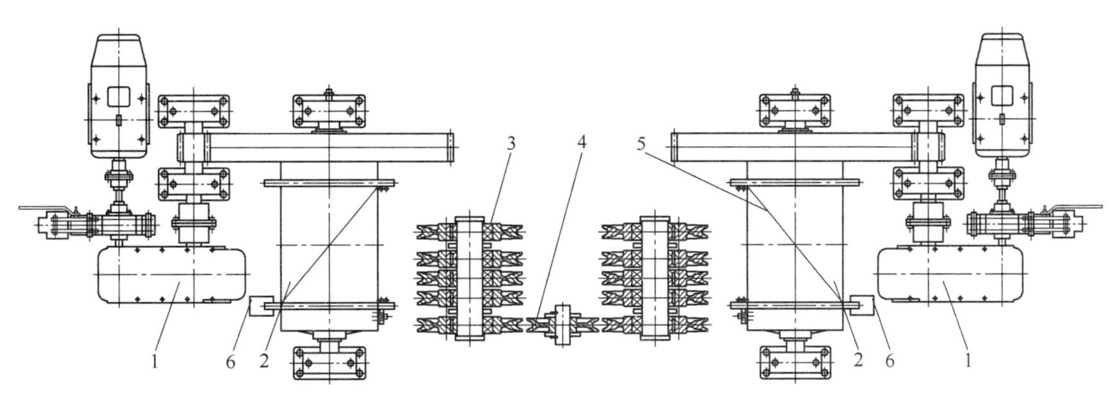

图 8-22　自动减速平衡起升机构俯视图

1—起升驱动装置；2—卷筒装置；3—定滑轮装置；4—平衡滑轮装置；5—钢丝绳缠绕装置；6—安全制动装置

8.6.3　结论

使用该起升机构的起重机可广泛应用于电厂、化工厂、热能厂等对安全要求较高的施工作业场所，用于主要部件的安装，能够满足大起升高度、高安全性的吊运作业。由于起升机构的自减速、自平衡特点，可实现在事故状态下对负载的安全降落，有效防止安全事故发生，达到安全冗余控制的目的。

8.7 基于双卷筒缠绕的大起升高度起重机起升机构设计

传统轻量化桥式起重机起升机构如图 8-23 所示，普遍采用单电动机＋单减速器＋单卷筒＋单吊钩起升机构的布置形式，可以满足常规场合的使用要求。而一些特殊场合，要求起升高度较大时，此结构形式由于要满足起升高度要求，通常会采取如加大卷筒直径、减小钢丝绳直径、采用折线卷筒等措施，但在起升高度 $H \geqslant 50\text{m}$ 时，依然存在卷筒过长、加工制造困难、制作成本成倍增加、钢丝绳偏角较大等问题，制约着企业的发展，因此需要设计一种大起升高度轻量化小车，以适应大起升高度轻量化桥式起重机的需求。

图 8-23 传统轻量化桥式起重机起升机构

8.7.1 大起升高度起重机起升机构设计思路

根据上述分析，常规设计已经不能满足大起升高度起重机起升机构设计需要，即单机构设计方式在起升高度 $H \geqslant 50\text{m}$ 时，卷筒直径将过大，长度也将过长，势必影响起重机起升机构的整体尺寸，无法满足低净空的工况要求。但如果采用双电动机＋双减速器＋双卷筒＋单吊钩起升机构的布置形式，分别通过两根钢丝绳，将同一侧两卷筒组与吊钩组缠绕，将其滑轮组倍率设计为 1，如图 8-24 所示，可在不增加卷筒直径和长度的前提下，有效提高起重机的起升高度，满足大起升高度和低净空的需要。

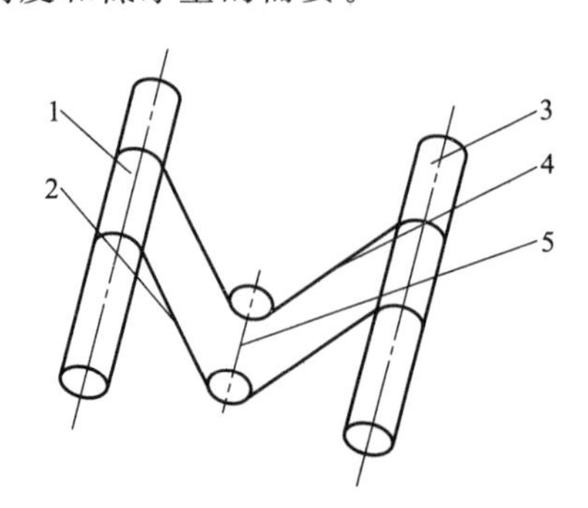

图 8-24 双卷筒钢丝绳缠绕结构设计原理

1，3—卷筒组；2，4—钢丝绳；5—吊钩组

8.7.2　具体结构设计

双卷筒钢丝绳缠绕小车架结构如图 8-25 所示，起升机构采用双电动机＋双减速器＋双卷筒＋单吊钩起升机构的非对称布置形式，由减速器 1、5，电动机 2、6，小车架 3，卷筒 4、7 构成。两套卷扬机构为独立设计形式，单独驱动，分别通过两根钢丝绳，将一个卷筒正向缠绕，另一个卷筒反向缠绕，并将同一侧两卷筒组与吊钩组缠绕，能够起到较好的平衡作用，在钢丝绳绳径增大的同时，可大大减少卷筒组的卷绕圈数，相比之下，钢丝绳绳径增大对卷筒组长度的增加不及卷绕圈数减少对卷筒组长度的减少，故整体而言，可极大地提高小车的起升高度。

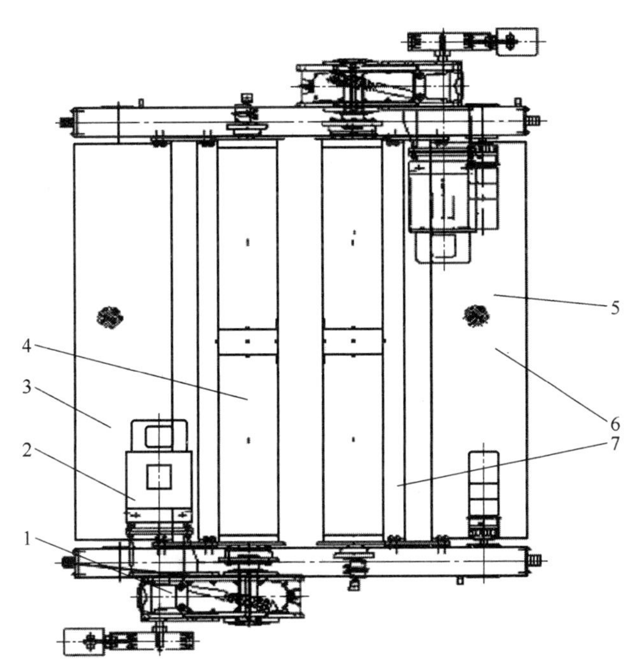

图 8-25　双卷筒钢丝绳缠绕小车架结构

1，5—减速器；2，6—电动机；3—小车架；4，7—卷筒

8.7.3　卷筒长度计算

按照 GB/T 3811—2008《起重机设计规范》的要求，按照图 8-25 设计的结构，对于 10t 标准配置的轻量化小车，当起升高度 $H=120\text{m}$ 时，$\phi 13\text{mm}$ 钢丝绳，$\phi 360\text{mm}$ 卷筒长度仅为 3.63m；对于 32t 标准配置的轻量化小车，当起升高度 $H=120\text{m}$ 时，$\phi 22\text{mm}$ 钢丝绳，$\phi 435\text{mm}$ 卷筒组长度仅为 4.47m。结果大幅度小于单电动机＋单减速器＋单卷筒＋单吊钩起升机构布置形式的卷筒长度。

8.7.4　结论

该结构布置形式简单，由同一电气控制系统进行起升控制，同步性较好，可极大地提高小车的起升高度，适用于大起升高度的轻量化桥式起重机。

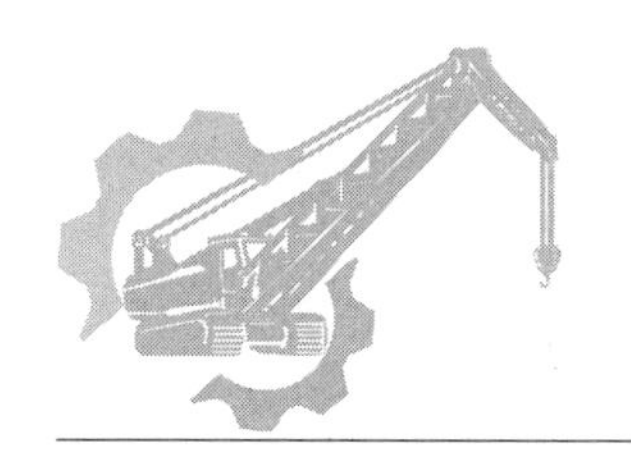

第 9 章 起重机智能化关键技术应用及发展趋势

起重机广泛应用于车间、码头、电站、仓库、海上钻井平台等场所，要求其安全可靠、先进、快速、精确定位及运行平稳，并向大吨位、高效率、自动化、智能化及多用途方向发展。与此同时，用户对其工作性能、操作舒适度、自动化程度、安全可靠性、故障监控诊断能力等方面的要求也越来越高。因为要满足危险作业现场、人无法接近的场所（受原子能辐射影响的工作场所）、环境十分恶劣的场所（垃圾处理场）、海洋开发等不同作业的需求，以及需要远距离操纵和无人驾驶起重机等，所以起重机智能化既是起重机行业发展的必然趋势，更是实现我国起重机绿色设计与制造总体目标的关键。

9.1 起重机智能化技术主要应用领域

9.1.1 安全监控和故障诊断方法研究

起重机的安全问题是首要问题，对起重机进行安全监控是保障其安全运行的一项重要措施，监控技术的水平直接反映起重机的安全性能。随着全球集装箱运输业的发展，各起重机制造商对港口用的集装箱装卸起重机，都在朝着先进、快速、安全、可靠及低成本的方向进行有针对性的开发、研制。近年来，起重机的远程监控技术发展迅速。通过工业网络技术采集起重机的各种电控系统的信息，实现对起重机电控系统的全面计算机图形化监控、故障监控和跟踪，以及对起重机的运行状态、工作内容的监控和工作量的统计，有效提高了生产管理水平；通过远程服务和远程监控手段，可以实现快速服务响应，极大提高了设备故障排除的效率，保障了设备完好率。将先进的计算机技术、控制技术、网络技术、通信技术、微电子技术、电力电子技术、光缆技术等应用到起重机中，开发出新的计算机监控管理系统，实现智能人机接口，是起重机安全监控和故障诊断的一个重要发展方向。

智能故障诊断及安全监控系统主要包括数据采集、控制、处理、储存、导出、远程监视平台等单元。为保障起重机械运行高效、安全，动态运行状态、快速维护、部件监测等成为研究重点。重点研究内容包括规划数据采集范围、控制方案，提出对数据处理、储存、导出的要求，明确远程监视平台的功能和要求，建立智能故障诊断及安全保护系统研发框架等。

9.1.2 智能电气防摇摆技术

起重机电气防摇摆自动定位控制技术综合悬挂物摇摆的物理特性和起重机载荷摇摆的实测数据，经建模和计算预测载荷摇摆的幅值和相位，利用智能化防摇摆自动定位控制理论和控制方法，通过可编程控制、现场总线通信、变频调速驱动等现代电气控制技术，实时地控制起重机的运行速度，实现起重机的防摇摆自动定位控制。该技术的研发是起重机自动运行的重要基础。精确定位及防摇摆技术的研究内容主要围绕检测装置的选用、信号传输方式、检测系统构架、抗干扰能力、分辨率、可扩展性、可视化操作、电气防摇摆技术的综合应用、PLC 控制技术等多个方面展开。主要包括以下三个方面的研究内容：一是开发新型实用的起重机电气防摇摆控制理论和方法；二是开发新型实用的起重机电气防摇摆自动定位控制理论和方法；三是开发适合推广应用的起重机电气防摇摆自动定位控制系统。电气防摇摆自动定位控制系统使起重机转变为新型的“起重机器人”成为可能，打破了人们一直以来对起重机载荷摇摆问题的固有认知，为起重机在物料搬运自动化领域的应用带来新的机遇。

卫华集团在行业内率先研发成功具有独立知识产权的电气防摇摆技术，其硬件控制原理如图 9-1 所示。在软件设计上，该成果采用基于弹性模板的非线性插值计算法、非对称平衡三相幅值衰减向量防摇摆控制计算方法、速度和位置双变量防摇摆自动定位同步控制技术、减速过程运行距离在线重复迭代自学习控制技术、变减速度单侧无限逼近速度和位置双变量反馈控制技术等，建立实际起重机载荷摇摆的精确数学模型，实现实测起重机载荷摇摆特性和理想悬挂物摇摆特性的数据融合及运行速度平滑变化，并应用于起重机载荷防摇摆控制。

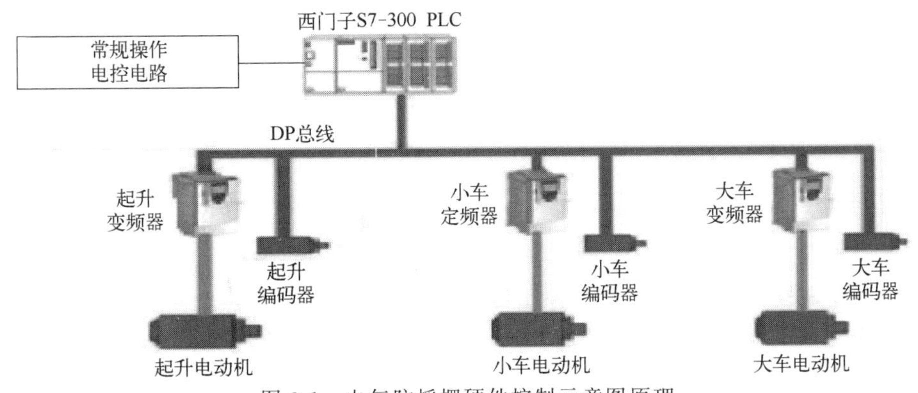

图 9-1 电气防摇摆硬件控制示意图原理

在硬件设计方面，创新地采用常规的 PLC＋变频器＋普通电动机的控制方案，以 PLC 作为控制器，采用位置速度双变量反馈控制方法，实现起重机的防摇摆自动定位控制。防摇摆自动定位控制系统在控制执行机构运行时，不需要生成执行机构的运行轨迹，而只需计算和输出运行机构即时的目标速度，通过变频器和电动机的驱动，控制执行机构运行，如图 9-2 所示。

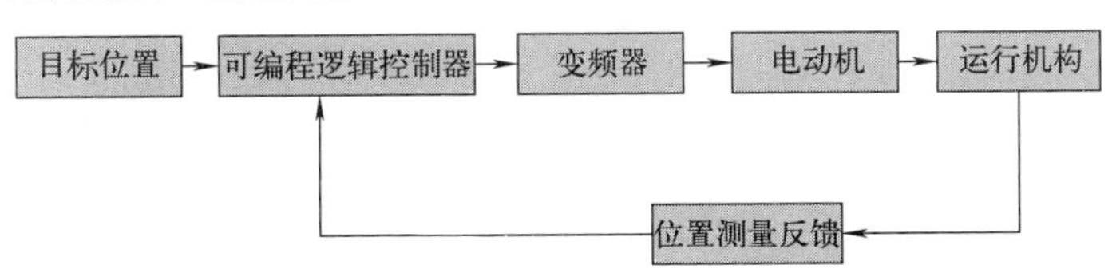

图 9-2 防摇摆自动定位控制原理示意图

该技术可以使起重机运行时负载摇摆幅度下降95%以上，并取得国家发明专利，整体技术处于国际领先水平。

9.1.3 精确定位技术

现代起重机自动定位系统采用WCS（位置编码系统）结合增量编码器来进行 X、Y、Z 三坐标位置测定，如图9-3所示。通过U形读码器以红外光对射方式阅读编码尺，把读码器放在编码尺上，每隔0.8mm（WCS3B）或0.833mm（WCS2B），读码器就会探测到一个新的位置，它无须参考点/原点，且没有时间延迟，能计算出位置值/位置信息和诊断数据，可通过RS-485、SSI、CANopen等通信接口直接传输给控制器或通过接口模块（Profinet、Profibus）在各种网络中传输，最终传输至控制器，实现预定目标位置一次到位、无须重复调整位置、自动定位误差无限小的精确自动定位控制，定位精度误差小于5mm。

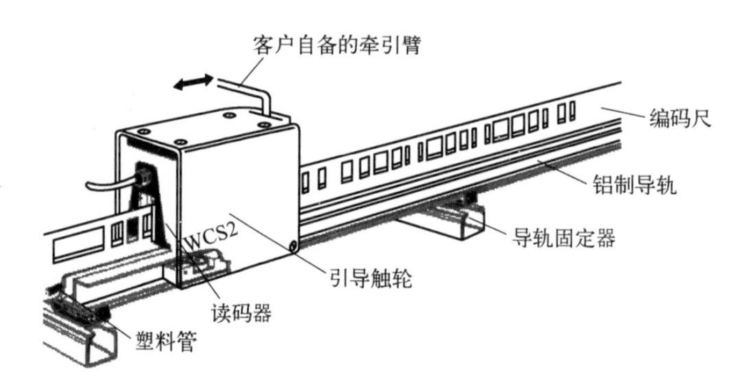

图9-3 位置编码系统

9.1.4 数字化结构设计技术

随着以有限元为代表的结构分析能力的完善以及智能优化算法的发展，使结构优化参数化设计这一新方法进入应用阶段，如图9-4所示。提高起重机的技术性能，减轻起重机的自重，对起重机金属结构进行优化设计，是起重机械研究的重要方向。目前应用于结构智能优化设计的方法主要有遗传算法、模拟退火算法、神经网络等。

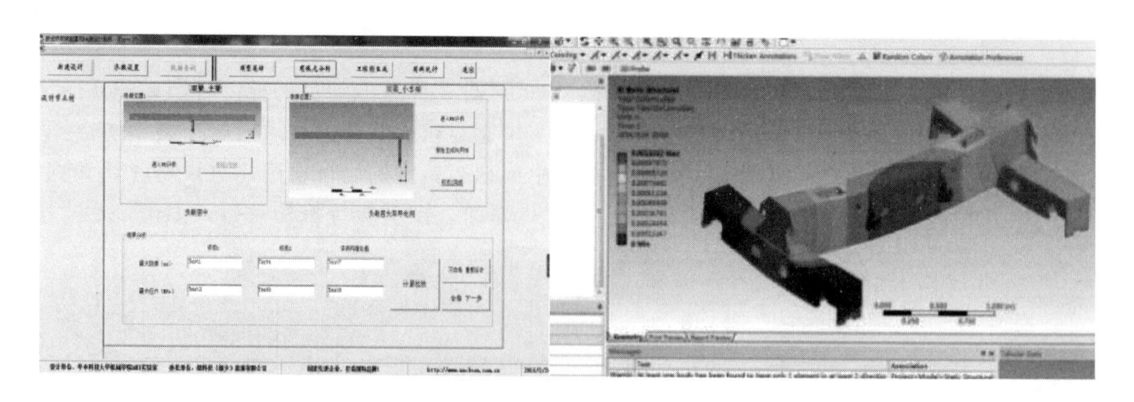

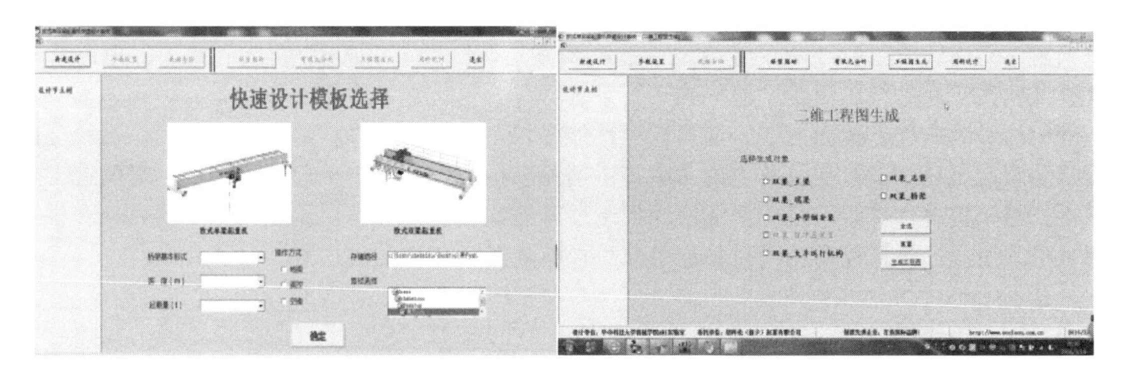

图 9-4　起重机数字化设计软件

9.1.5　智能遥控和远程控制技术

起重机作业场所多样化，如在冶金和化工领域的高温、高粉尘和有毒等恶劣环境和超高温、露天、垃圾焚烧发电等特殊场所下作业，如图 9-5 所示。遥控式起重机的应用范围更为广泛。遥控操作方式具有改善劳动条件及方便操作等特点，可以避免起重机脱轨或重物坠落可能引起的人身事故。采用遥控装置对起重机进行控制，操作人员不需要在起重机上作业就能对物品准确地起吊和放置，节省时间，工作效率大大提高。南京钢铁集团电弧炉炼钢厂的起重机遥控系统，将起重机司机从高空移至地面，司机可直接与检修人员联系共同操纵起重机，从而提高了吊装的精确性和安全性。通过仿真、视频、传感器和自诊断系统，借助互联网技术，使全自动垃圾起重机不仅具有本地控制功能，而且具有通过广域网进行远程操控的功能。

图 9-5　垃圾焚烧起重机智能化集中控制作业方式

9.1.6　智能安全防碰撞技术

在繁忙的车间、码头，运行在同一轨道上的多台起重机同时作业时，由于司机的注意力高度集中在被吊物上，容易忽视与相邻起重机之间的安全距离，极易碰撞，有可能造成严重的后果，因此起重机智能防撞技术具有广泛的实践意义。现有的防撞技术主要通过红外、激光、超声波雷达等测距方式来达到防撞的目的。采用红外防撞装置对起重机的保护系统进行改造，提高了安全作业系数，消除了重大安全隐患，取得了良好的效果。港口起重机防撞系统采用调频连续波（FMCW）毫米波雷达测距方式，给出了以DSP为核心的硬件电路和软件设计方案，并进行了测距试验，验证了系统的可行性。毫米波雷达不易受云、雨、雾等天气因素的影响，抗干扰能力强，仰角探测性能好，可全天候工作，适用于短距离、高精度的测距和测速。Howard Li的博士论文中将协同控制构架应用于多个起重机系统，对两台工业用桥式起重机进行试验，建立智能协同控制层和协同控制规则库。试验结果表明，两台桥式起重机共用同一工作控制台同时吊起负载可以有效避免碰撞的发生。

9.1.7 自动控制系统

智能自动控制主要体现在起重机械能够适应不同环境、精确灵活、安全可靠、自动运行。随着现代控制技术、网络技术、模糊控制技术等的不断发展，起重机智能自动控制运行的研发基础逐渐成型，在垃圾起重机、全自动冶金起重机领域的应用已取得一定的成效。起重机自动控制的研究重点为在线运行空间检测、负载特性、物料扫描。通过与吊钩定位、智能故障诊断及安全保护系统以及专用吊具的结合，根据现场生产工艺布局和施工路线，提出智能自动控制系统实现自动运行功能的方案，由PLC进行控制。

9.1.8 数据库优化、数据归档和信息化监控技术

运用组态软件组建能够实时反映垃圾起重机三维位置和抓斗状态的实时监控界面，如垃圾起重机作业时，通过三维仿真监控界面，如图9-6所示，对垃圾起重机关键部件的状态进行实时、动态监控，对垃圾起重机的主要参数和报警信息进行历史归档、归档查询和报表打印，从而实现起重机作业的实时动态仿真和监控。

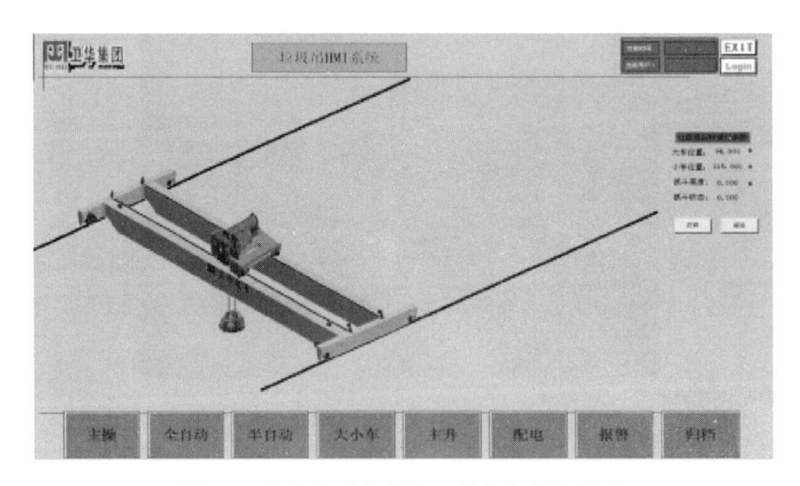

图9-6 垃圾起重机作业三维仿真监控界面

9.1.9 基于光纤光栅传感的在线监测及安全评估技术

此项技术的关键是起重机安全光纤光栅传感数字化监测系统的基本理论和应用技术，通过构建光纤光栅桥式起重机安全监测系统，形成起重机专用的光纤光栅传感器及光纤光栅解

调器等新装置，如图9-7所示，结合大型桥式起重机结构的特点和长期稳定、可靠的在线监测要求，以实现工程化为研发目标，从材料、构件、结构三个层次研究光纤光栅传感元件、传感器与被测材料、结构之间的相互影响，以及光纤光栅传感器的有效性、耐久性和可靠性，确立桥式起重机专用光纤光栅传感器设计方法和封装与埋设工艺。

结合大型桥式起重机的结构特点，研究基于光纤光栅传感技术的应变监测和结构健康监测评价系统。根据桥式起重机运行时产生的大量动态应变数据信息，以及系统频响快的特点，拟采用先进的C/S结构和3D建模技术，实现实时的结构应力计算、显示和报警，模拟桥式起重机动态作业过程，形成友好的人机交互环境。

图9-7　光纤光栅解调器

9.2　起重装备关键智能技术发展趋势

综上所述，目前对起重机器人集成及智能控制技术的研究（以下简称智能起重机）还只是针对一个或几个方面。例如，“安全监控和故障诊断”属于智能监测范畴，“精确定位与智能防摆”属于智能控制范畴。智能起重机应该具有什么结构、功能和特点？整体应该如何规划？如何优化？这些问题为我们提供了广阔的研究空间。把智能化的监测、控制、规划及结构设计等融合在一起，注意相关学科的相互交叉与渗透，研究系统整体的基础理论和应用技术，实现基于计算机控制的可重构模块化系统，开发多种新型的通用和专用智能起重机产品，是目前智能起重机研究的关键内容。可以部分应用机器人的设计理论，包括运动学、动力学、运动规划、控制技术等。但智能起重机与机器人系统又有区别，例如，它采用的钢丝绳具有一定的挠性和僵性，只能承受拉力，不能承受压力，其传感系统与机器人的也有所不同等，因此研究智能起重机的具有指导性的方法学理论和应用技术具有重要的理论价值和实际意义，需要在未来的发展研究中解决以下科学问题。

9.2.1　智能起重机的体系结构

智能起重机的体系结构是指确定系统各组成部分之间的相互关系和功能分配，以及系统的信息处理和控制的总体结构。从国内外文献中可以看出，现在起重机的研究追求的只是采用某种思想和技术，从而实现某种功能，还不是严格意义上的智能起重机。解决智能起重机体系结构中的各种问题，并提出具有一定普遍指导意义的结构思想无疑具有重要的理论和实际价值，这是摆在我们面前的一项长期而艰巨的任务，也是亟需定义和解决的问题。

9.2.2 智能控制的新理论与新技术

起重机的智能控制方法有模糊控制、神经网络控制、智能控制技术的融合（模糊控制和变结构控制的融合、神经网络和变结构控制的融合、模糊控制和神经网络控制的融合、融合各种智能计算方法）等。各种方法有其自身的局限性。国内外学者虽然结合不同起重机模型提出了各种控制方案，但这些模型和方案或是较为复杂或是因控制系统存在某些缺点，使控制效果不很理想，因此，各种控制方法、控制技术之间应该取长补短、相互补充、相互协调、相互促进。

9.2.2.1 多传感器的信息融合技术

智能起重机要能够适应不同环境精确、灵活地进行作业，高性能传感器的研究开发是必不可少的。智能系统中增加和改善传感器性能是提升智能水平的重要手段。而来自传感器的信息如何组合，即传感器的信息融合问题是更为重要的课题，多种功能的传感器的集成在起重机的智能化实现中起着举足轻重的作用。

9.2.2.2 自学习控制技术

机器的智能来自它与外界环境的相互作用，同时也反映在它对任务的独立完成度上。各种机器学习算法的出现推动了人工智能的发展，强化学习、蚁群算法、微粒群算法、遗传算法等可以应用到智能起重机系统中，使其具有类似人或动物的学习能力，以适应日益复杂的、不确定的和非结构化的环境。

9.2.2.3 智能人机接口技术

人机交互的需求越来越向简单化、多样化、智能化、人性化方向发展，其中心问题在于如何保证人机接口的易用性和可靠性。智能人机接口主要围绕高速度、高精度、数字化、智能化工艺装备的需求，开展检测与传感器信息融合、智能控制与远程操作、先进功能部件、新型数字化驱动系统、高速度高精度传动机构、开放式结构的网络化控制器等先进基础部件及系统的研究工作。

9.2.2.4 智能路径规划技术

最优路径规划就是依据某个或某些优化准则（如工作代价最小、行走路线最短、行走时间最短等），在工作空间中找到一条从起始状态到目标状态、可以避开障碍物的最优或次最优路径。如图 9-8 所示，根据环境信息掌握程度，路径规划分为全局路径规划和局部路径规划。路径规划方法大致分为传统方法和智能优化算法，传统方法为建立和求解路径都带来了很大困难，因此采用算法简单、计算效率高、易于实现的新颖的智能优化算法对起重机金属结构进行优化设计，是智能起重机结构研究的一个重要思路。此外，智能起重机的机群智能协调以及无人驾驶起重机是未来发展的一个重要方向。传统路径规划方法在路径搜索效率及路径优化方面有待进一步改善。因此，针对不完全或未知的环境信息，将遗传算法、微粒群算法、模糊逻辑及神经网络等智能计算方法应用到路径规划中，研究新的智能路径规划方法来提高智能起重机路径规划的避障精度，加快规划速度，以满足实际应用的需要。

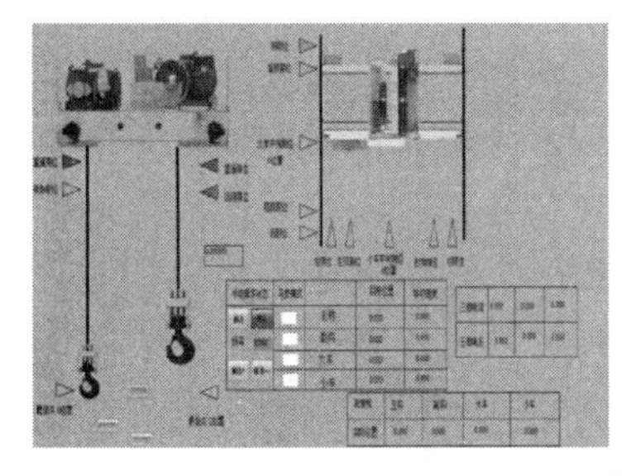
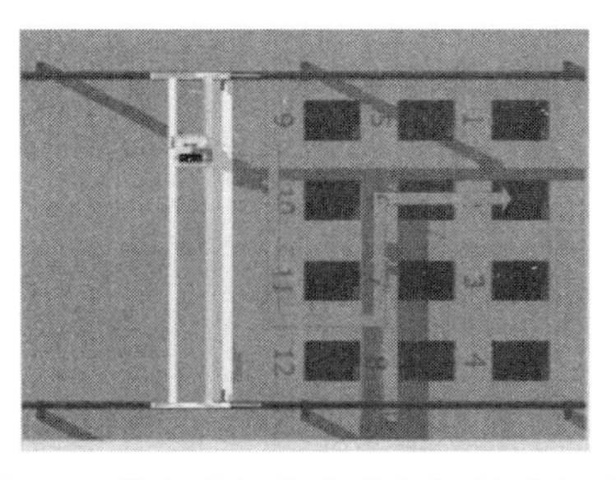
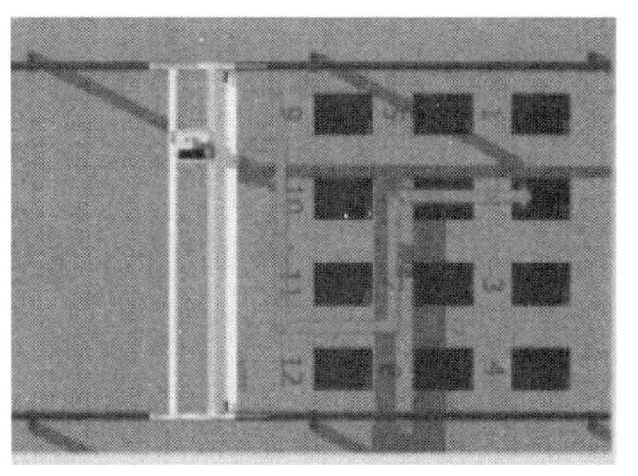

图 9-8　模拟的智能化路径规划示意图

9. 2. 2. 5　针对智能物流系统的先进适用的上位机应用技术

如图 9-9 所示，上位机应用技术应具有智能化自动故障报警、实时监控、设备运行分析、动作仿真、档案存储查阅、信息打印输出、现场参数采集等功能，实现人机数据交换，并能够在操作室监控和操作现场设备，实现多台全自动起重机隔空操作，提高生产的效率和安全性。

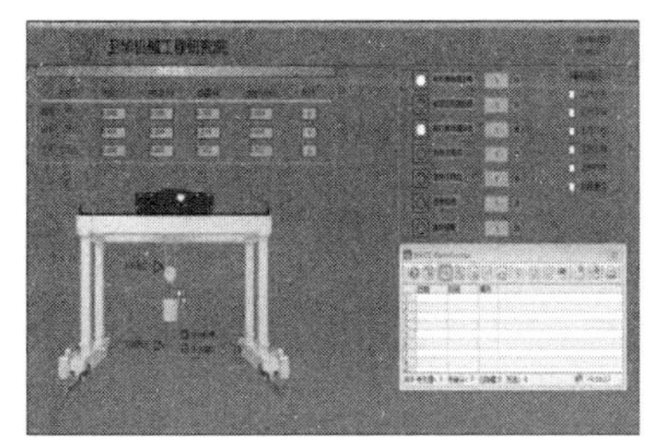

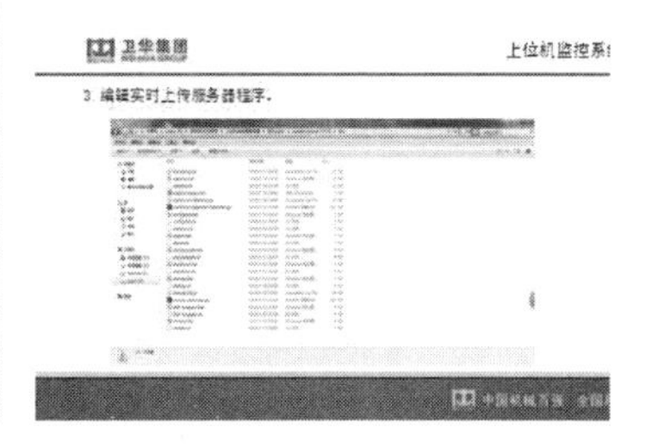

图 9-9　上位机监控系统、监控界面及数据输入输出界面

9. 2. 2. 6　研发和应用物联网远程控制技术

物联网远程控制技术是未来起重机关键技术的发展方向，如图 9-10 所示，开发本地数据采集服务器，应用 PLC、超负荷限制器、温湿度仪、智能电表等设备采集数据，通过无线通信反馈数据。本地监视客户端：以以太网方式与本地数据采集服务器建立通信，实时显示本地数据采集服务器采集的数据。中心数据服务器：中心数据服务器主要负责收集系统中所有本地数据采集服务器的实时数据、故障信息和各种统计数据。远程监视客户端：远程监视客户端通过系统或 Internet 方式与中心数据服务器进行通信，可实时监控起重机的运行状态、生产信息等。

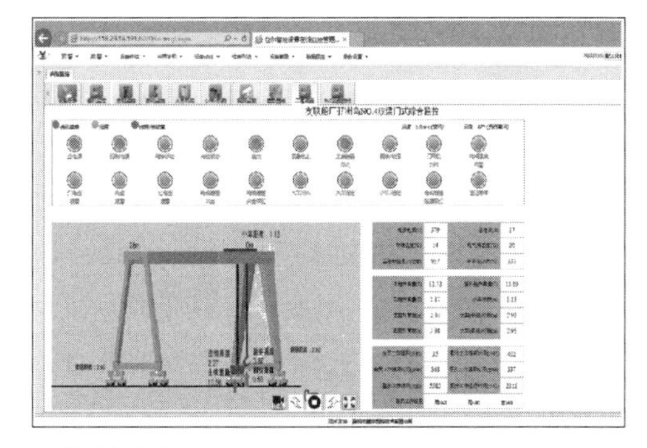

图 9-10　物联网远程控制技术

9.2.2.7 机器视觉物料自动识别技术

起重机自动运行过程中，位置和目标的判断至关重要，为提高物料自动化搬运效率，关键是开发机械吊具的视觉图像处理算法、运动控制软件。系统主要分为两个部分：图像的处理和运动的控制。在图像处理方面，主要提取物料的边缘特征，经过对各种经典边缘的检测效果，针对数字图像的特征，利用获得的图像边缘特征坐标值描述目标物料的空间位置信息。在运动控制方面，主要研究由视觉跟踪建立机械吊具的动力学简化模型，对吊具的运行路径进行规划。如图 9-11、图 9-12 所示的具有钢卷和集装箱识别功能的系统架构，机器视觉系统要比传统的激光雷达与超声波更准确，一次抓取成功率达到 95%。传统的激光、雷达、超声波识别的行业统计准确率为 80%。视觉采样周期控制在 50ms 以内，低于激光的测量响应时间 100ms，雷达和超声波的测量响应时间更长，一般在 200ms 以上，视觉系统大大提高了机器的实时性。因此，基于视觉的智能吊具具有广阔的发展空间。使用视觉来提高起重机的智能水平，具有重要的研究价值。

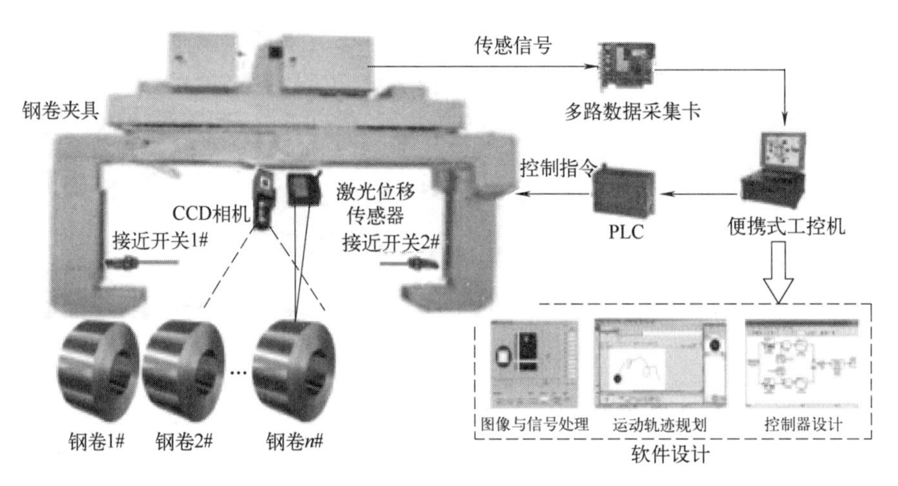

图 9-11 基于钢卷识别的系统架构

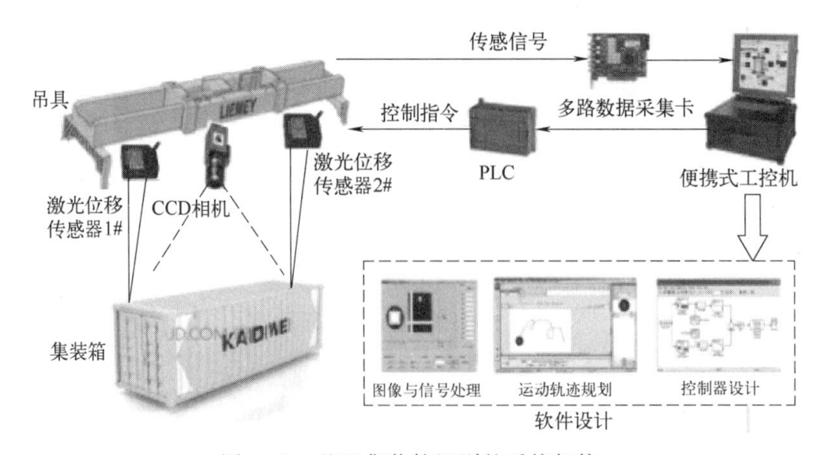

图 9-12 基于集装箱识别的系统架构

9.2.2.8 起重机器人技术

国外专家学者针对机器人化起重机也进行了一些研究，通过远程操作、图形离线编程和混合控制模式提供6自由度负载控制。研究的初衷只是为了稳定传统起重机的负载，现在应用非常广泛，包括陆地、海洋、太空。作为一种智能机器，在大型制造业如建筑、桥梁、船舶建造等领域有着广阔的应用前景。针对机器人化起重机（两关节起重机）建立系统的三维模型，利用反馈控制算法实现防摇摆。虽然机器人化起重机在国外得到了研究与应用，但与我们研究的起重机器人集成及智能控制技术还存在一定的差别，它们还只是把机器人技术的某一方面应用在起重机中，重点研究的还是起重机的精确定位与防摇摆，在某些方面可能具有一定的“智能性”，但还不是整体意义上的智能起重机。

9.2.2.9 大型结构件机器人智能化集群制造技术

对平衡的生产线进行标准化作业研究，包括加工工序的加工方法、加工顺序、加工时间、质量保证等。制造车间的目视化管理体系研究，包括研究起重机生产制造车间实时信息的显示设计和显示方法，采用形象直观的视觉感知信息来组织现场生产活动，确保作业与流程的快速、准确进行。如图9-13所示的起重机大型钢结构件机器人焊接生产线，通过执行工序的标准程序，工序进行情况，各类生产计划信息，材料、工具及半成品放置信息等，实现生产现场的自主管理、自主控制。将上述体系在互联网＋的基础上进行数字化和与机器人焊接生产线的集成，实现生产资源、工位终端、关键部位的状态感知和物流电子标签综合，形成基于物联网、数字化和机器人焊接的起重机零部件及总装智能生产管控技术。

图9-13 起重机大型钢结构件机器人焊接生产线

总之，起重机智能控制技术是起重机械发展的必然趋势，必将在在线运行空间检测、负载特性、物料扫描智能分析、精确定位、智能故障诊断、安全保护系统及智能化制造等方面得到广泛的推广和应用。结合现场生产工艺布局和路径规划的全自动化作业“起重机器人”，未来也将在特定的作业场合得到进一步的推广应用，从而为实现“无人化车间作业方式”奠定良好的装备基础。

参考文献

[1] 张质文，王金诺，程文明，等. 起重机设计手册 [M]. 北京：中国铁道出版社，2013.

[2] 张洪信. 有限元基础理论与 ANSYS 应用 [M]. 北京：机械工业出版社，2006.

[3] Saeed M. 有限元分析——ANSYS 理论与应用 [M]. 3 版. 王崧，刘丽娟，董春敏，等，译. 北京：电子工业出版社，2013.

[4] 孟少农. 机械加工工艺手册 [M]. 北京：机械工业出版社，1992.

[5] 秦旭达，贾昊，王琦，等. 插铣技术的研究现状 [J]. 航空制造技术，2011，(5)：40-42.

[6] 田荣鑫，史耀耀，杨振朝，等. TC17 钛合金铣削刀具磨损对残余应力影响研究 [J]. 航空制造技术，2011，(1/2)：134-138.

[7] 曾正明. 机械工程材料手册（金属材料）[M]. 7 版. 北京：机械工业出版社，2010.

[8] 徐灏. 机械设计手册 3 [M]. 2 版. 北京：机械工业出版社，2000.

[9] 陈宏钧. 实用机械加工工艺手册 [M]. 3 版. 北京：机械工业出版社，2009.

[10] 王先逵. 机械制造工艺学 [M]. 4 版. 北京：机械工业出版社，2019.

[11] 孙丽媛. 机械制造工艺及专用夹具设计指导 [M]. 2 版. 北京：冶金工业出版社，2010.

[12] 徐学林. 互换性与测量技术基础 [M]. 2 版. 长沙：湖南大学出版社，2009.

[13] 吴宗泽，罗圣国，等. 机械设计课程设计手册 [M]. 5 版. 北京：高等教育出版社，2020.

[14] 余光国，马俊，张兴发. 机床夹具设计 [M]. 重庆：重庆大学出版社，1995.

[15] 程绪琦. AutoCAD 2008 中文标准教程 [M]. 北京：电子工业出版社，2008.

[16] 杨叔子. 机械加工工艺师手册 [M]. 北京：机械工业出版社，2002.

[17] 李益民. 机械制造工艺设计简明手册 [M]. 北京：机械工业出版社，2011.

[18] 杨玉英. 实用冲压工艺及模具设计手册 [M]. 北京：机械工业出版社，2005.

[19] 郑家贤. 冲压模具设计实用手册 [M]. 北京：机械工业出版社，2007.

[20] 齿轮制造加工速查手册编委会. 齿轮制造加工速查手册 [M]. 北京：机械工业出版社，2012.

[21] 汪大年. 金属塑性成形原理 [M]. 北京：机械工业出版社，1986.

[22] 刘华鼐，刘培兴，刘晓瑭. 铜合金管棒材加工工艺 [M]. 北京：化学工业出版社，2010.

[23] 邬建忠. 机械测量技术 [M]. 北京：电子工业出版社，2013.

[24] 辛希孟. 信息技术和信息服务国际研讨会论文集：A 集 [C]. 北京：中国社会科学出版社，1994.

[25] 张筑生. 微分半动力系统的不变集 [D]. 北京：北京大学，1983.

[26] 冯西桥. 核反应堆压力管道和压力容器的 LBB 分析 [J]. 力学进展，1998，28 (2)：198-217.

[27] Gill R. Mastering English Literature [M]. 2th ed. London：Macmillan，1985.